Алекс Бэттлер

МИРОЛОГИЯ

Прогресс и сила в мировых отношениях

Том II
Борьба всех против всех

Книга I

SCHOLARICA®

2026

Алекс Бэттлер (Alex Battler)

Б97 *Мирология. Прогресс и сила в мировых отношениях.
T. II. Борьба всех против всех. Книга I.* — Издательство
SCHOLARICA®, 2026. — 426 с.

«Мирология» — труд, не имеющий аналогов в мировой научной литературе: в нем впервые поставлена задача создания целостной науки о мире — Мирологии.

Том I посвящен основам новой науки, ее философской и науковедческой базе, то есть фундаменту, на котором строится все здание. Том II, состоящий из двух отдельных книг (Книга I и Книга II), представляет новое видение ключевых понятий и категорий, на которых базируется современная научная дисциплина — Теория международных отношений.

Алекс Бэттлер вступает в полемику практически со всеми ведущими учеными в области международных отношений по всему миру, и его строго аргументированный философский стиль впечатляет своей тщательностью и глубиной.

Книга предназначена для исследователей, ученых и читателей, интересующихся философскими основами мировой политики и природой международных процессов.

ISBN: 979-8-9942552-2-3 (Paperback)

ISBN: 979-8-9942552-3-0 (eBook)

Первое издание внесено в каталог Библиотеки Конгресса США (LCCN 2014367238).

Содержание

КНИГА I

ТЕОРИИ МЕЖДУНАРОДНЫХ ОТНОШЕНИЙ (КРИТИКА)

Предисловие

Первый том данной работы («Введение в мирологию») был посвящен описанию фундамента здания мирологии, который складывается из каркаса общефилософских понятий и категорий, а также общих науковедческих принципов и правил. По логике, во втором томе я должен был бы описать различные блоки самого здания мирологии, другими словами, представить категориально-понятийную сеть, на основе которой можно было бы научно анализировать и прогнозировать весь процесс мировых отношений. Но реализацию этой задачи мне пришлось отодвинуть для третьего тома, поскольку многие мои рассуждения и выводы будут непонятны, если не проанализировать положение вещей, какое сложилось в области исследований международных отношений в настоящее время.

Данный том состоит из двух книг. В первой рассмотрены теории, идеи и проблемы, которые обсуждаются профессиональными теоретиками в русле теорий международных отношений (ТМО[1]) из различных стран и различных школ. При этом упор сделан на критическом анализе проблем, вызывающих наиболее спорные суждения среди теоретиков.

Говоря о полезности и необходимости критического анализа современного состояния ТМО, надо иметь в виду, что почти за

---

1. Необходимо сразу же оговорить одну важную вещь: аббревиатура *ТМО* на русском языке раскрывается как Теория международных отношений (теория в ед. числе). На самом деле в рамках этой дисциплины существуют как минимум две крупные теории: буржуазная и марксистская. Но поскольку в англоязычной среде слово *теория* может являться синонимом слов идея, понятие, школа, то английская аббревиатура TIR чаще всего расшифровывается как Theories of International Relations (слово теория во мн. числе). В последующем я буду употреблять эту аббревиатуру в зависимости от контекста как название дисциплины (т.е. в русском варианте) и как обозначение совокупности теорий международных отношений (т.е. в английском).

столетний период исследований в области международных отношений образовался обширнейший пласт обществоведческой научной литературы, по объему не уступающий работам в сфере социологии, государствоведения (после Второй мировой войны получившего название политологии), правоведения и других смежных наук. Историографы указывают, что сама дисциплина ТМО берет начало от созданной в Англии кафедры международных отношений при Уэльском университете (г. Аберистуит) в 1919 г. Причиной создания такой специализированной кафедры стали попытки первых теоретиков осмыслить круг вопросов, связанных с Первой мировой войной: была ли она результатом «международной анархии» или следствием непонимания и просчетов, а также безумства политиков, которые потеряли контроль над событиями в 1914 г.? В то время такого типа вопросы не казались столь наивными, как сейчас, поскольку они подпитывались обширной литературой различных писателей, утверждавших, что эта война произошла случайно из-за дурных политиков.

Поначалу по своей форме и содержанию «теоретические» книги напоминали традиционные исследования, описывающие и анализирующие историю дипломатии или внешней политики конкретных государств. Позже стали публиковаться работы, уже анализирующие взаимоотношения и взаимодействия государств в рамках определенной системы, например в Европе или на Дальнем Востоке. И только уже перед Второй мировой войной начали появляться труды теоретического характера, закладывавшие зачатки фактически новой дисциплины — ТМО, напоминающей по своим функциям теоретическую физику в сфере естественных наук.

Для этого были объективные основания. Обычно западные ученые увязывают появление ТМО, как и было отмечено выше, с попытками разобраться в причинах возникновения войны. При этом «забывают» назвать еще одну причину, возможно, даже более важную: появление на мировой арене Советской республики. С момента своего возникновения она вела себя «не по правилам». Провозгласила лозунг: «без аннексий, без контрибуций». То есть превращала главный интерес любой войны в бессмыслицу. Другой лозунг: «через головы правительств». Имелось в виду, что, решая те или иные внешние задачи, Советская республика выдвинула принцип общения с «народами» напрямую, через головы их правительств. Принцип мирного сожительства, выдвинутый этой республикой на Генуэзской конференции (1922 г.), также озадачил Запад. По инициативе СССР возник Третий интернационал, ставший весомым актором на мировой арене. Другими словами, рушились все стандартные стереотипы поведения государств на международной арене, которые требовали, с одной стороны, осмысления, с другой — ответной реакции на новые формы взаимодействия с новым типом государства. Неслучайно фактически первой полновесной теоретической работой в сфере МО была именно книга специалиста по России — Э. Карра.

После Второй мировой войны, когда СССР стал второй сверхдержавой мира, структуру мировых отношений стали определять взаимоотношения между Советским Союзом и США, а все первоначальные школы в области ТМО, как на Западе, так и на Востоке, формировались под воздействием политики этих двух сверхдержав. Привязка теоретиков к биполярному противостоянию ослабла лишь после разрушения Советского Союза, результатом чего стало появление теоретических школ, обративших внимание на другие проблемы международной жизни, которые, как оказалось, не менее «опасноемкие», чем проблемы, которые когда-то возникали из-за противостояния между США и СССР.

В данном томе я анализирую не столько школы теоретиков МО (причина объяснена во Введении), сколько идеи и теории тех ученых, которые оказали наиболее заметное влияние на всю дисциплину ТМО. Хочу подчеркнуть, что это не пересказ их взглядов в историографическом ключе, как это делается в сотнях книг. Моя работа — критический анализ основных постулатов, принципов, теоретических положений ключевых фигур в рамках школ политического реализма и неореализма. Этому посвящена первая Глава 1-ой книги. Вторая глава — анализ взглядов ведущих представителей идеологизированных школ, которые стали особенно популярны с конца XX в. Отдельно, в третьей главе дан анализ работ

И. Валлерстайна — современного теоретика, оказывающего влияние на очень широкий круг исследователей. В четвертой главе рассматриваются национальные особенности исследований МО тех стран, которые мало известны среди теоретиков Запада.

В название данного тома неслучайно вынесен гоббсовский афоризм — «война всех против всех». Дело в том, что теоретические школы не возникают просто как «толерантно» постулирующие специфические идеи, принципы или понятия. Теоретики формулируют их в противовес и даже в борьбе с другими идеями, принципами и понятиями. Формально борьба между школами проходит в формате дискуссий, но это справедливо главным образом для идеологически родственных школ. Когда же их начинает разделять идеология, то дискуссии принимают форму либо политкорректных нападок друг на друга, либо, в случае резко противоположных идеологий — марксизма и либерализма, — борьбы без политкорректности.

Хотя я являюсь приверженцем марксистской идеологии, однако как исследователь я пытаюсь избегать любых идеологий, к чему призываю и других работников науки. Возможно, мне это не всегда удается, но в любом случае у меня нет предубеждений против личностей авторов, какой бы идеологии они ни придерживались. Я критикую не людей, а идеи, которые не отражают объективной реальности и вносят путаницу в понимание тех или иных явлений, а также сущностей мировых отношений. Даже когда я употребляю словосочетание *буржуазный автор*, у меня нет предубежденности против него. Тем более что у некоторых буржуазных авторов научных подходов может оказаться больше, чем у авторов, скажем, неомарксистского толка. Говоря же о буржуазных авторах, я имею в виду тех, кто рассматривает капитализм не как исторически преходящее явление, а как вечное состояние общества без дальнейшего перехода на качественно более высокую ступень человеческого развития. При этом сами авторы могут и не осознавать свою буржуазность, просто не задумываясь над этим.

Теперь о 2-ой книге. Ее первая глава непосредственно посвящена проблеме силы — одной из основных категорий ТМО и в то же время одной из самой неуловимой для выведения ее на понятийный уровень. Неслучайно ее практически все аналитики рассматривают как своего рода фантом, или феномен среди остальных категорий и понятий ТМО. Во второй главе этот «феномен» получил свое разрешение, став базой для формулирования важных закономерностей общественного бытия. В третьей главе на фоне критического анализа представителей различных школ разбирается субъектность международных акторов и дается авторское решение данной проблемы. Наконец, четвертая глава сконцентрирована на выяснении социальной сущности акторов и субъектов, определяющих политико-экономическое поле всей системы мировых и международных отношений. По каждой из поднятых проблем я предлагаю свои решения, которые не только не совпадают, но и значительно расходятся с взглядами всех теоретиков, упомянутых в данной книге. Так и должно быть, иначе не было бы смысла браться за эту работу.

Несколько замечаний технического характера, предназначенных для русского читателя. Поскольку слово сила на английском языке передается множеством слов, каждое из которых имеет собственное содержание, то, чтобы это содержание сохранить и в русском тексте, я вынужден рядом с русским словом сила добавлять английские слова, образуя словосочетания сила-power, сила-force, сила-strength и даже сила-authority. И в этой связи о некоторых переводах английских книг на русский язык. Русские переводчики, не обращавшие внимания на нюансы многих явлений теоретического характера, неадекватно передают содержание текстов. В таких случаях я ссылаюсь на оригиналы, хотя эти книги и существуют в русском переводе.

Есть небольшая проблема и с воспроизведением на русском языке некоторых английских имен. Как я понял, в русском языке нет однозначных правил их транскрипции. Например, имя William передается то как Вильям, то как Уильям. Еще больше разночтений в передаче такой необычной фамилии как Keohane. Одни передают его как Кохэн, другие как Коган, некоторые — Кеохане. (Мой вариант — Киохейн.) В таких неоднозначных случаях, а также когда речь идет о спецтерминах, в скобках я указываю оригинальное написание. В целом же я придерживаюсь принципа звучания имени на языке оригинала (а не его написания), за исключением тех случаев, когда то или иное имя уже укоренилось в русской научной литературе. В отличие от западных имен в японских и китайских именах на первом месте стоит фамилия, на втором — имя (не Такаси Иногути, а Иногути Такаси). Так укоренилось еще с советских времен.

В предлагаемой вниманию читателя книге, как и в предыдущих, мне приходится часто цитировать авторов, что, по мнению некоторых читателей, затрудняет чтение. Возможно, это и так. Но надо иметь в виду следующее. Данная работа — не публицистическое эссе и не разговор на заданную тему. Ее цель, как и было сказано в первом томе, — формирование науки, обозначенной мной как «мирология». Этот процесс объективно побуждает меня к борьбе практически со всеми значимыми теоретиками и международниками, писавшими и пишущими по теме международных и мировых отношений. Чтобы показать ложность или неадекватность теорий своих предшественников, мне необходимо точно воспроизвести их идеи, которые в пересказе могут быть затушеваны или просто искажены. Цитирование же заодно передает стиль мышления авторов, который нередко раскрывает сущность исследователя точнее, чем даже содержание его работы. В этой связи не могу не вспомнить совет Ф. Энгельса, данный им в Предисловии к «Капиталу». В нем он писал: «Если желаешь заниматься научными вопросами, необходимо прежде всего научиться читать сочинения, которыми хочешь воспользоваться, так, как их написал автор, и прежде всего не вычитывать из них того, чего в них нет»[1].

И последнее. Читатель, особенно русский, может подумать, что в ходе критики того или иного автора я придираюсь к словам. Разъясняю: я придираюсь только к тем словам, которые авторы используют как понятия без объяснения их содержания. И если автор не понимает разницу между словом, термином и понятием, а также

---

1. *Маркс, Энгельс*. Сочинения, т. 25, ч. 1, с. 26 (далее — МЭ).

разницу между понятием и категорией, это означает, что его работа не имеет отношения к науке, а относится к жанру, как теперь стало модно говорить в России, «нарратива», то есть рассказу или повествованию о чем-то. Наука — это понятийное мышление. Кто им не обладает, тот, по выражению Ницше, является «научным работником», но ни в коем случае не ученым.

Хотя в этой работе, как и во всех предыдущих, я пытался избегать наукообразного стиля изложения, она непроста для чтения из-за сложностей разбираемых в ней проблем. Чтобы понять их, необходимо приложить немалые усилия и умственный труд, а самое главное — страстное желание познать, куда же движется человечество. Именно на такого читателя и рассчитана данная книга.

Алекс Бэттлер

Нью-Йорк, август 2014 г.

Введение: теории и школы ТМО

В теоретической литературе на международные темы я не встречал дискуссий о различении терминов *теория* и *наука*, *теория* и *школа*. В первом томе мне приходилось отмечать, что теоретики путают теорию с наукой. Но там речь шла об этой паре с общефилософских позиций. Здесь же придется проанализировать термин *теория* применительно непосредственно к международным отношениям. И я начинаю свой анализ именно с теории, а не со школ, и вот почему.

Теория по объему своего понятийного содержания хотя и у́же понятия наука, но шире понятия школа (ясно, что имеется в виду научная школа). К примеру, в рамках буржуазной теории политэкономии могут существовать школы, по-разному трактующие саму сущность капитализма или формы и средства его укрепления. Также внутри марксистской теории коммунизма или социализма действовали различные школы и направления, борьба между которыми, кстати сказать, носила более острый характер, чем между буржуазными школами. Если коротко, то различие между теорией и школой заключается в том, что первая является общеидейной платформой анализа некоего широкого сегмента общественной или мировой жизни, а вторая строится на ключевом элементе внутри самой теории, доказывающего правомерность последней. Например, Ганс Моргентау конструирует свой анализ международных отношений, взяв за основу ключевой термин *сила-power*, на базе которого возникла школа политического реализма, а либералы — термин *демократия*, породивший школу либерализма. Но в целом же исследования той и другой школы осуществляются в рамках общей буржуазной теории, поскольку и сила и демократия должны защищать и укреплять капитализм. Общая теория одна, а школы разные. Но школы, как и любое явление, сами начали плодиться, порождая своих детей. Первая школа породила школу неореализма. Опять же ключевое слово сила. Но если по Моргентау к силе надо стремиться во имя баланса сил, то по Кеннету Уолцу — ради безопасности. Если по Гегелю, то выстраивается такая цепочка: «наука» — всеобщее, «теория» — особенное, «школа» — единичное. Поскольку понятие наука подробно разбиралась в первом томе, здесь начну с теорий.

Теории международных отношений

Как и следовало ожидать, среди теоретиков нет единства в объяснении содержания термина *теория*. Плюрализм мнений торжествует и по этому вопросу. Плюрализм уникальный, если иметь в виду, что один из, пожалуй, самых популярных обществоведов Наум Чомски именно в контексте разговоров о ТМО полагает, что даже само слово теория не имеет никакого смысла. В этой связи он приводит такие примеры. Существует ли, спрашивает Чомски, литературная теория, культурная теория, историческая теория?[1] Поскольку их не существует, то вряд ли они нужны и для международных отношений. К тому же они слишком тривиальны. По его мнению, нет в социальных науках или истории чего-то такого, что не может понять даже 15-летний подросток. Достаточно чуть потрудиться, кое-что почитать, и вы будете способны размышлять. И хотя за два десятилетия произошел своего рода взрыв активности в области анализа международных отношений, Чомски категорически отрицает ее теоретическую значимость. Это редкий случай отношения к ТМО, который, возможно, разделяет только он один.

Все остальные теоретики не ставят под сомнение необходимость теорий, существенно расходясь в их функциональной значимости.

---

1. См.: *Understanding Power. The Indispensable Chomsky*, p. 229.

В начале 1970-х годов Хедли Булл писал, что теории полезны хотя бы уже потому, что открывают поле для критики, которая позволяет определять правильность или ложность тех или иных представлений. Но в результате появилось столь много различных теорий, что К. Дж. Холсти вынужден был в сердцах заявить: «Международные отношения стали дисциплиной теоретического раздора, своего рода "разделенной дисциплиной"»[1].

И теперь чуть ли не каждый теоретик считает нужным почти в обязательном порядке высказывать свое понимание термина «теория». В обобщенной форме Стив Смит делит теорию на два фундаментальных подвида: объяснительная теория и конституирующая международная теория (то есть теория, определяющая реальность)[2]. Любопытно, как раскрывается у автора суть последней теории. Скотт Берчилл и Эндрю Линклейтер задачу конституирующей международной теории видят в том, чтобы «анализировать различные формы отражения природы и характер мировой политики и подчеркивать, что формы знания не являются простым отражением мира, а помогают изменять мир»[3].

Ясно, что по своему свойству и философскому содержанию эти два подвида теории по-разному описывают международные отношения.

Поскольку каждый из теоретиков имеет свое представление на теорию, разбор которых занял бы слишком много места, ограничусь короткими характеристиками, изложенными Берчиллом и Линклейтером во Вступлении к интересной книге по теории международных отношений. В скобках Берчилл указывает автора и дату выхода книги, в которой определялась суть теорий. Вот эти определения:

Теории объясняют законы международной политики, или повторяющиеся формы национального поведения (Уолц, 1979).

Теории пытаются или объяснить и предсказать поведение, или по-

1. Цит. по: *Burchill et al.* Theories of International Relations, p. 4.
2. *Booth, Smith* (eds). International Relations Theory Today, p. 26–8.
3. *Burchill et al.* Theories of International Relations, p. 18.

нять мир «мозгами» акторов (в оригинале — «inside the heads» of actors) (Холис и Смит, 1990).

Теории — это проявление традиций размышления об отношениях между государствами, которые сфокусированы на борьбе за силу, о природе международного общества и возможностях формирования мирового сообщества (Вайт, 1991).

Теории используют эмпирические данные для проверки гипотез о мире без войны между либерально-демократическими государствами (Дойл, 1983).

Теории анализируют и пытаются разъяснить использование понятий, таких как баланс сил (Батерфилд и Вайт, 1966).

Теории критикуют формы доминирования и перспективы, которые, являясь социально сконструированными и меняющимися, кажутся естественными и неизменными (Критическая теория).

Теории отражают идею, как должен быть организован мир, и анализируют способы, с помощью которых могут быть сконструированы и защищены различные концепции прав человека и глобальная социальная справедливость (Нормативная теория, или Международная этика).

Теории отражают процесс самого теоретизирования; они анализируют эпистемологические требования о том, как люди понимают мир, и онтологические требования о том, из чего в сущности состоит этот мир. Например, состоит ли он в основном из суверенных государств или индивидуумов со своими правами и обязанностями по отношению к остальному человечеству (Конституирующая теория)[1].

Авторы называют еще одну теорию — постмодернистскую, которая отвергает возможность создания «одной тотальной теории международных отношений» (ibid., p. 12). В качестве аргументов они приводят наличие многих теорий, которые нередко перекрывают друг друга. Но главное, что они особо подчеркивают, это то, что до сих пор не достигнуто согласие даже в отношении термина «международные отношения». Ясно, что реалисты и неореалисты воспринимают этот термин как взаимодействие между государствами, однако, имея в виду наличие и других акторов, может быть, удобнее использовать термины «глобальная политика» или «мировая политика» (ibid.).

---

1. Ibid., p. 11–2.

Последняя тема действительно важная, и я вернусь к ней в специальном разделе. Здесь же несколько слов о самих теориях.

В предыдущем томе говорилось, что единой теории международных отношений быть не может в принципе, поскольку теория является всего лишь одной из форм научного обобщения какого-то сегмента международной реальности. Как правило, теоретики путают теорию и науку, точнее, воспринимают эти два термина как синонимы. Но тотальной не может быть не только теория, но и сама наука, поскольку она не закрытая система, а открытая. Она постоянно развивается и вбирает в себя только те теории, которые действительно отразили какую-то реальность, зафиксировали некую закономерность, которая постоянно подтверждается на практике. Из множества теорий в науке остается только одна — истинная теория, которая формирует соответствующий кластер в познании международных отношений, позволяющий не только научно объяснять эти отношения, но и прогнозировать их.

Наличие же многих теорий говорит только о том, что ни одна из них пока не носит научного, объективного характера. В первом томе говорилось о том, что теории обычно идеологизированы и политизированы. С этим заключением согласны и авторы Введения, которые развернуто показали «политизированный характер дисциплины» (ibid., p. 15). Но чтобы некая теория превратилась в научную теорию, из нее необходимо выкорчевать все идеологические и политические пристрастия, сфокусировать ее на анализе объективных явлений, чтобы понять их сущность. К примеру, мне из политических соображений может не нравиться внешняя политика США. Но для того чтобы беспристрастно оценить эту политику, я должен выяснить, какие объективные факторы стоят за ней и подчиняется ли она объективным законам международных отношений. И может оказаться, что эта политика, которую многие называют «экспансионистской» и «гегемонистской», хотя и наносит ущерб суверенитету тех или иных стран, но исторически, напротив, может оказаться весьма прогрессивной, и не исключено, что она работает на общечеловеческий прогресс. То есть она исторически оправданна, хотя сами ее проводники об этом могут и не догадываться.

Другими словами, разрабатывая теорию, я должен быть столь же беспристрастен, как физик или химик, изучающий загадки природы. Когда Маркс и Энгельс исследовали природу капитализма, они не писали, насколько он плох или хорош как формация. С позиции динамики исторического развития они давали высокие оценки позитивным качествам капитализма начальной стадии его развития, как уничтожающего феодализм, и срединной стадии, как стимулирующего развитие науки и техники. И негативное отношение к капитализму вызывала у них не столько его эксплуататорская сущность, сколько его историческая бесперспективность. Причем критика капитализма шла уже не на поле политэкономии, а на поле идеологии, на поле классовой борьбы. То есть капитализм критиковали уже не ученые, а идеологи, идеологи последующей стадии развития человеческого сообщества — коммунизма. Безусловно, занимаясь общественными науками, трудно отделить в себе исследователя от идеолога. Это разные формы деятельности личности. Но по крайней мере надо пытаться.

Школы международных отношений

В любой отрасли знаний, даже в той, которая обрела статус научной дисциплины, существуют различные школы и направления, что следует признать вполне естественным явлением. Но если в изучении природных явлений это вызвано углублением и расширением знаний, то в общественных науках к этому добавляются политико-идеологические пристрастия исследователей. В обществоведении крайне сложно удержаться на объективистских позициях, как бы ни старались это делать некоторые ученые. Выше говорилось, что на уровне теорий водораздел главным образом определяет идеология, формирующаяся на базе классовых интересов. На уровне же школ гораздо бо́льшую роль играют политические пристрастия, которые значительно разнообразнее, поскольку они отражают более дробную политическую мозаику общества, вплоть до специфических интересов национальных меньшинств или особых слоев населения типа гей-меньшинств.

Каждая школа, как утверждалось выше, имеет свое базовое, ключевое слово-понятие, формирующее ее собственное видение международных отношений. Зациклившись на таком ключевом слове (к примеру, *сила, демократия* или *взаимозависимость*), она упускает из виду весь цикл внешнеполитического процесса, забывая зафиксировать его конечную цель. Несовпадение «срединных понятий» ведет к столкновению позиций и соответственно к формированию новых школ. Хотя на самом деле, если исходить из конечной цели любого внешнеполитического процесса, между ними нет большой разницы.

Напомню, во времена президентства Джимми Картера на острие внешней политики его администрации была вынесена проблема «прав человека» в СССР и КНР. Идея прав человека и свобод лежала в основе школы либерализма. Во времена Рейгана идеологией его внешней политики по отношению к СССР был отъявленный антисоветизм и антикоммунизм, который в немалой степени оплодотворялся идеями правого крыла школы политического реализма, выраженными, в частности, в известной работе трех авторов: Р. Страуса-Хюппе, У.Р. Кинтнера и С.Т. Поссони[1]. Несмотря на кажущиеся различия двух политик и двух школ, у них была одна стратегическая задача — разрушить Советский Союз. Иначе говоря, по конечным целям эти школы ничем друг от друга не отличались. Различались они только способами достижения целей. Что означает: споры между ними не имели принципиального характера. И если рассмотреть все школы буржуазной направленности по их конечной интерпретации целей «свободного мира», то окажется, что всех их объединяет стремление обеспечить всемирную победу «рынка и демократии». Или, по выражению Фрэда Халидэя, «гегемонию» капитализма. Поэтому весьма часто так называемые теоретические дебаты между школами напоминают спор между монахом и раввином о том, «чья религия мудрее», столь красочно и живо описанный в стихотворении «Диспут» Генриха Гейне.

---

1. См.: *Американская* стратегия передовых рубежей.

Судя по всему, такое впечатление возникает не только у меня. Английский теоретик Стив Смит, например, ставит под сомнение плодотворность споров между школами, в частности между реалистами и идеалистами, традиционалистами и бихевиористами, обращая внимание на то, что споры эти ведутся не по существу, а по мелочам. Говоря о последнем диспуте, которые вели Хедли Булл и Мортон Каплан, он пишет:

> У них были сходные взгляды на то, что представляет собой мир международных отношений (его онтология), и они имели близкое видение тех процессов, которые происходят в межгосударственных отношениях. Однако Булл склонен изучать это, используя то, что называют традиционными методами, тогда как Каплан пришел к схожим заключениям, используя «научный» язык. Но с точки зрения онтологии их основополагающие теории международных отношений были в сущности одинаковыми1.

Довольно искусственно выглядит деление школ в зависимости от методов исследования. Скажем, Булла называют традиционалистом, поскольку он предпочитает, так сказать, исторический способ исследования, называемый «толковательным». Каплан известен своим системным подходом с использованием формальных и математических методов. Системщиков определили в школу бихевиористов, поскольку они межличностное поведение переносят на отношения между государствами, которые пытаются просчитать неформальными способами. Все почему-то упускают из виду, что метод — это всего лишь способ, инструмент познания. Его эффективность зависит от правильного употребления. Ясно, что рубанок не подходит для создания скульптуры, а кисть художника для сборки стола. Системный подход хорош, когда анализируется проблема целостности некой системы, а исторический — когда исследуется закономерность возникновения той же самой системы. Один и тот же ученый обязан владеть многими инструментами познания. Другими словами, инструмент, способ познания не может явиться некой основополагающей разделительной чертой между той или иной школой.

---

1. *Booth, Smith* (eds). International Relations Theory Today, p. 17.

Другое дело, когда различны фундаментальные посылки исследования, такие как методология, философия, общая теория, тогда разделений не избежать. Они возникают, когда школы воюют не под покровом одной и той же теоретической парадигмы, а противоположных, например, буржуазной и марксистской. Как раз антагонизм между ними и дал толчок для формирования школ. Например, одна из самых крупных школ, политический реализм, возникла и развивалась именно в борьбе против марксизма и как философии, и как политического течения. Стимулировал возникновение и становление этой школы и антисоветизм. Неслучайно практически все идеологические и силовые школы никогда не упускали случая подвергнуть атаке любые концепции марксизма, не говоря уже о концепциях марксизма-ленинизма, в частности теорию империализма. Точно таким же образом поступали и марксистские школы, которые даже в большей степени, чем буржуазные, были зациклены на критике буржуазных школ. И те и другие школы были и есть крайне идеологизированы, что вело и ведет их представителей нередко к искаженным представлениям о своих противниках. Например, буржуазные теоретики, не очень понимая сущность коммунизма, постоянно утверждают, что в КНДР — коммунизм, который привел эту страну к нищете. Но в ответ на это марксисты могут сказать, что в Бангладеш или в Нигерии капитализм почему-то не вывел эти страны из нищеты. На самом деле в этих трех странах феодализм, в первом случае обрамленный элементами социалистической фразеологии, в двух других — элементами капитализма в экономике, но отнюдь не в политике.

Тем не менее школы существуют, и многие исследователи посвящают им целые монографии. Возможно, в процессе становления науки наличие множества школ объективно мотивировано. По крайней мере они сразу же дают представление о том или ином ученом в зависимости от того, к какой школе он относится, поскольку каждая из них чем-то все-таки отличается от других, хотя бы самим предметом исследования. У меня нет намерений подробно пересказывать «идейную» сущность каждой из школ, во-первых, уже потому, что о них написаны десятки, если не сотни работ, во-вторых, для меня представляет интерес не школа, а значимые теоретики, которые внесли вклад в изучение международных отношений, вне зависимости от того, к какой школе они относятся. Здесь же я упомяну те школы, без ссылок на которые не обходится ни одна книга по ТМО.

Это, прежде всего, старые школы реализма, либерализма и марксизма, в последующем преобразовавшиеся в школы неореализма, неолиберализма и неомарксизма. С конца XX в. в моду стали входить так называемые постмодернистские направления — конструктивизм, критическая теория, феминизм и т.д. Внутри некоторых школ существуют течения — коммунитаризм, «мир-система» и «мир-экономика», рационализм, рефлективизм, «постколониальная» школа и даже школа «зеленой политики».

Некоторые теоретики выделяют национальные школы, среди которых ведущей является Британская школа. Называется также и Французская школа[1], но не упоминается немецкая как самостоятельная школа. Это связано, скорее, с тем, что многие немецкие теоретики в основном работают в США, растворяясь в различных американских школах. Это же самое можно сказать и об австралийских и канадских теоретиках, которые, правда, по духу ближе к английским.

В качестве национальных школ не выделяют японскую, поскольку японские теоретики в основном занимаются изложением англо-американских взглядов. В западной литературе отдельно не выделяют российскую школу, думаю, по той же самой причине, что и японскую. Отдельно не обозначается и китайская школа, но уже по другой причине: китайский подход к ТМО отличается от западных вариантов не на уровне школ, а на уровне философской и политической несовместимости. Она располагается в другой системе координат.

---

1. О Французской школе немало написано теоретиками МГИМО, в частности И.Г. Тюлиным и П.А. Цыганковым. С критических позиций ее взгляды были изложены на примере Р. Арона в работе К.П. Зуевой «Вопреки духу времени».

Обо всех упомянутых школах написано очень много работ. Для российского читателя в этом смысле могут быть полезны книги авторов из Института мировой экономики и международных отношений (ИМЭМО), Московского государственного института международных отношений (МГИМО) и такого автора, как П.А. Цыганков, наиболее плодовитого российского исследователя в области ТМО[1].

В работах чуть ли не каждого западного теоретика так или иначе возникает проблема диспутов между школами, и читатель может получить представление о многих из них. Но есть и специальные работы, посвященные именно школам в ТМО. С левых позиций эти школы представлены в интересном сборнике «Теории международных отношений», авторами которого в основном являются австралийские теоретики[2]. Немало книг существует и по конкретным школам, например критической теории[3]. Есть и отдельная монография, посвященная Английской школе[4].

В данной работе я не буду разбирать идейное содержание школ по причинам, сказанным выше. Но намерен подвергнуть критическому анализу работы крупных теоретиков наиболее влиятельных школ в ТМО, их реальный вклад в развитие теории и в целом в формирование науки о мировых отношениях. В специальный, страноведческий, раздел я выделил анализ работ советско-российских, китайских и японских теоретиков по той причине, что о первых практически ничего не известно ни на Западе, ни на Востоке, а

---

1. *Современные* буржуазные теории международных отношений (критический анализ); *Современные* международные отношения и мировая политика; Конышев. Американский неореализм о природе войны: эволюция политической теории; *Лебедева*. Мировая политика; *Цыганков*. Теория международных отношений.

2. *Burchill et al.* Theories of International Relations. Также см: *Griffiths & O'Callaghan*. International relations: the key concepts; *Sutch and Elias*. International relations: the basics.

3. *Leysens*. The critical theory of Robert W. Cox: Fugitive or guru?; *Linklater*. Critical international relations theory: citizenship, state and humanity.

4. *Linklater and Suganami* (eds). The English School of International Relations. A Contemporary Reassessment.

о вторых хотя кое-что на Западе и написано, но с чисто западных, идеологизированных позиций. О японцах же информация еще более скудная. В этот же раздел я решил поместить материал о немецких ученых, которые начали формировать свои собственные теории МО, отличающиеся теоретической усложненностью и, соответственно, возможностью их понимания.

Глава 1

Классики теории международных отношений

1. Проблема анархии в ТМО и два закона мировых отношений

Прежде чем перейти к анализу взглядов теоретиков, хочу сразу же отреагировать на одно, так сказать, ключевое слово, которое упоминается во всех работах по ТМО и из-за которого постоянно ведутся споры между сторонниками разных школ. Это — анархия. Тема анархии в международных отношениях была представлена в работах Макиавелли, Бертрана Рассела, Рейнольда Нибура, само собой, Ганса Моргентау. Но, кажется, только с легкой руки Хедли Булла после публикации его книги «Анархическое общество» (1977)[1] этот термин прочно вошел в лексикон ТМО, став одним из ключевых слов для теоретической платформы не только школы политического реализма, но и многих других школ. Посредством этого термина оценивается состояние международных отношений. Один из современных сторонников этой школы, Джон Миршаймер, среди пяти ключевых индикаторов, описывающих мировые отношения, вывел его на первое место в такой лаконичной формулировке — «международная система анархична»[2]. Подобное утвержде-

---

1. После издания в 1977 г. она была переиздана в 1995 и 2002 гг. (*Bull.* The Anarchical Society: A Study of Order in World Politics.)

2. *Mearsheimer.* The false promise of international institutions, p. 571.

ние не означает, что мир непременно «хаотичен и беспорядочен». Идея заключается в том, что, поскольку нет мирового правительства, так сказать, центральной власти, процессы в мире неуправляемы, что ведет мир к анархии, войнам и другим «турбуленциям». И в этом одна из главных проблем мира. По мнению Йела Фергюсона и Ричарда Мэнсбэка, отсутствие власти является основной причиной войн, ибо «войны случаются из-за того, что их некому предотвратить»[1]. Эту идею авторы позаимствовали у Кеннета Уолца. В целом же такая позиция характерна прежде всего для последователей школы реализма и неореализма. Они убеждены, как пишут Джошуа Голдстайн и Джон Фримэн, что «международные отношения не похожи на безопасный домашний мир, мир в семье и, если шире, в государстве, скорее всего это опасный мир всех против всех — то есть джунгли»[2].

Не все согласны с такой утрированной постановкой проблемы. В той же работе Голдстайна и Фримэна приводятся взгляды «новой школы теории международных отношений», в которой выдвинуты концепции «сотрудничество в рамках анархии», «теория сотрудничества» или «сотрудничество после гегемонии» (ibid.). В этих концепциях авторы усматривают объединение школы неореализма со школой международной независимости. Тем не менее и представители данной школы не отказывались от идеи «анархии» в МО.

Некоторые ученые критически отнеслись к самой идее, которую Майкл П. Салливан обозначил как «миф об анархии». Против нее выступили такие теоретики как Вильям Диксон и Роберт Джервис, которые, наоборот, ставили вопрос в другом ключе: почему мир сотрудничает? И не почему случаются войны, а почему войны не случаются более часто? (ibid., p. 9) Фридрих Кратохвиль обращает внимание на то, что руководители государств постоянно встречаются на саммитах; на международных конференциях

---

1. Цит. по: *Sullivan*. Theories of international relations: transition vs. persistence, p. 10.

2. Цит. по: ibid.

обсуждаются и решаются многие проблемы мировых отношений, например, экологии, рыболовства, сотрудничества в определении режима эксплуатации океанов и т.д.

Эти теоретики полагают, что тему анархии следует рассматривать как метафору, поскольку в реальности миром управляют «правила». Например, Дэвид Десслер настаивает, что «все социальные действия зависят от правил, которые даже еще не существуют, намекая на то, что даже в условиях анархии, правила являются естественной предпосылкой для действия. Утверждается невозможность и неприемлемость социального поведения без правил; а проблема, существует ли централизованная власть или нет, не имеет значения» (ibid., p. 10–1).

Последнее предложение имеет смысл, который будет объяснен ниже. Но в целом позиция «международные правила упорядочивают или сдерживают анархию» столь же неверна, как и сама концепция анархии. Элементарная практика международной жизни опровергает эту идею, не менее мифическую, чем идею об анархии. Почему-то эти «правила» на протяжении тысячелетий оказывались не в состоянии предотвратить бесчисленные войны и конфликты. Следовательно, дело не в правилах. Ближе к истине находятся как раз сторонники силы, такие как А.Ф.К. Органский и Дж. Куглер, на которых ссылается Салливан. Они писали:

> Власть (power) рассматривает международный порядок не как анархический, а как иерархический, организованный наподобие внутренней политической системы. Акторы принимают свой статус в международном порядке и признают влияние, основанное на различиях в распределении силы (power) среди наций (ibid., p. 11).

Тема силы и власти будет одной из центральных в данном исследовании, поэтому пока я воздержусь от оценки сказанного Органским и Куглером. В то же время не могу не отреагировать на размышление самого Салливана, у которого был почерпнут вышеприведенный материал.

Сам он иронично относится к теме анархии, которую рассматривает как красочную метафору для расписывания картины международной системы. Или как красоту, которая не имеет объективной основы, хотя весьма интригующую. На самом деле нации сотрудничают, причем сотрудничество это — не отклонение от международной политики или его акторов. Оно, как и конфликт, не является постоянным или однажды заданным. Короче, в мире существуют конфликты и сотрудничество, порядок и беспорядок. И, по мнению Салливана, нам пора перестать изо всех сил стараться выдумывать некий подход, «который мог бы объяснить закат того, что, возможно, и не существует» (р. 14). Вообще-то тема анархии, продолжает Салливан, не выходила из круга циклических дебатов, которые Джеймс Розенау когда-то охарактеризовал как «игру, в которую играют ученые-международники» (р. 15). По мнению Майкла Брехера, конфликты между школами, выливающиеся в так называемые дебаты, отражают незрелость исследований проблем международных отношений (ibid.). И вообще, полагает Салливан, пора понять, что основные «проблемы» международной политики, базирующиеся на превосходстве теории «нации-государства», уже устарели. И пора от тем силы, военной мощи, национальной безопасности перейти к новым проблемам, таким как естественные ресурсы, загрязнение окружающей среды, проблемы народонаселения, терроризм, многонациональные компании (МНК) и возрождение национализма. «Они были "современными проблемами"; сейчас же война, сила, международные конфликты в традиционных вариантах устарели или труднорешаемы» (р. 15).

Справедливо отвергнув миф об анархии, Салливан, однако, выплеснул вместе с водой ребенка. Его книга была опубликована в 2001 г. И он не мог, как и многие другие теоретики, предвидеть, что темы войны, силы, национальной безопасности не только сохранят актуальность, но и выйдут на первый план уже через самое короткое время. И тема анархии вновь и вновь будет фигурировать в теориях и концепциях практически всех школ, хотя их представители будут расходиться в способах решения названных проблем. И тема нации-государства, против которой ополчились все противники школы реализма, не только не уступит нарождающейся модной теме об МНК[1], но и взыграет с новой силой в контексте усиления, скажем, такой державы, как Китай.

И именно потому, что тема анархии поднимается чуть ли не в каждой книге по теории МО[2], и чтобы больше к ней не возвращаться, я выражу здесь свое представление, которое заключается в следующем.

На мировой арене не существует никакой анархии. Вся система функционирует по законам международных отношений. Если взять международные экономические отношения, они работают в соответствии с законами спроса и предложения, определяющими мировую торговлю и все виды экономического сотрудничества и соперничества. Если иметь в виду мировые политические и геостратегические отношения, они базируются на законах силы, которые определяют поведение любого актора, включая государства. Слабый не нападет на сильного, сильный стремится подчинить слабого. Сами силы зависят от экономической мощи акторов, которые, в свою очередь, упорядочивают иерархию своих взаимоотношений на мировой арене. Система международных отношений структурирована по силе, с ее четко обозначенными центрами и полюсами. Не правила, зафиксированные в международном праве, диктуют поведение акторов, а, наоборот, реальные весовые категории акторов определяют правила их поведения. Постоянные войны в мире не являются результатом анархии. Они столь же закономерны, как и состояние мира.

Происходящие в мире столкновения и войны также подчиняются законам, на которых строятся все эксплуататорские общества. Никакое мировое правительство, о чем мечтают многие теоретики, не сможет обеспечить безмятежность в мире, в котором царят законы силы. Деятельность ООН, своего рода прототип

---

1. Вообще-то говоря, тема МНК, равно как и ТНК, весьма тщательно разрабатывалась в СССР уже в период 1980-х годов. Например, см.: *Иванов* Международные монополии во внешней политике империализма.

2. Специально этой теме посвящена коллективная монография представителей Английской школы. См.: *Little and Williams* (eds). The anarchical society in a globalized world.

мирового правительства, красноречиво свидетельствует о невозможности формирования бесконфликтного мира. Законы международных отношений сильнее любых миролюбивых намерений, поскольку они — законы. Другими словами, войны реструктурируют международные отношения в соответствии с законами силы.

В этой связи я вынужден привести суждения лауреата Нобелевской премии по экономике Пола Самуэльсона, которые теоретики всех школ должны знать.

В учебнике по экономике, написанном в соавторстве с Вильямом Нордхаусом, по которому учатся не только американцы, но уже и русские, в самом начале говорится: «Экономика работает эффективно, если невозможно улучшить экономическое положение одного человека, не ухудшив положение другого»[1]. Это главный закон капитализма. Причем этот закон специально помещен в рамку.

Чтобы студенты усвоили этот закон лучше, авторы дважды повторили его на страницах учебника, опять же поместив в специальную рамку:

Эффективность распределения ресурсов (или эффективность) имеет место тогда, когда любая реорганизация производства с целью повышения благосостояния кого-либо невозможна без уменьшения благосостояния остальных. В условиях эффективного распределения ресурсов более полное удовлетворение потребностей одного из членов общества возможно только за счет снижения уровня удовлетворения других потребителей (там же, с. 320).

При определенных допущениях, включая условие совершенной конкуренции, рыночная экономика будет демонстрировать эффективное распределение ресурсов. В этом случае экономика в целом будет эффективной, но никто не сможет стать богаче, не сделав кого-то беднее (там же, с. 540).

Это — закон капитализма, зафиксированный и выведенный не Марксом, не Лениным, а вполне респектабельными буржуазными учеными, которых марксисты обычно называют объективистами.

---

1. *Самуэльсон, Нордхаус.* Экономика, с. 46.

Поскольку система мировых отношений в настоящее время функционирует на базе «рыночной экономики» (=капитализма), этот закон внутри этой системы работает точно так же. Иначе говоря, эффективность внешней политики любого капиталистического государства на мировой арене может быть достигнута только в том случае, если государство-объект становится беднее или слабее. В форме закона это положение я определяю следующим образом:

Конечной целью любого актора-субъекта на мировой арене является наращивание собственного благосостояния, которое, если достигается, происходит за счет уменьшения благосостояния актора-объекта.

Это — *первый закон* мировых отношений.

Второй закон относится к сфере безопасности, которая является стержнем надстроечной части мировых отношений, т.е. системы международно-политических отношений. Закон безопасности я определяю так:

Достижение безопасности актора-субъекта в системе международно-политических отношений достигается за счет уменьшения безопасности (= или увеличения опасности) актора-объекта.

Это — *второй закон мировых отношений.*

Многие теоретики сразу же возразят против «игры с нулевой суммой» (если один выигрывает, другой непременно проигрывает). Дескать, необязательно именно так, существуют и другие варианты политики (сотрудничество и пр.). Действительно, существуют.

Но они осуществляются на основе других законов, о которых также будет непременно сказано. А приведенные законы для системы мирового капитализма являются фундаментальными. Они на данный исторический момент «перебивают» все другие законы. А если точнее, все другие законы и закономерности вытекают из этих двух фундаментальных законов. Или, как минимум, не противоречат им. Против них можно возражать, можно не соглашаться и возмущаться. Но они действуют, и отменить их нельзя, пока капитализм является доминирующей формацией на мировой арене.

Эти законы распространяются на всю систему международных отношений как в базисе (международные экономические отношения), так и в надстройке, где правят законы силы. Рассуждения на любые темы ТМО будут носить лишь «толковательный» характер, если не учитывать эти основополагающие законы.

На мировой арене могут происходить некие процессы, которые трудно или даже невозможно объяснить законами спроса и предложения или законами силы. Это всего лишь означает, что наука еще не докопалась до глубин этих процессов.

Возможно, аналогия с органическим миром поможет понять сказанное выше. В этом мире тоже нет ни центральных правительств, ни управляющего центра. Он воспроизводит себя на базе законов силы органического мира, оргабии. Его выживаемость определяется закономерностями, вскрытыми оргалогией[1]. То же самое касается неорганического мира и космологии. Никаких «правительств», одни законы. И хотя иногда говорят о хаосе в некоторых явлениях неорганического мира, но все они подчиняются фундаментальным законам, в частности Второму закону термодинамики.

Многие школы, педалирующие тему анархии на мировой арене, копаясь в мелочах, упускают из виду фундаментальные законы капитализма, распространенные ныне на весь мир, и не понимают реальную функцию силы, проявляющей себя в различной форме и в различных законах. Это все равно как если бы физик пытался

---

1. Подр. об этом см.: *Бэттлер.* Диалектика силы, глава 3.

объяснить физический мир, забыв, скажем, о законе гравитации или фундаментальных законах термодинамики.

Незнание законов и, самое главное, даже нежелание их выявить в угоду «плюрализму мнений» обрекают идеи всех школ на постоянный «коллапс».

На последующих страницах я постараюсь показать, как незнание законов превращает идеи даже крупных теоретиков в искаженные представления о мире или в лучшем случае в идеи фикс о мировом правительстве, которое способно-де организовать справедливость, безопасность и мир на Земле.

2. Эдвард Карр — объективный реалист

Обычно Э. Карра относят к современным основателям школы политического реализма, возможно потому, что он в полный голос заговорил о значимости силы-power в международных отношениях. Видимо, исходя из этого, некоторые теоретики убеждены, что «Карр — сторонник политического реализма» и это сближает его с Гансом Моргентау[1]. На самом деле это не так. Почему-то упускаются из виду его указания не только на ограниченность использования силы, но и на важность морали в международных делах, которая в его время увязывалась со школой утопистов, а после Второй мировой войны — политических идеалистов. И самое главное — игнорируется его диалектический метод анализа с явно выраженной марксистской окраской. На самом деле он не относился ни к реалистам, ни к утопистам, а являл собой классический вариант западного марксиста, которых в науке правильнее было бы называть объективными реалистами. Данное утверждение наглядно иллюстрирует его фундаментальный 14-томный труд «История Советской России», содержащий всесторонний и, что особенно примечательно, объективный анализ советской истории с 1917 по 1929 г.

Чтобы разобраться во взглядах Э. Карра, необходимо рассмотреть его классическую работу «Двадцать лет кризиса: 1919–1939. Введение в изучение международных отношений»[2]. Она была опубликована в 1939 г., а в 1946 г. переиздана без добавлений и исправлений. Фактически это была если не первая, то одна из первых работ по ТМО. Ее автора от всех других отличало несколько особенностей. Во-первых, Карр был профессиональным дипломатом, т.е. на практике узнал цену всяческим теориям. Он не только

---

1. См.: *Теория международных отношений: Хрестоматия*, с. 51, 50.

2. *Carr.* The Twenty Years' Crisis 1919–1939. An Introduction to the Study of International Relations.

был непосредственным участником процесса формирования Версальского мира, но и в деталях разбирался в работе Лиги Наций. Во-вторых, он, пожалуй, единственный среди теоретиков изучал работы Маркса и Ленина, что не могло не наложить отпечаток на стиль его мышления. Правда, ранее написанная им биография Маркса (1934 г.) носила критический характер, а диалектический материализм он в ней назвал «тарабарщиной» (gibberish), однако «Двадцать лет кризиса», по словам его биографа Роберта Дэвиса, «хотя и не была чистой марксистской работой, была очень сильно оплодотворена марксистским типом мышления, примененного к международным делам»[1]. Наконец, в-третьих, он был в те годы единственным теоретиком-международником, знавшим русский язык и Россию.

Практика против теории

А теперь обратимся непосредственно к идеям, которые Э. Карр изложил в своей работе. Уже в предисловии он декларирует, что наука о международной политике находится в зачаточном состоянии, поэтому свой анализ он осуществляет с позиции политической науки. Обратиться к теоретическим изысканиям в области международных отношений ученых побудила Первая мировая война, точнее, желание предотвратить подобные катастрофы в будущем. Неслучайно Карр несколько раз приводит им самим сформулированный афоризм: «желание является отцом мысли». После 1919 г. на первый план выдвинулись теоретики, которые (чуть ли не все) отрицали «фактор силы-power». В этом Карр видел «опасный дефект» и называл таких теоретиков утопистами. Иначе говоря, в результате «страстного желания» ученых предотвратить войну наука о международных отношениях стала откровенно утопической. Заложенная же в исследования цель определяла и характер анализа.

---

1. *Davies.* Edward Hallett Carr, 1892–1982, p. 485.

Однако, чтобы объективно оценить международные отношения, необходим реализм — требование, которое и породило ученых-реалистов, опирающихся на практику. Карр указывает на недостатки и того и другого подхода: утопистов отличает наивность, а реалистов — бесплодие (ibid., p.12). Чтобы избежать этих недостатков, необходима комбинация, и тогда утопия и реальность становятся двумя сторонами политической науки. Или, говоря по-другому, политическая наука должна основываться на признании взаимозависимости теории и практики — принцип, постоянно отстаиваемый всеми марксистами.

В ТМО до сих пор дебатируется тема политики и морали, что из чего вытекает и что важнее на международной арене. У Карра ответ однозначен: «Этика должна интерпретироваться в терминах политики, поиск этической нормы вне политики обречен на неудачу» (p. 21).

В контексте морали он анализирует «политику мира» держав, провозглашавших эту идею особенно часто с трибун Лиги Наций. Он приводит выдержки из речей государственных деятелей Британии, Германии, Советского Союза, Японии, в которых звучали забота и стремление к миру. «Мир превыше всего!» — таков был лейтмотив всех выступающих (p. 53). И в это же время фактически все готовились к войне. Утописты всерьез верили всем этим словесам о мире, исходя из собственных «страстных желаний», реалисты же обращали внимание на дела названных государств, которые отражали реальный, а не воображаемый мир.

Развенчивает Карр и лицемерие известного принципа laissez-faire, отстаивавшегося меркантилистами (в частности, учеными Англии) как справедливый принцип внешней торговли.

> В международных отношениях, так же как и в отношениях между трудом и капиталом, [этот принцип] является раем для экономически сильных. Государственный контроль в форме защитного законодательства или защитных тарифов является оружием самозащиты, используемым экономически слабыми. Столкновение интересов реально и неизбежно; и вся природа этого явления восстает против попыток замаскировать его (p. 60).

Отсюда у него далеко идущие выводы о том, что «гармония интересов» на базе международной морали, которая-де отражает «гармонию» интересов всего сообщества наций с интересами его индивидуальных членов, должна быть отвергнута как неадекватная реальности. В терминологии Карра, экономическая выгода для всех есть «экономический утопизм в его наиболее близорукой форме» (p. 57). Следует добавить, что так было во времена до Второй мировой войны, так было в более ранние времена, так происходит и в настоящее время. Как совершенно верно говорили еще в античном мире, справедливость есть право сильного.

Таков ход мышления объективного реалиста.

Карр детально проанализировал историю возникновения реалистического мышления, особенно обратив внимание на Макиавелли, которого он обозначил как «первого важного политического реалиста». Как пишет Карр, мысли Макиавелли являются прямым ударом по утопизму. На основе глав XV и XXIII книги Макиавелли «Государь» Карр суммировал их в трех утверждениях[1].

Первое. Причины и следствия исторического развития могут быть проанализированы и поняты путем интеллектуальных усилий, а не «воображением», как предполагают утописты. Второе. Не теория создает практику, а практика создает теорию (p. 63). Третье. Не политика есть функция этики, а этика — функция политики. И в этой же связи: мораль есть продукт силы (power) (p.64).

Если бы Макиавелли утверждал именно так, как его понял Карр, то итальянца было бы справедливо назвать не «политическим реалистом», а домарксовым марксистом, поскольку данные утверждения находятся в арсенале марксистской науки.

Между прочим, только у Карра я прочел, откуда возник термин Realpolitik, который был взят на вооружение школой

---

1. См.: *Макиавелли.* Государь, гл. XV, XXIII. Честно говоря, на основе чтения этих глав я не смог бы прийти к умозаключениям, которые сделал Карр. Предполагаю, что англичанин приписал Макиавелли свои собственные взгляды.

политического реализма. Оказывается, в Германии в 1853 г. была опубликована книга журналиста и революционного политика Людвига Августа фон Рохау под названием «Основы реальной политики, применимые [для анализа] государственного состояния Германии»[1]. Именно из этой книги дипломат, а в последующем канцлер Австрийской империи князь Клеменс Венцель фон Меттерних почерпнул это слово, превратив его в принцип политики, которой присущи прагматизм и здравый смысл.

Мораль и сила

Как уже отмечалось выше, тема морали в международных отношениях до сих пор горячо обсуждается среди теоретиков. И никто среди них не связывал мораль (или, как иногда говорят, этику) с силой, не говоря уже о подчиненности первой второй. Макиавелли был прав. И его правоту поддерживает Карр следующими аргументами.

Он утверждает, что теории социальной морали всегда являются продуктом доминирующей группы, которая выдает себя за общество в целом и обладает средствами, позволяющими скрывать субординацию групп или индивидуумов и навязывать собственные взгляды на жизнь в обществе. Теории международной морали по тем же причинам и в русле того же самого процесса являются продуктом доминирующей нации или группы наций. По словам Карра, за последние столетия, и особенно после 1918 г., англоязычные народы сформировали доминирующую группу в мире. Современные теории международной морали обставлены таким образом, чтобы увековечить их превосходство, и выразили они это на языке, соответствующем их замыслу (p. 80). Поэтому так называемая естественная гармония интересов не имеет ничего общего

---

1. [*Rochau L.A.*] Grundsätze der Realpolitik: angewendet auf die staatlichen Zustände Deutschlands.

с реальностью, она создана доминирующей, привилегированной группой и представляет собой прекрасную иллюстрацию максимы Макиавелли: мораль — продукт силы.

И чтобы доказать приведенное суждение, Карр приводит в качестве примера реальную практику Великобритании на международной арене, как в форме ее деятельности в сфере мировой торговли, так и в форме «миролюбивых инициатив» в рамках Лиги Наций.

Правящий класс, пишет Карр, стремится к внутреннему миру в обществе, который гарантирует ему его собственную безопасность и доминирование и выступает против классовой войны, которая может угрожать ему. Так же и международный мир становится специальным интересом доминирующих держав. В прошлом, пишет Карр, римский и британский империализмы командовали миром под лозунгами соответственно *pax Romana* и *pax Britannica*. Сегодня же, когда ни одна из держав не достаточно сильна для доминирования в мире, превосходство сконцентрировано в группе наций (имеются в виду Великобритания, США и Франция), и лозунги типа «коллективная безопасность» и «отпор агрессии», а также провозглашение совпадения интересов доминирующей группы и мира в целом служат той же цели: сохранению устраивающего эту группу порядка вещей (p. 82).

Карр, кажется, единственный из теоретиков обратил внимание на то, что под так называемыми миролюбивыми инициативами («коллективная безопасность» и «отпор агрессии») могут скрываться вполне корыстные цели, в данном случае сохранение господства доминирующих держав. К такому выводу он пришел при изучении деятельности Лиги Наций. Он мог бы еще больше утвердиться в своем выводе, если бы обратил внимание на то, что, когда Советский Союз в той же Лиге настаивал на формировании системы коллективной безопасности, западные страны фактически игнорировали предложения Москвы, поскольку в них была заложена безопасность для всех, а не только для ведущих держав. Свои же инициативы по безопасности сами западные страны всерьез не рассматривали. Они все были, выражаясь современные языком, лишь пиаром миролюбия. Лицемерие — это обычное явление в практике буржуазных государств, которое также является элементом политической пропаганды.

Поскольку все эти призывы к коллективной безопасности и миру строятся на базе буржуазной морали, то следует признать, что постоянные попытки Советского Союза сформировать систему коллективной безопасности на базе сотрудничества в этом вопросе с капиталистическими государствами заранее были обречены на неудачу. Этого вопроса мне еще придется коснуться в последующем.

Из сказанного выше очевидно, что взгляды Карра существенно отличаются от подходов, которые отстаивает школа политического реализма, начиная с Ганса Моргентау. Отличие Карра от последователей Моргентау вытекает и из его рассуждений об ограниченности реализма.

> Последовательный реализм исключает четыре вещи, которые возникают как естественные ингредиенты всех эффективных политических мыслей: конечную цель, эмоциональное очарование, право на моральное суждение и основу для действий (p. 89).

Уникально, но все эти «четыре вещи» сохранились в различных школах и подшколах политического реализма до сих пор. Это означает, что ни практика, ни предшествующие теории ничему не учат новые поколения теоретиков.

Карр перечисленные им «вещи» называет «ограничениями», фактически оценивая их как недостатки. Думаю, что он не совсем прав, по крайней мере в отношении второго и третьего пунктов. Эмоции хороши и даже необходимы в личных жизненных ситуациях. В общественной жизни они могут оказаться полезны в ходе политической борьбы для привлечения на свою сторону масс. Без них не обойтись в искусстве. В науке же они опасны. В науке нужны разум, рассудок и интеллект.

В международных отношениях право и мораль вещи весьма относительные. Право и мораль сильных резко отличаются от права и морали слабых. О чем писал и сам Карр. Право и мораль слишком идеологизированы, чтобы увязывать их с реальным пониманием хода вещей на мировой арене. Тем более если пытаться понять этот ход через призму науки международных отношений. Поэтому исключение школой политического реализма эмоций и морали я считаю сильной стороной этой школы.

А вот что касается первого и четвертого пунктов, то они действительно являются не просто «ограничением» реализма, а, как и было отмечено самим Карром, показателем его бесплодия. Можно тысячу раз анализировать значение силы во внешней политике и на международной арене, рассуждать о балансе сил и т.д. Но если не сказать, ради чего используется сила в конечном счете, ради чего выстраиваются все эти балансы сил, ради чего наращивается военная сила или экономическая мощь, т.е. для какой конечной цели все это осуществляется, если не сказать об этом, тогда все рассуждения реалистов о силе превращаются в пустопорожнюю болтовню. Или, как выразился Карр: «Чистый реализм ничего не может предложить, кроме голой борьбы за силу, которая делает невозможным любой тип международного общества» (р. 93). Можно и так.

При этом надо заметить, что первый и четвертый пункты фактически совпадают. Поскольку конечная цель и есть основа для действий. Я подчеркиваю слово конечная, так как промежуточные цели не дают реального представления о конечных, они зачастую их даже камуфлируют. Например, борьбу США против СССР можно рассматривать как борьбу против «коммунизма». То есть цель — борьба против коммунизма. Но советский «коммунизм» непосредственно США не угрожал. Ради чего надо было против него бороться? Значит, была какая-то другая цель, конечная, ради которой было положено столько сил для реализации промежуточной цели. Никто ее никогда не озвучивал, но она была. Ученые из школы политического реализма никогда ее не упоминали. Большинство из них просто не задумывались над этим. Знающие же помалкивали, поскольку конечные цели разоблачают подлинную суть политики великих капиталистических держав.

В любом случае данные два пункта — действительно слабое звено в теоретических изысканиях реалистов, которые они так и не преодолели со времен выхода книги Карра.

Карр обращает внимание на еще одно существенное упущение реалистов: их идеи и восприятие реальности не связаны с историческим процессом. На самом деле этот недостаток присущ теоретикам всех основных направлений и школ, за исключением марксистской и так называемых неомарксистских (например, школа критической теории), поскольку последние требуют рассматривать любые явления в исторической динамике. Курьезно, правда, что в этом контексте Карр в качестве примера внеисторизма приводит именно Маркса со ссылкой на его принцип: «от каждого по способности, каждому по потребности», который, дескать, не реализуем. Карр, как и все западные ученые, упускает из виду, что данный принцип Марксом был провозглашен для коммунистической формации, возникновение которой он рассматривал в отдаленном будущем. Ученые Запада путают этот принцип с другим: «от каждого по способностям, каждому по труду», который и был реализован в Советском Союзе на первой стадии социализма. Так что данный пример указывает не на внеисторическое суждение Маркса, а на плохое понимание марксистского учения западными учеными.

Карр вновь возвращается к ранее высказанной идее о необходимости соединения утопии и реальности в политических размышлениях. Но при этом сомневается в возможности такого соединения, так как утопия и реальность «принадлежат двум различным сторонам, которые никогда не могут встретиться» (p. 93). «Нет большей трудности для политической мысли, — пишет Карр, — чем научиться различать идеи, которые являются утопией, и то, что является реальностью» (ibid.), поскольку каждая политическая ситуация состоит из взаимонесовместимых элементов утопии и реальности, морали и силы (power).

Чтобы устранить это препятствие, Карр в одной из глав еще раз пытается подчеркнуть слабость подходов реалистов и утопистов к проблеме взаимосвязи политики и морали. Первые рассматривают политику вообще как «науку о власти (the science of power)». Реализация этой власти означает стремление «подчинить волю других своей воле и таким образом достигнуть собственных целей» (p. 97). Так поступает, по выражению проф. Дж. Катлина, на которого ссылается Карр, «homo politicus». Это выражение с небольшими вариациями в последующем повторяли все политические реалисты. Но, подчеркивает Карр, «homo politicus, который стремится только к власти, — такой же нереальный миф, как homo economicus, преследующий только выгоду. Политические действия должны базироваться на координации морали и власти» (p. 97). Карр, конечно, утрирует, поскольку в формулировке Катлина и других реалистов нет категорического «только» (nothing but). В таких определениях высвечивается главная функция: у политики — власть, у экономики — выгода. Разумеется, у политики и экономики существует немало сопутствующих функций. Но в конечном счете они сведутся к главным — власти и выгоде в рамках поля их функционирования. В рамках же всей системы власти конечные цели будут другими.

Реалисты, будучи приверженцами власти-power, не отрицают и значения морали как власти, но уже в форме власти-authority. Однако Карр считает ошибочной их убежденность, что моральная власть-authority и без связи с властью-power «сама позаботится о себе» (p. 98). Он пишет: «Иллюзия, что можно отдать приоритет власти и что за этим последует мораль, столь же опасна, как и иллюзия, что приоритет можно отдать моральной власти и за ней последует власть-power» (ibid.).

Очевидно, что неправы и те и другие, и не только из-за непонимания взаимосвязи между политикой и моралью, но и связи этих двух явлений с более мощными явлениями, которые описываются понятиями базис и надстройка, а в еще более широком смысле — понятием *общественно-экономическая формация*.

Карр критикует в этой главе и утопистов. В данном случае за то, что они верят будто бы демократия не основывается на силе. Это потому, считает Карр, что они боятся взглянуть в лицо фактам. В этой связи он обращается к анализу антиномий политики и морали на примере трех форм их проявления. 1) Политика непротивления, суть которой сводится к бойкоту политики. В качестве ее реализаторов называются Иисус Христос и Ганди. 2) Анархизм, не признающий государство и соответственно государственную власть, которую необходимо устранить с помощью народного бунта и создать моральное общество без власти и политики. 3) Разделение морали и политики по принципу «кесарю кесарево, богу богово».

То есть в данном случае утописты признают необходимость политики/власти, которая должна осуществлять необходимые функции, и отдельно от нее морали, за которую должна нести ответственность церковь. Эта форма, по мнению Карра, была реализована посредством реформ Лютера в протестантской среде, когда после времен Средневековья произошло четкое разделение власти на светскую и духовную (р. 98–100).

Карр не критикует названные формы антиномий политики и морали, саркастически только замечая, что их истоками являются религиозные постулаты Евангелия, а последняя форма была «энергично поддержана нацистским режимом». Он вновь говорит о нахождении компромиссов, хотя это и нелегкая задача. Настолько нелегкая, что даже после Второй мировой войны, особенно к концу XX в., утописты в качестве идеалистов и реалисты множество раз пытались «совместиться», но так и сохранили свою автономию.

Как бы то ни было, самого Карра, на основе им сказанного, нельзя относить ни к одной из школ, даже к школе реалистов, как это делают историки ТМО.

У Карра в книге есть специальная глава, где он разбирает тему морали в международной политике. Он полагает, что это «наиболее неясная и трудная проблема в исследованиях международных отношений» (р.147). Одной из самых главных тем в этой связи является определение того, что считать моралью в системе международных отношений: мораль государства или мораль индивидуумов? Например, являются ли отношения между англичанами и итальянцами синонимом отношений между Великобританией и Италией?

Карр не дает ответа на этот вопрос, хотя он почти на поверхности, если исходить из марксистско-ленинской науки о государстве. Ее азы гласят, что любое государство состоит из различных классов и слоев населения. Руководят государством представители господствующего (по словам Карра, доминирующего) класса; в капиталистических обществах таковым является класс буржуазии. Соответственно и мораль такого государства является моралью буржуазии как главенствующего класса. Все капиталистические общества пронизывает мораль диктатуры капитала. Эту мораль не разделяют низшие классы. Поэтому отношения между капиталистической Великобританией и капиталистической Италией могут кардинально не соответствовать отношениям, скажем, между рабочими названных стран. В частности, некое капиталистическое государство стремится к войне. Для государств, где господствует частная собственность, это обычное явление. Но немалая часть населения, если не большинство, этой войны не хочет. Следовательно, мораль государства не совпадает с моралью большинства населения. Рабовладельческие и феодальные общества подчиняются той же самой логике. Совершенно иная мораль у государства и у общества в целом в социалистических странах. В них обычно, по крайней мере в теории, мораль совпадает. В современных межгосударственных отношениях правит буржуазная мораль как доминирующая. По этим же правилам на международной арене действует даже социалистический Китай. В период же существования двух систем ситуация была сложнее. В социалистической системе царствовала мораль социализма, в капиталистической системе — капитализма. В результате в межсистемных отношениях и возникали антагонистические противоречия из-за несовместимости морали, что отражало разные формационные сущности. Таков вкратце ответ на кажущееся противоречие, обозначенное Карром в рассуждениях о морали государства и индивидуума.

Карр затрагивает тему морали и с другой, неожиданной стороны — с позиции темы о статус-кво, которую в последующем я вынужден буду осветить с точки зрения баланса сил. Позиция Карра по данному вопросу мне близка, и вот почему.

Он полагает, что необходимость политических изменений признавали почти все мыслители прошлого, и каждый высказал свое мнение по этому поводу. В частности, Карр цитирует известную фразу Эдмунда Бёрка о том, что «государство без средств для изменения оказывается без средств собственного сохранения» (p. 208). Он не удержался, чтобы не привести и известное саркастическое рассуждение Маркса на этот счет. Маркс писал: «Импотенция… выражает себя в одной фразе: поддержание статус-кво. Общее убеждение, что положение вещей, возникшее в результате случайностей и обстоятельств, должно твердо поддерживаться, является доказательством банкротства, признания ведущих держав своей полной неспособности к дальнейшему прогрессу и развитию цивилизации» (p. 208).

Но еще более красноречива цитата, которую Карр почерпнул из работы Гилберта Мёррея: «Война не всегда возникает из-за злости или полной дурости. Иногда она возникает из-за чистого роста и движения. Человечество не будет стоять на месте» (Humanity will not stand still) (ibid.).

Исходя из вышеприведенных суждений, Карр ставит вопрос о том, что попытки выделить моральные различия между войнами «агрессивными» и войнами «оборонительными» могут оказаться ошибочными. Следовательно, если изменения необходимы и желательны, то использование или угроза использования силы ради того, чтобы удержать статус-кво, могут оказаться более заслуживающими порицания, чем использование или угроза использования силы для изменений. Мало кто верит, что действия американских колонистов, «атаковавших» статус-кво в 1776 г., или ирландцев, «атаковавших» статус-кво между 1916 и 1920 гг., были менее моральны, чем действия защищавшихся британцев. Было бы неверным, полагает Карр, по моральным критериям типа «агрессивный» или «оборонительный» определять характер войны. Он должен соответствовать исторической необходимости изменений. В поддержку подобной позиции Карр прибегает к авторитету Б. Рассела, который утверждал: «Без восстаний человечество стагнировало бы и несправедливость была бы неизлечимой»[1].

---

1. *Russell*. Power, p. 206.

Мало кто из серьезных мыслителей, продолжает Карр, утверждает, что всегда неправильно начинать революцию; трудно поверить также, что всегда неправильно начинать войну. Каждый, однако, согласится, что война и революция нежелательны сами по себе. Проблемы в том, как осуществить необходимые и желаемые изменения в национальной политике без революции, а в международной политике — без войны[1].

Решение этих сложных проблем, считает Карр, должно базироваться на компромиссе между моралью и силой. Совет, безусловно, мудрый, но практически нереализуемый, почти в духе утопистов, которых сам Карр критикует. Однако у него есть некоторый намек на решение этих проблем. Цитирую: «Все еще мало людей, кто хотел бы признать, что конфликт между государствами, как и конфликт между классами, не может быть решен без настоящих жертв, требующих *существенного сокращения потребления привилегированных групп и привилегированных стран*. Могут возникнуть и другие проблемы в ходе установления нового международного порядка. Но нежелание признать фундаментальный характер конфликтов и радикальную природу мер, необходимых для их решения, определенно одна из них» (p. 237; курсив мой. — *А.Б.*).

Видимо, в те времена, когда Карр писал свое произведение, люди с социалистическим мышлением еще верили в добровольный отказ правящего буржуазного класса от своих привилегий. Уникально, но подобная наивность сохранилась среди немалого количества людей и в XXI в.

Сила-power в международной политике

В связи с темой power Карр единственный из теоретиков делает такое уточнение: «В принятом употреблении термин "политический" относится не ко всем действиям государства, а только к проблемам,

---

1. *Carr*, p. 209.

вовлекающим в конфликт силы (power)» (p. 102). Отношения же, характеризующиеся отсутствием конфликтов, он называет «неполитическими», например техническими или административными. Иначе говоря, политика (=государство) не всегда замешена на силе, но «не будет ошибкой сказать, что сила всегда является элементом политики» (ibid.).

Такое уточнение расходится с убеждением советских теоретиков, которые рассматривали государство как явление чисто политическое, на генетическом уровне вбирающее в себя силу. Любопытно, что и Карр, сам того не замечая, подтверждает подобное суждение. Но об этом ниже.

В сфере МО политическая сила, по классификации Карра, делится на три категории: а) военная сила, б) экономическая сила, в) сила над мнением (power over opinion). (Везде употреблено слово *power*.) Заметим в этой связи, что политическая сила представляет собой целостность, состоящую из трех элементов, или сил. По Карру, они все тесно взаимозависимы и выделяются только теоретически. На практике же невозможно представить, чтобы та или иная сила действовала изолированно от других. «По своей сути сила есть невидимое целое» (p.108). На такое утверждение Карра подтолкнула книга Б. Рассела «Power», в которой знаменитый английский философ и физик утверждал: «Законы социальной динамики могут быть сформулированы только в терминах силы, а не в терминах той или иной формы силы»[1]. Это важное утверждение, в котором заложена идея универсальности силы как онтологической категории, являющей себя в различных облаченьях. Карр здесь ограничивается сферой МО.

На первое место он выдвигает военную силу. Именно она, по его мнению, прежде всего придает государству статус силы. И неслучайно слово *power* одновременно означает и государство, и силу, и власть. Причем силу прежде всего военную, которая проверялась

---

1. *Russell.* Power, p. 4. Любопытно, что эту же цитату я привел при разборе понятия сила в своей монографии «Общество: прогресс и сила» (с. 169).

в больших успешных войнах. Так, статус Великой державы (Great Power) Германия получила после победы во франко-прусской войне, США — после войны с Испанией, Япония — после победы над Россией[1]. В настоящее время, в XXI в., вопреки утопическим надеждам поборников мира, военная сила сохраняет свое значение в определении статуса государства, которое определяется не только суммой военных расходов на оборону, но и реальными военными действиями.

На втором месте у Карра экономическая сила. Но в данном случае важны рассуждения Карра о взаимоотношениях между политикой и экономикой. Он считает:

Экономическая сила (strength) всегда является инструментом политической силы (power), если ее воспринимать и как военный инструмент. Только наиболее примитивные виды оружия являются независимыми от экономического фактора (p. 113).

Экономические силы (forces) фактически являются политическими силами (forces) (p. 117).

Здесь необходимо обратить внимание на то, что силу Карр начал обозначать тремя разными словами: *power, strength* и *force*. Не уверен, что он это делал сознательно, а скорее всего употребил их как синонимы. Хотя они имеют разное содержание.

И далее он, пытаясь показать субординацию терминов, пишет:

Экономика (здесь в смысле «economics». — *А.Б.*) не может рассматриваться ни как второстепенный аксессуар истории, ни как независимая наука в том смысле, что она могла бы проинтерпретировать историю. Можно было бы избежать много несуразностей, если бы мы вернулись к термину «политическая экономия», который был дан новой науке самим Адамом Смитом и не отброшен в пользу абстрактной «экономикс» даже в самой Великобритании почти до конца девятнадцатого века. [Но как бы то ни было] наука экономикс предполагает определенный политический порядок и не может плодотворно изучаться в изоляции от политики (p. 116–7).

Кажущийся на первый взгляд марксистским, пассаж этот на самом деле все ставит с ног на голову. По Карру, в термине *политическая*

---

1. *Carr*, p. 109–10.

экономия доминирует политика, а экономика ей как бы подчиняется. Однако это противоречит даже правилам грамматики: прилагательное только уточняет существительное, главное всегда существительное. И в термине *политическая экономия* тоже. Именно экономика определяет политическую среду. Видимо, к моменту написания разбираемой книги Карр еще не изучил «Капитал» Маркса. Но, оставляя за бортом причинно-следственные связи между экономикой и политикой, следует признать правоту Карра, указывавшего на тесную взаимосвязь названных явлений, что является аксиомой для марксистов, но даже не теоремой для многих тогдашних теоретиков-международников. Как уверяет Карр, они считали даже бессмысленным рассуждать на тему этой взаимосвязи, поскольку разделенность экономики и политики им казалась слишком очевидной. Подобная иллюзия, проистекающая из принципа *laissez-faire* XIX в., перестала отвечать реальностям XX в. Исходя из своего умозаключения, что сила неделима, а военное и экономическое оружие являются всего лишь различными инструментами силы, Карр показывает, как экономическая сила в качестве инструмента политики реализуется на практике. Он подробно анализирует две принципиальные формы реализации: экспорт капитала и контроль над зарубежными рынками.

Оставляя в стороне приводимые Карром конкретные примеры использования названных форм, остановлюсь лишь на одном из них — связанном с Советским Союзом. Он пишет:

> Экономическое оружие является чрезвычайно важным оружием сильных держав. Весьма примечательно, что предложение Советского правительства от 1931 г. о пакте «экономической неагрессии» было встречено с нескрываемой враждебностью тремя аиболее сильными странами того времени: Великобританией, Францией и Соединенными Штатами (p. 131).

Эта враждебность красноречиво демонстрирует реальную значимость экономических средств в арсенале великих капиталистических государств.

Ценность анализа Карра заключается в том, что он вскрывает лицемерие буржуазной практики, идеологи которой постоянно утверждают, что действия капиталистических государств на международной арене выгодны как субъектам, так и их объектам. Он также отвергает часто высказываемое мнение, что экономическое оружие менее аморально, чем военное (p. 131). На самом деле и военное, и экономическое оружие используются ради одних и тех же целей. Просто сильное государство предпочитает применять более «цивилизованное» оружие, поскольку и без применения военных средств оно достигает цели. В целом же военное и экономическое оружие нельзя изолировать друг от друга. Поскольку и то и другое — сила. Так откровенно о силе теоретики не писали ни до, ни после Карра.

Карр обращает внимание еще на одну не часто упоминаемую тему — сила над мнением[1], которую он называет третьей формой силы-power. Фактически речь идет о пропаганде. По мнению Карра, первой этот инструмент хорошо освоила католическая церковь в Средние века. Несмотря на некоторые ограничения в сфере материально-военной силы, она обладала институтами для распространения собственных взглядов и искоренения противоположных. Церковь первая создала цензуру и первую пропагандистскую организацию. Поэтому, как полагают некоторые ученые-историки, средневековую церковь можно назвать «первым тоталитарным государством» (p. 133). Правда, Реформация постепенно лишила ее этой привилегии в различных частях Европы. В дело вступили уже другие институты, государственные, хотя механизм распространения религиозных воззрений сохранился по настоящее время.

Любопытно, что к инструментам пропаганды Карр относит процесс образования, и он прав, поскольку промывка мозгов начинается со школьной скамьи. Он сравнивает «массовое производство мнений» с «массовым производством товаров» (p. 134). Это необычное сравнение, хотя и верное. В формирование общественного мнения включено множество государственных институтов, и в современную эпоху это одно из важных направлений как

---

1. Другой аспект темы «сила *над* мнением» — подавление оппозиционных мнений — Карр в своей работе не разбирает.

экономики, так и политики. В принципе это признается всеми, но только Карр рассматривал пропаганду как составляющую часть общей силы.

На международной арене пропаганда играет не менее важную роль, чем во внутренней политике. В этой связи, кстати, Карр напоминает, что инициатива в привнесении пропаганды как регулярного инструмента в международную сферу принадлежит советскому правительству (p. 137). Это действительно так, если вспомнить, как только что возникшее советское государство использовало пропаганду коммунистических идей, в том числе и через такие международные организации, как Третий Интернационал, а также как оно обращалось к народам мира через головы их правительств за поддержкой политики Советского государства.

Более подробно о пропаганде на международной арене будет сказано в соответствующем месте. Здесь только следует отметить, что Карр более глубоко, чем последующие теоретики, разобрался в категории силы, в ее универсальности и многогранности. Правда, при этом он не стал углубляться в проблему измерения силы, как это делали, причем безуспешно, последующие теоретики. Он не сумел четко разделить силу как функцию и силу как сущность, силу как инструмент и силу как цель. Отсюда и синонимичность всех этих слов — power, strength и force. Но для того времени, видимо, эти «мелочи» были не столь существенны. В любом случае, Карр не только поставил проблемы, но и, самое главное, раскрыл противоречия между словами и делами великих держав того времени. Это более чем достаточно для одной из первых книг в области ТМО.

* * *

В 1998 г. группа английских теоретиков опубликовала книгу почти под тем же названием, что и у Карра, в которой они решили проанализировать динамику проблем, отталкиваясь от взглядов своего соотечественника. Пол Херст, автор главы «Power», в Заключении сделал такой вывод:

> Как тематика, так и феномен силы резко изменились со времен написания Карром «Двадцати лет кризиса». Международная система, по крайней мере среди передовых и наиболее стабильно индустриализирующихся стран, стала менее склонна прибегать к силе для решения споров, предпочитая в большей степени экономические способы их улаживания. Значение наций-государств не уменьшилось, и они не потеряли свою функциональность, чего опасались Карр и многие другие комментаторы, однако радикально изменилась их роль, и они стали ключевым фактором разделения труда в управлении. Это изменение и участие государств в квазиполитике поменяли модальность и значение силы1.

Херст, как и все остальные авторы сборника, оказался не прав. А прав был именно Карр. События XXI в. наглядно подтвердили его суждения и о силе, роль которой, вопреки мнениям авторов о ее снижении, наоборот, возросла, и о том, что государства, как раз прежде всего «передовые», занимаются не «квазиполитикой», а реальной политикой, организуя по миру всевозможные «оранжевые революции», прибегая к экономическим санкциям против неугодных стран. Карр, хочу еще раз подчеркнуть, был объективным реалистом, нынешние же авторы приняли статус «иллюзионистов», т.е. тех, кто продолжает питать иллюзии относительно «силы демократии, мира и прогресса». Именно поэтому книга Карра будет актуальной и в следующие пятьдесят лет, а авторам книги с похожим названием придется переписывать свои прогнозы, что, кстати, они и делают.

---

1. *The Eighty* Years'Crisis: International Relations 1919–1999, p. 148.

3. Ганс Моргентау — основатель путаницы ТМО

Хотя Ганс Моргентау и является основателем самого влиятельного течения в ТМО — политического реализма, я не собирался подробно останавливаться на его идеях, поскольку они изложены в десятках работ теоретиков всех стран. Я намеревался просто освежить в памяти источник его концепции силы в международных отношениях и перечитал его классическую монографию «Политические отношения между нациями»[1]. На этот раз я читал ее не как начинающий исследователь, а как человек, глубоко втянутый в изучение этой темы. И был поражен наивностью классика политического реализма. Имея же в виду, что его книга продолжает оставаться учебником для студентов международного профиля, меня теперь не удивляет, что и современные теоретики остаются в плену, используя фразу самого Моргентау, «мифологических представлений о реальности». На этот раз я частично готов согласиться с отцом-основателем английской школы международных отношений Хедли Буллом, что работа Моргентау представляет «поучительную неудачу» и отражает «банкротство всей линии исследования»[2].

Я написал — «частично», потому что, безусловно, Моргентау заслуженно можно квалифицировать как ученого, пытавшегося комплексно подойти к анализу международных отношений, поднять многие проблемы, остававшиеся до него за бортом исследования. И главное — откровенно выделить идею «вездесущей силы» (the ubiquity of power) как пружину международной политики, так сказать, снимая маску «идеологических ценностей», которые,

---

1. Полностью эта монография называется так: *Morgenthau.* Politics among nations; the struggle for power and peace. Впервые она была опубликована в 1948 г. и затем переиздавалась семь раз. При цитировании я пользуюсь 7-м изданием (2006 г.).

2. Цит. по: *Little.* The English school vs. American realism: a meeting of minds or divided by a common language? P. 444.

дескать, несут миру империалистические державы. По ходу исследования я буду возвращаться к его объективистским суждениям о сути внешней политики капиталистических стран.

Исток «банкротства» Моргентау заложен в способе его анализа, о котором он с самого начала не без гордости пишет:

Целью данной книги является представление теории международной политики. Она должна оцениваться не a priori или абстракциями, а эмпирикой и прагматикой. Другими словами, теория должна оцениваться не с точки зрения какого-то заранее придуманного абстрактного принципа или понятия, не имеющего отношения к реальности, а по ее назначению — внести порядок и смысл в массу феноменальных явлений, которые без этой теории оставались бы несвязанными и непонятными[1].

Это — типичный подход «здравого смысла», лишенного понятийного осмысления реальности. С научной точки зрения он даже ниже кантовского варианта анализа отраженных явлений («вещи-во-вне»), не говоря уже о попытке осмыслить их суть по-гегелевски, как «вещь-в-себе».

И этот «здравый смысл» наворотил столько путаницы, что последователи Моргентау до настоящего времени так и не могут разобраться, что такое сила. Правда, и сам Моргентау, хотя и в сноске, признает, что понятие политическая сила одна из наиболее трудных и противоречивых проблем политической науки. И совершенно справедливо замечает, что ценность любого понятия в политической науке определяется его способностью объяснить максимум феноменов в сфере политической деятельности.

Он прав. Если выяснить, что такое сила, то можно объяснить множество феноменов не только в политической науке, но и в любой области всех общественных наук. А теперь посмотрим, как расправляется с этой «неуловимой силой» классик политического реализма.

---

1. *Morgenthau*, p. 3.

Напомню, вся теория политического реализма основывается на шести основополагающих принципах. Второй принцип имеет непосредственное отношение к термину сила. Для начала я воспроизведу его по оригиналу:

…2. The main signpost that helps political realism… is the concept of interest defined in terms of power (p. 5).

У русских переводчиков Хрестоматии ТМО эта фраза звучит так: «…2. Ключевой категорией политического реализма является понятие интереса, определенного в терминах власти»[1]. Естественно, возникает вопрос: хотя слова *категория* в тексте Моргентау нет, но с большой натяжкой signpost можно перевести и как категория. Однако могут ли термины *категория* и *понятие* быть тождественными (категорией… является понятие)? В редчайших случаях такое случается, когда категория и понятие совпадают, но не в данном контексте. И главное, почему слово power переведено здесь как власть? А почему не сила? Или держава?

Дело в том, что сам Моргентау на протяжении всей своей книги употребляет это слово в трех значениях: власть, сила, государство. И часто невозможно понять, какое из значений использовано. Поэтому эту фразу можно было бы перевести и так: «Основой политического реализма… является понятие интереса, определенного в терминах силы». На самом же деле здесь действительно больше подходит слово *власть*. Но следует заметить: *интерес* у него — понятие, а *power* всего лишь термин, а не понятие, причем термин многозначный. Уже с этого момента начинается путаница в дальнейших его рассуждениях практически по любому вопросу. Идем дальше.

Третий принцип политического реализма звучит так:

… 3. Реализм полагает, что его ключевое понятие интерес, определенное как сила (power), является объективной категорией, которая универсальна (p. 10).

---

1. *Теория* международных отношений: Хрестоматия, с. 74.

Здесь уже сам Моргентау путает понятие и категорию. Точнее, даже не путает, а просто не знает, что они отражают разные явления. Для него эти два слова синонимы.

А вот наконец он определяет *power* как понятие, которое в данном случае проявляется как власть:

Власть может включать в себя все, что обеспечивает контроль одного человека над другим. Следовательно, она покрывает все виды социальных отношений, отвечающих этой цели: от физического насилия до самых тонких психологических связей, позволяющих одному разуму контролировать другой» (p. 11).

Из этого определения вытекает, что власть проявляет себя через *контроль*, который не может быть обеспечен без силы. А это означает, что власть и сила являются синонимами.

Эта мысль повторяется в другом месте:

Когда мы говорим о власти (power), мы подразумеваем контроль одного человека за мыслями и действиями другого. Под политической властью (power) мы понимаем отношения взаимного контроля между людьми, наделенными публичной властью (authority), а также между ними и обществом в целом (p. 30).

В этой фразе употреблены и *power,* и *authority* в значении «власть». Поначалу кажется, что Моргентау решил разграничить *power* как более абстрактное понятие с тремя значениями и конкретный термин *власть* (authority) как обозначение публичной власти. В таком случае необходимо объяснить разницу между политической и публичной властью, имея в виду, что обычно эти два термина являются синонимами. Он этого не делает, усугубляя путаницу.

Что касается первого термина, он уточняет:

Политическая власть — это психологическое отношение между тем, кто ею обладает, и тем, кто должен ей подчиниться… Этот эффект происходит по трем причинам: ожидания выгод, страха перед ущербом и уважения или любви к людям или к институтам (p. 30).

По сути же сведение власти или силы к психологическим эффектам, включая такие проявления, как «уважение или любовь к людям или к институтам» (а где же здесь «контроль»?), это из сферы беллетристики, не имеющей отношения к науке. Психологические эффекты «работают» в любви, но не в силовой политике. Точнее, такие эффекты играют там некоторую роль, но в самую последнюю очередь. На первый же план в достижении силы, или власти выходят эффекты силы и насилия как инструменты политики. Но об этом в своем месте.

Вернусь вновь к этой непонятной *power*. Для начала вновь процитирую оригинал. Моргентау пишет:

> In view of this definition, four distinctions must be made: between power and influence, between power and force, between usable and unusable power, and between legitimate and illegitimate power (p. 31).

Такого типа разграничения действительно необходимы. Проблема же в том, что́ в данном контексте Моргентау имел в виду под словом *power*? Неужели во всех трех случаях власть? Из-за того что он сам не задумывался над такими «пустяками», возникает разночтение. Я, к примеру, понял следующим образом:

> Нужно разграничивать следующие четыре понятия: сила и влияние; власть и сила; сила, которой можно воспользоваться, и сила, которой воспользоваться нельзя; легитимная и нелегитимная власть (ibid.).

Здесь, наконец, Моргентау ввел еще одну силу — *force*. Далее из контекста выясняется, что эта сила для него означает «физическое насилие» (ibid.). Теперь будем иметь в виду, что *force* — это физическое насилие, которое реализуется чаще всего через военную силу (military force). Но далее он вновь говорит о законной власти как authority, которую надо отличать от «голой силы» как *power* (p. 32).

Таких примеров можно привести множество. И все они говорят только о том, что Моргентау, говоря о power-authority-force-strength, сам четко не представлял, что имеется в виду. Скорее всего, он об этом не задумывался, поскольку ему было и так ясно: все время идет борьба за силу, в которой у него совмещалось множество разных ее определений: и сила как власть, и сила как «чистая сила» (сам он нигде не объясняет, что это значит), и сила как держава, и сила как насилие, и множество других явлений, которые к силе не относятся, о чем чуть ниже.

Вся эта размытость сразу проявилась в том, как он понимал совокупную силу, из чего она состоит. Прежде всего он дает такое определение нации:

> Следовательно, нация есть абстракция определенного количества индивидуальностей, которые имеют общие определенные характеристики. И это такие характеристики, которые делают их членами одной нации… Таким образом, когда мы говорим об эмпирическом термине сила/власть-power или о внешней политике какой-то нации, имеются в виду только сила/власть-power или внешняя политика индивидуалов, которые принадлежат к одной и той же нации (p. 113).

Это уникальное определение, и именно из таких состоят почти все определения классика. «Индивидуальные характеристики» (чувствование, думанье, принадлежность к церкви, партиям и т.д.) абсолютно не соединяются в понятие нация, поскольку все эти характеристики относятся к индивидуалам любой нации.

В таком же ключе Моргентау определяет «национальную силу». (Здесь очевидно, что *power* употребляется в значении *сила*.) Приведу составленный им реестр ее элементов полностью, чтобы читатель мог понять, насколько недалеко ушли все его последующие ученики и даже оппоненты в понимании силы. Чтобы облегчить восприятие, обозначу эти элементы цифрами: 1) географическое положение, 2) национальные ресурсы (продовольствие, сырье), 3) промышленные возможности, 4) военная готовность (технологии, качество руководства, количество и качество вооруженных сил), 5) население (распределение[1], тенденции), 6) национальный характер, 7) национальная мораль, 8) качество общества и правительства как решающие факторы, 9) качество дипломатии (p. 122–56).

В разделе о национальном характере он выделил русский национальный характер, которому посвятил несколько страниц в журналистском духе. А о дипломатии сказал такие высокие слова:

---

1. Распределение = количество населения. Смысл суждений Моргентау заключается в том, что малые нации не особенно влияют на силу (p. 137).

«Дипломатия, можно сказать, есть мозг национальной силы, а национальная мораль — ее душа» (p. 153). Завершая же эту главу, он сделал и такой в общем-то бесспорный вывод:

> Сила-power нации зависит не только от искусства дипломатии и силы вооруженных сил, но и от привлекательности для других наций ее политической философии, политических институтов и политической политики (так в тексте: political policies, p. 162).

Моргентау в своем реестре элементов «национальной силы» указал структуру любого общества, и эти девять пунктов можно отнести к характеристикам качества управления любым обществом. Следовательно, по Моргентау, любое общество обладает «национальной силой». На самом же деле простое перечисление характеристик структуры общества не говорит о национальной силе того или иного государства. Эти характеристики должны быть как-то вычислены, сопоставлены между собой. Как, например, соотносится географическое положение с национальной моралью? А мораль с сырьем? А «качество общества» с продуктами питания?

Я в этот список мог бы добавить еще несколько десятков «факторов» и уж по крайней мере климат, но это ничего не дает для подсчета силы. В этот реестр вписаны несочетаемые параметры. Более того, можно взять любой фактор из этого списка и легко доказать, что он является не фактором силы, а фактором слабости. Та же география. Слишком малая территория — разве это фактор силы? Слишком большая территория тоже может оказаться фактором слабости (распыление сил, увеличенные расходы на инфраструктуру и т.д.).

Между прочим, сам Моргентау очень верно оценил геополитику, когда географический фактор превращают в центральный определитель сути и характера внешней политики того или иного государства. Он пишет:

> Геополитика — псевдонаука, возводящая географический фактор в абсолют, который, предполагается, определяет силу и соответственно судьбу наций. Его базовым понятием является пространство (p. 170).

Совершенно верные слова и вполне обоснованная критика на последующих страницах. И верно определение, что она «является метафизикой, обернутой в псевдонаучный жаргон» (p. 171).

Далее Моргентау справедливо отмечает, что «понятие силы всегда относительно» (p.166). И поэтому руководству страны высчитывать силу надо каждый день. Несмотря на это, пишет Моргентау, предсказать силу противников невозможно: слишком много неясностей, плюс ошибки других сторон. Это утверждение противоречит первому принципу его теории, в которой он утверждал, что политический реализм опирается на объективные законы, т.е. науку. Если есть законы и они вскрыты, тогда есть возможность и четкого прогнозирования. Но опять же он крайне скептически отзывался и о прогнозировании, утверждая, что, несмотря на то что было написано много книг перед Первой мировой войной, никто не смог ее предсказать. Так же как и ситуацию после Второй мировой войны и т.д. (см.: p.23–4).

Моргентау, очевидно, никогда не держал в руках работ Ф. Энгельса. Наверное, он очень бы удивился, узнав, что Ф. Энгельс более чем за четверть века научно предсказал неизбежность мировой войны с конкретными ее участниками и неизбежность революции в России.

Для того чтобы делать такие точные прогнозы, надо обладать другими инструментами познания, которыми Моргентау не владел. Отсюда и его скептицизм в научном познании общества.

Далее Моргентау подходит к очень важной теме: в каких сферах происходит «борьба за власть, или силу». Вот его самый главный постулат: «Международная политика, подобно любой другой политике, есть борьба за власть. Каковы бы ни были конечные цели международной политики, власть всегда остается непосредственной целью» (p. 29).

Я готов согласиться с такой постановкой вопроса, предварительно задав вопрос: власть ради чего? Моргентау дает такой ответ:

Политика, и внутренняя, и международная, имеет три базовые сути, то есть все политические феномены могут быть сведены к трем базовым типам. Политическая политика нацелена на сохранение власти, усиление власти или демонстрацию власти (p. 50).

Конкретно это означает, что есть три типа политики, которым соответствуют три типа международной политики. Первому типу — политика статус-кво. Второму — империалистическая политика. Третьему — политика престижа (p. 50–1).

Для чего нужна политика статус-кво? Оказывается, вот для чего.

> Политика статус-кво преследует цель поддержания распределения власти, которая существует в определенный момент истории (p. 51).

Это означает, что политика некоего актора направлена на сохранение существующего положения вещей, то есть на то, чтобы не дать слабым усилиться, а сильным ослабеть. Это может быть только в том случае, если актор имеет какие-то выгоды от такого состояния. Но эти выгоды он имеет только тогда, когда его международная сила превышает силу его оппонентов. Другими словами, борьба за статус-кво означает борьбу за превосходство актора над остальными. Иначе ему не было бы смысла тратить свои ресурсы на сохранение статус-кво.

Борьбу за власть (или за силу), которая ведет к изменению статус-кво, Моргентау называет «империалистической». Классик не замечает, что борьба за сохранение лидерства, или за сохранение статус-кво, и борьба за его изменение ничем не отличаются друг от друга в принципе и по сути. Просто ее ведут разные игроки.

Однако по теме империализма Моргентау наговорил много ложных утверждений, которые, боюсь, зазубрили и его последователи. У него очень странное понимание слова *империализм*. Есть смысл разобрать его чуть подробнее, поскольку здесь речь идет о различении политики и экономики.

Для Моргентау империализм — это политика, и никакого отношения к экономике он не имеет. То есть империалистическая политика — это та же политика за силу/власть. При этом он коротко упоминает Ленина и Бухарина, которые, по его мнению, стояли на ложных позициях, объясняя империализм через призму его экономической сущности. А такую позицию, по его мнению, историческая практика не подтвердила. И опровергает он эту позицию следующими примерами из истории.

Он пишет:

Австро-прусская война 1866 г. или франко-прусская война 1870 г. не имели важных экономических целей. Они были чисто политическими, настоящими империалистическими войнами ради установления нового распределения силы/власти в пользу Пруссии. В Крымской войне (1854–56), испано-американской (1898), русско-японской (1904–05), турецко-итальянской (1911–12) и нескольких Балканских войнах экономические цели, если они вообще существовали, играли подчиненную роль. Две мировые войны были определенно политическими войнами, главной целью которых было доминирование в Европе, если не во всем мире (p. 61).

Эти факты, дескать, экономические теории империализма не подтверждают. «По сравнению с войнами 16, 17 и 18-го веков, колониальные приобретения в 19 и 20 веках были невелики» (ibid.).

Моргентау, видимо, запамятовал, что все основные колониальные приобретения в Африке Германия сделала именно после 1884 г., а Франция — после 1870 г. Но даже не это главное. Если согласиться, что основным мотивом империалистических держав была политика, доминирование, то все равно встает вопрос: ради чего? Политика ради политики? Доминирование ради доминирования?

У Моргентау с самого начала было отмечено, что причины конфликтов между людьми заложены у них в натуре и проявляются они в форме борьбы за доминирование, то есть за власть. Видимо, именно эта первобытная закваска, сохранявшаяся на протяжении всего существования человечества, и развязывала войны, в том числе даже мировые, причем исключительно ради власти/силы. И вновь элементарный вопрос — зачем нужна эта власть? И Моргентау всерьез отвечает — ради политики.

Он пишет:

Политической целью войны является не сам по себе захват территорий и уничтожение враждебной армии, а воздействие на взгляды противника, с тем чтобы он уступил воле победителя» (p. 34).

Но ведь чтобы «уступить воле победителя», победитель должен доказать свою победу именно захватом территорий и уничтожением военной силы врага. По крайней мере так было до начала XXI в. Иначе чего ради побежденный будет «менять свои взгляды»? Ну хорошо, поменял побежденный свои взгляды, признал победителя, а дальше что? Достаточно ли это будет победителю? Неужели Моргентау не знает, чтó вытворял Гитлер на оккупированной территории СССР? Или великие державы в своих колониях уже после победы? Моргентау, призывавший исходить из практики, а не из абстрактных понятий, сам не знает практики. Именно такое ощущение создают его утверждения о политике империализма. (Тема империализма детально будет проанализирована во второй книге данного тома.)

Моргентау справедливо обращает внимание на то, что некоторые теоретики не отличают средства внешней политики от ее целей. Это действительно так. Вот как он об этом пишет:

Когда речь идет об экономической, финансовой, территориальной или военной политике, необходимо отличать, скажем, экономическую политику, проводимую ради себя [то есть ради экономики], от экономической политики как инструмента политической политики — политики, чьи экономические цели есть не что иное как средство достижения контроля над политикой другого государства. Экспортная политика Швейцарии в отношении США попадает в первую категорию. Экономическая политика Советского Союза в отношении стран Восточной Европы — во вторую. Точно так же, как и экономическая политика США в отношении Латинской Америки, Азии и Европы. Различение этих вещей имеет огромную практическую значимость, а неумение различать эти вещи ведет к конфузам в политике и общественном мнении (p. 34).

На первый взгляд подобные рассуждения могут показаться верными. На самом деле они ложны. Дело в том, что взаимоотношения между средствами и целями внешней политики значительно многообразнее и гибче. Действительно, бывает так, что средства и цели работают в одном поле, скажем, в поле экономического или политического пространства. То есть экономические средства направлены на достижение экономических целей. Но чаще всего бывает иначе. Когда различные средства, к примеру экономические, финансовые и культурные, направлены на достижение одной цели, скажем, политической. Или, наоборот, один инструмент, например идеологический или пропагандистский, обслуживает множество целей, которые аккумулируются в стратегических целях субъекта внешней политики. Взаимообратимость целей и средств внешней политики — очень важное явление для анализа в теории международных отношений.

Моргентау же больше волнует только один аспект этого явления: подвести экономику под политику. Это становится очевидным из приведенного им же самим примера.

> Когда США предоставляют заем или помощь таким странам, как Польша, которая находится под тенью Красной Армии, главной целью не является экономическая или финансовая. Это скорее подталкивание к большей степени независимости от влияния и силы Советского Союза… Одним словом, цель американской экономической политики в отношении Польши — ограничение советского влияния и силы в Центральной и Восточной Европе и усиление рычагов США в регионе (p. 34–5).

Если бы это было так, как пишет Моргентау, то возникает опять же естественный вопрос: ради чего США стремились сделать Польшу независимой от СССР? Неужели экономические ресурсы США тратились просто ради независимости Польши? И никаких осязаемых выгод взамен? Политики в Вашингтоне не были столь наивны, как Моргентау. С геостратегической точки зрения независимость Польши нужна была для того, чтобы приблизить натовский потенциал ближе к границам СССР. Но эта цель и подобные ей всегда являются промежуточными. Есть более важные цели — экономические. В данном случае — втянуть Польшу в экономическую орбиту западного мира, с тем чтобы на базе экономического обмена иметь осязаемые экономические выгоды для Запада вообще, для США в частности, как это и произошло в конце XX столетия. Другими словами, экономические средства (займы) хотя и имели геостратегическую составляющую, но в конечном счете имели стратегические экономические цели: втянуть слабую Польшу в орбиту экономических отношений с сильными западными государствами. И по-империалистически «осваивать» эту страну, часть населения которой после «освобождения» от «советского тоталитаризма» ныне пробавляется на примитивных работах в странах Западной Европы.

Но у Моргентау по-другому. Империалистическая политика — совсем не то, что описывают марксисты и либералы, и не имеет отношения к экономическим целям, расширению территорий. Она нацелена на изменение статус-кво, то есть на борьбу за власть. И кто же ее проводит?

Империалистическая политика в основном замышляется правительствами, которые побуждают капиталистов поддержать такую политику. Таким образом, исторические свидетельства указывают на приоритет политики перед экономикой, а утверждения об «управлении финансиста… международной политикой» действительно, по словам проф. Шумпетера, являются «журналистскими сказками, почти смехотворны на фоне фактов» (p. 62–3).

К теории «чистой политики во внешней политике» мне придется специально вернуться во второй книге этого тома. О «смехотворных фактах» тоже придется поговорить. Но здесь интересно, как Моргентау защищает капиталиста. Со ссылкой на некоего сэра Эндрю Фрипорта Моргентау пишет, что индивидуальный капиталист против войны, его интерес — мир, а не война, а на войну он вынужден идти только под давлением правительства (p. 63)[1].

Напомню читателю: первое издание книги было опубликовано в 1948 г. Тогда еще Эйзенхауэр не говорил о прожорливости военно-промышленного комплекса. Но несколько изданий вышли при жизни Моргентау, уже после появления термина ВПК (Эйзенхауэр его употребил в прощальном послании в 1961 г.), однако классик решил не поправлять себя. Моргентау явно не был знаком со структурой власти в развитых государствах Запада. А ведь в США еще в 1956 г. была опубликована работа Райта С. Милса (Wright C. Mills)[2], в которой он, возможно, впервые употребил тер-

---

1. Такая интерпретация поведения капиталиста чуть ли не дословно почерпнута из работы Дж. Шумпетера: *Schumpeter*. Imperialism and Social Classes.

2. *Mills*. The Power Elite.

мин «взаимосвязанная клика» («overlapping cliques») для обозначения властной элиты, состоящей из политических, экономических и военных кругов. Но, боюсь, нынешние студенты, начитавшись рассуждений Моргентау, имеют такое же, как у него, неверное представление, несмотря на очевидно иную практику внешней политики США. Из-за этого мне придется ввести незапланированную главу о структуре власти капиталистических стран, чтобы понять, кто в ней хвост, а кто голова.

Наконец, мы подошли к третьей составляющей борьбы за силу/власть — политике престижа. Престиж — одно из промежуточных понятий в теории международных отношений, хотя и не в том контексте, куда загнал его Моргентау. Тем не менее его рассуждения в некотором смысле не лишены оснований.

Вот как он определяет суть политики престижа:

Ее цель — впечатлить другие государства силой-power, которой она действительно обладает, или силой, в которую она сама верит или хочет, чтобы другие нации поверили, что она ею обладает. Для этого государство использует дипломатические инструменты и военную силу (p. 84). (Здесь однозначно под power Моргентау имеет в виду именно силу, а не власть.)

Это как бы промежуточные цели. А вот главная цель:

Политика престижа имеет две возможные необходимые цели: престиж ради его самого или (чаще всего) престиж в поддержку политики статус-кво или империализма (p. 90).

То есть престиж сам по себе — это демонстрация силы, которая на самом деле должна работать и на две другие цели — сохранение или изменение статус-кво (империализм). Основным инструментом в борьбе за престиж является пропаганда. В ее реализации нередко используются в том числе и грязные средства, например блеф, когда преувеличивается сила государства путем обмана. Но, как справедливо замечает Моргентау, такой тип пропаганды может действовать только до поры до времени.

Другая проблема — недостаточная демонстрация престижа. США, например, до Второй мировой войны не демонстрировали свою военную мощь, и японцы неверно оценили их потенциал. СССР плохо провел финскую кампанию в 1939 г. и тоже создал искаженное представление о себе.

Моргентау справедливо придавал большое значение престижу государства. В принципе обретение необходимого престижа можно рассматривать и как цель внешней политики. Тем не менее главная ее функция реализуется в качестве средства в достижении цели, поскольку уважение, авторитет государства в мире необходимы для достижения стратегических целей страны на международной арене. Здесь важно заметить, как средство переходит в цель, а цель в средство.

Моргентау не коснулся проблемы, которая в его время не была столь актуальна, как сейчас, — проблемы искусственных спекуляций в отношении престижа с помощью так называемых рейтингов. Особенно такие спекуляции проявляются на биржах. Как это случилось, например, с рейтингом США, который был, по мнению известного экономиста Пола Кругмана, искусственно понижен через индекс Standard and Poor's 500 крупнейших американских компаний (S&P)[1]. Другими словами, престиж стал одним из важных элементов процесса формирования и реализации внешней политики. Задача исследователя научно оценить реальную «цену» престижа страны, а через него и силу этой страны, не поддаваясь на сознательные искажения и идеологические предвзятости.

Моргентау касается также важной темы — темы идеологии в международной политике. Причем раскрывает ее довольно откровенно, без нынешней политкорректности, почти в духе Карра.

Для начала он определяет, что такое идеология:

Идеология, как и любая идея, является оружием, которое может укрепить национальную мораль и с ней силу нации и этими действиями может ослабить мораль оппонента (р. 100).

---

1. См.: New York Times. 7 August 2011.

Далее он раскрывает, как работает идеология. Он пишет: чтобы получить поддержку народом внешней политики страны государственные деятели должны апеллировать к:

> ... биологической необходимости, то есть выживанию нации, и к моральным принципам, таким как справедливость, но не к силе. Только таким путем нация может приобрести энтузиазм и желание пожертвовать собой, без чего никакая внешняя политика не сможет пройти необходимую проверку на силу-strength (ibid.).

Когда империалистическое государство пытается захватить слабые страны, продолжает Моргентау, оно прибегает ко всяким лозунгам типа «бремя белого человека», «национальная миссия», «манифестация судьбы», «святое доверие», «христианский долг». Колониальный империализм, в частности, часто скрывался под идеологическими лозунгами, провозглашавшими, что миссия Запада — принести цивилизацию цветным расам Земли. В качестве примеров он приводит такие идеологии: арабский империализм в период экспансии оправдывал свои действия исполнением религиозного долга; наполеоновский империализм прошелся по Европе под лозунгами «свободы, равенства, братства». Русский империализм, особенно когда бился за Константинополь и Дарданеллы, успешно и постоянно использовал лозунги поддержки православия, панславизма, мировой революции, защиты от капиталистического окружения (р. 103).

Наиболее распространенной идеологией, полагает Моргентау, был антиимпериализм, который часто совпадал с антисиловой политикой. Причем во многие страны империализм пришел как антиимпериализм. Моргентау пишет:

> В 1914 г., так же как и в 1939 г., каждая сторона вступила в войну, чтобы защитить себя от империализма другой стороны. Германия напала на Советский Союз в 1941 г., чтобы опередить империалистические устремления последнего. После окончания Второй мировой войны американская, британская, так же как и советская и китайская, внешняя политика оправдывалась империалистическими целями других наций (р. 104).

Лейтмотивом антиидеологических рассуждений Моргентау является то, что государства прикрывались идеологией (коммунизмом, антиимпериализмом), хотя на самом деле бились за власть-power вне зависимости от их строя. То есть за геостратегические цели. Это утверждение составляет второй принцип теории политического реализма. Он звучит так:

> Теория международной политики реалистов, следовательно, направлена против двух распространенных заблуждений: одно касается мотивов, другое — идеологических предпочтений (p. 5).

Второе отстаивается теоретиками из школы «идеалистов». В этой связи их критикуют за безусловную поддержку правительств и организаций, выступающих против коммунизма.

> Демонологический подход сдвигал наше внимание и беспокойства в сторону индивидуальных приверженцев коммунизма — дома и за рубежом, а также политических движений и внешних правительств, отвлекая от реальных угроз: силы государств, не важно, коммунистических или нет (p. 9).

Подобное противопоставление идеологии и силы — показатель отсутствия понимания и того, и другого. Во-первых, они совмещены у реалистов в таких сочетаниях: *идеология силы*, то, что как раз отстаивает сам Моргентау, и *сила идеологии*, которое Моргентау не понял. Последнее он сформулировал бы как *влияние идеологии*, хотя само влияние тоже можно оценить через силу — сила влияния идеологии. Но, как было сказано выше, Моргентау в понятия «не играет». Он человек прагматичный. В другом месте будет показано, что больших различий между политическими реалистами и идеалистами не существует. Здесь только хочу отметить: для того чтобы продвигать какую-либо идеологию, нужна сила как в форме финансовых ресурсов, так нередко даже в форме военной силы. Практика США постоянно демонстрирует этот очевидный постулат. Безусловно, идеология, особенно в виде политических лозунгов типа «сфера восточного сопроцветания», является прикрытием реальных целей империалистических государств, но, с другой стороны, является мощным инструментом и даже оружием в реализации этих самых реальных целей. Однако идеология идеологии рознь. Есть идеология войны, а есть идеология мира. Но для Моргентау это уже не так важно.

Несмотря на уникальную путаницу в теории и наивность в отношении многих вещей, у Моргентау есть ряд верных рассуждений, одно из которых зафиксировано в первом принципе его теории. Его суть в следующем:

> Политический реализм исходит из того, что политика, как и общество в целом, подчинена объективным законам, которые коренятся в человеческой природе. Для того чтобы улучшить общество, надо вначале постичь законы, по которым оно живет. Действие этих законов не зависит от нас; любая попытка их изменения будет заканчиваться неудачей (p. 4).

Между прочим, после таких слов странным выглядит пессимизм самого Моргентау относительно возможности научного прогнозирования внешней политики и международных отношений, о чем уже упоминалось выше.

На самом деле Моргентау в своем первом принципе прав: общественное развитие происходит на основе определенных законов или по крайней мере закономерностей или тенденций. В его представлении законами международной политики, или, как он часто пишет, «политической политики», является стремление к власти/силе. Это его позиция. В любом случае познать законы — это первый этап. Можно ли их изменить? Если это закон, то нет. Нельзя, например, изменить законы Ньютона. Но их и не надо менять. Надо уметь их использовать в целях развития человечества. Используя же, воздействовать на природу как таковую и природу общества, в том числе и природу внешней политики.

Актуальными остаются и два других принципа теории политического реализма. Вот один из них:

> … 4. Политический реализм признает моральное значение политического действия. Он также признает несовместимость морального императива и требований успешной политики (p. 12).

Это — поучительный постулат для поборников справедливости на международной арене. Противоречия морали и успешной политики неизбежны, причем в системе международных отношений они решаются в пользу «политических действий». Пример — мораль капитализма. Но есть еще мораль социализма. Впрочем, думаю, Моргентау их не различал.

А вот важный принцип, который в корне противоречит реальной практике внешней политики США. Он гласит:

> …5. Политический реализм отрицает тождество морали конкретной нации с универсальными законами морали. Проводя различие между истиной и мнением, он разделяет также истину и идолопоклонство. Все нации испытывают соблазн представить собственные цели и действия как проявление универсальных моральных принципов, но лишь немногие способны сопротивляться этому в течение долгого времени (ibid.).

Этот принцип вообще не ложится в геостратегическую практику США, которые как раз и распространяют по всему миру «универсальные» ценности демократии и рынка, подавляя сопротивление «морали конкретной нации».

Моргентау в отличие от многих теоретиков не особенно задумывался над терминами *внешняя политика, международные отношения* или *мировые отношения*. Сам он вместо *внешняя политика* предпочитал употреблять термин *международная политика*, смысл которой он четко определил так:

> Не все действия государства в отношении другого государства имеют политическую природу. Целью таких действий не является распространение или укрепление власти. К ним относятся многие правовые, экономические, гуманитарные и культурные связи. Если государство заключает договор о взаимной выдаче преступников, обменивается товарами и услугами, сотрудничает с другими в ликвидации последствий природных катаклизмов, налаживает культурные связи, это не считается участием в международной политике. Иными словами, международная политика — лишь один из многих типов активности, благодаря которой государство может выступать на международной сцене (p. 30).

Следует подчеркнуть, что Моргентау не определяет ни термин *внешняя политика*, ни внешние поля за пределами национальных границ (они просто «международная сцена»). Он определяет только один аспект деятельности — международная политика, которая бьется за власть на международной сцене. В таком случае вроде бы логично отсекаются все виды целей, кроме политических или геостратегических, на которые уходит вся «национальная сила» государства. Это отсечение, даже на теоретическом уровне, является искусственным, если не сказать абсурдным, поскольку такого типа политика ради политики (из серии искусство ради искусства), во-первых, означала бы элементарное бессмысленное действие для самоудовлетворения, во-вторых, она не может быть обоснована, повторяю, даже на теоретическом уровне без взаимосвязей со всеми другими элементами внешнеполитического процесса, в-третьих, она не может объяснить поведение государства как целостности на мировой арене. Это все равно что попытаться объяснить поведение человека на основе только его отношения к власти или его участия во власти. Другими словами, с самого начала данная теория не могла претендовать на теоретическое описание ни внешней политики государства, ни системы международных отношений. Она могла затронуть кое-какие аспекты и того и другого, но лишь локально, подобно действию врача-специалиста по конкретным болезням, не понимающего работу всего организма. В принципе и в этом качестве от теории было бы немало пользы хотя бы на начальной стадии становления науки о международных отношениях.

Многие авторы обращают внимание и на другие достоинства теории Моргентау, которые мне представляются само собой разумеющимися. Так, авторы Введения к 7-му изданию «Политических отношений между нациями» Кеннет Томпсон и Дэвид Клинтон подчеркивают идею неизбежности конфликта, выделенную Моргентау как пружину борьбы за власть. Поскольку в человеке от природы заложен «ген конфликта», на выходе предполагающий соперничество и борьбу, постольку и вся политическая жизнь общества реализуется в зоне конфликта. Он может принимать любые формы (религиозные, идеологические, борьбу за ресурсы), но оставаться конфликтом. В этом и заключается реальность жизни, и смотреть на нее надо реально. Точнее, не просто созерцать конфликт, а участвовать в нем и разрешать его (p. xviii–xix).

Сильная сторона политического реализма, по их мнению, как раз и состоит в том, чтобы видеть «вещи как они есть, без искажений, самовосхвалений и иллюзий». Неадекватная же оценка картины мира препятствует эффективному использованию политической власти, что может привести к фатальным последствиям в момент опасности в процессе достижения определенной цели (p. xxiii).

Оставляя в стороне спорное утверждение о природном гене конфликта в человеческой натуре, следует признать, исходя хотя бы из истории существования человечества, что конфликт действительно определял и определяет состояние взаимоотношений между государствами, нациями и народами. И Моргентау был совершенно прав, когда поставил вопрос конфликта в центр своей теории. Другой вопрос, является ли такое состояние (на основе конфликта) универсальным и неизбежным принципом отношений между государствами? Или, другими словами, вечен ли конфликт? Моргентау и его последователи полагает, что да, вечен, он в природе человека? У меня другой ответ. Но — в своем месте.

Еще один момент, который выделили авторы Введения как сильную сторону теории Моргентау, это его четкая бескомпромиссная позиция в пользу национальных интересов, а не моральных принципов (p. xxiv). У авторов же Введения (но не у Моргентау) они совмещаются только тогда, когда моральные принципы (или обязательства) служат национальным интересам. Вообще-то подчеркивание противоречий между моралью и реалистической политикой свидетельствует о том, что политические реалисты признают, что внешняя политика империалистических стран лишена морали, с чем нельзя не согласиться. Перефразируя Дизраэли, можно повторить: у государств нет морали, а есть интересы. Вполне откровенно и справедливо.

Хотелось бы выделить и такое важное замечание авторов Введения относительно идеи бифуркации в системе международных отношений. Они пишут: «Подход реалистов в отношении власти достаточно сложный и в меньшей степени бифуркационный» (p. xxi). Имеется в виду, что поведение власти предсказуемо; ее можно контролировать и использовать. Это важное утверждение против теоретиков — сторонников непредсказуемости мировых отношений.

Следует сказать, что в США были и такие ученые, которые категорически не признавали идеи школы политического реализма, рассматривая их как идеологию войны. (Думаю, что при этом имелось в виду крайне правое крыло этой школы.) Среди них был упоминавшийся социолог Райт С. Милс, который, не называя конкретных имен, обозначил эту школу как «Безумный реализм» (Crackpot Realism). Американские политологи Р. Казерт и Э. Кинг, обобщив 13-ю главу книги Милса «Причины Третьей мировой войны», выделили 11 пунктов, характеризующих тип мышления «безумных реалистов». Вот некоторые из них: 1) «безумные реалисты» убеждены, что именно война, а не мир является природной сущностью людей и наций; 2) реалистично предполагать, считают они, что «другая сторона» страстно желает, чтобы мы проиграли, точно так же как и мы желаем, чтобы проиграли она. Национальная паранойя, подозрения и больная воля универсальны, постоянны и являются частью примитивной и низменной натуры человечества; 3) «безумные реалисты» исходят из того, что значительно легче готовиться к войне, чем к миру. Проблемы подготовки к миру более сложны и абстрактны, чем процесс подготовки к войне. Поэтому реалистичным они считают решение человеческих проблем на основе постоянной готовности к войне. И так далее в таком же ключе[1].

Но вот самый важный вопрос, который я сам задаю постоянно, когда речь заходит о конечных целях политических реалистов, а Милс — о целях «безумных реалистов». В 10-м пункте написано:

Безумный реализм заменяет цель поддержания мира и баланса сил… идеей «победы». Но никогда никто не говорил, что необходимо выиграть. Довольно просто стремиться к победе. Желание выиграть, даже если не знают, что это такое, является более «реалистичным» и чувствительным, чем отказ от идеи победы (p. 221).

---

1. *Cuzzort, King.* 20th Century Social Thought, p. 220–1.

Как заключают Казерт и Кинг, «получается, что во имя реализма люди ведут себя нереалистично. Такой подход Милс рассматривает как абсурдный» (ibid.).

Надо иметь в виду, что свою работу Милс писал в разгар Холодной войны. В те времена на властном олимпе США действительно находились люди, жаждавшие войны, что и привело страну к войне во Вьетнаме. Но если даже отбросить, возможно, преувеличенный критицизм социолога, характерный для конъюнктуры того времени, все равно следует признать ряд положений Милса актуальными для ТМО до сих пор. Хотя бы все тот же вопрос, ради чего нужны баланс сил или система безопасности? И действительно ли сущностью человека и, соответственно, нации является стремление к войне? Наконец, остается актуальной и тема структура власти в США, которая как раз получила развитие именно после работы Милса «Властная элита».

* * *

Многие последователи Моргентау восприняли его работу как теоретический труд, заложивший основы теории международных отношений. Или по крайней мере как теорию политического реализма, исповедуемую школой, ставшей ведущей в сфере познания международных отношений. На мой взгляд, эта монография является не работой теоретика, а скорее, отражением взглядов исследователя-прагматика, специалиста и знатока международной жизни. Я не стал бы характеризовать эту работу как Булл «неудача и банкротство» по той причине, что для своего времени она была весьма полезной и отвечала уровню науки того периода. Она не ответила ни на один вопрос, но по крайней мере поставила очень важные вопросы и проблемы. В этом ее главная заслуга. Но что удивительно, все ошибки, несуразности и нестыковки, которыми изобилует работа Моргентау, многократно повторены в работах его последователей и сторонников других школ, как бы они ни назывались. И данное утверждение станет очевидным в ходе дальнейшего изложения в других разделах этой книги.

4. Кеннет Уолц и системный подход к ТМО

Ни одна работа по ТМО не обходится без ссылок на ставшую классической книгу Кеннета Уолца «Теория международной политики»[1]. Это неслучайно, поскольку она, возможно, является в буквальном смысле единственной книгой теоретического характера в рамках темы ТМО. Она вобрала в себя все атрибуты теории МО, включая философию, науковедение, способы, методы, подходы к изучению сложных в теоретическом плане проблем международных отношений. Безусловно, в ней отражена и практика МО, к которой Уолц обращается в качестве иллюстрации того или иного теоретического положения. Поскольку книга Уолца до сих пор служит теоретической базой так называемой школы неореализма, целесообразно еще раз проанализировать эту базу, но уже с теоретической позиции другой школы, школы, к которой принадлежу я.

Ни для кого не секрет, что философским истоком работы Уолца является неопозитивистский подход в духе Имре Лакатоса, о котором он отзывается с большим уважением. Философским же фундаментом работ обоих авторов стали взгляды не столько Огюста Конта, основателя позитивизма, сколько его предшественника — Иммануила Канта, агностицизм которого пришелся по вкусу большинству теоретиков, в том числе работающих в сфере МО. И хотя частично я уже отразил философские взгляды неопозитивистов в первом томе «Мирологии», тем не менее есть смысл еще раз проверить их на примере Уолца.

---

1. *Waltz.* Theory of International Politics.

Законы и теория

Уже в начале книги Уолц декларирует:

> Теории являются собранием коллекций или набором законов, имеющих отношение к определенному поведению или феномену… Теории более сложны, чем законы, но только количественно. Между законами и теориями нет каких-либо различий (p. 2).

В данном случае автор имел в виду качественные различия. Но эта декларация неверна в принципе, поскольку не каждая теория формулирует законы и не каждый закон вытекает из теории. Например, теория Большого взрыва никаких законов не выдает, а только пытается объяснить возникновение нашей Вселенной с какого-то определенного времени. И таких теорий «меньшего масштаба» бесчисленное множество. В то же время законы, скажем, Ньютона или Канта–Лапласа, не вытекали из теории Птолемея, а выкристаллизовались из теории Коперника. Для того чтобы вывести верный закон, необходимо опираться на правильные теории, которые отражают объективную реальность, а не просто умозрительные рассуждения того или иного философа или натуралиста. Приведу еще один неверный постулат Уолца: законы постоянны, объяснения же зависят от того, с кем мы консультируемся: Аристотелем, Галилеем или Ньютоном. Законы действительно постоянны, если они верны. Но они не зависят от «консультаций» с кем бы то ни было. Когда Галилей попробовал проконсультироваться о законах Солнечной системы со своими религиозными «коллегами», они чуть не отправили его на костер (как до этого отправили Джордано Бруно). «Консультантом» относительно законов и теорий является не та или иная личность, а практика, как ни банально это звучит.

Любопытно, что уже через несколько страниц Уолц говорит совершенно противоположное, в данном случае справедливо подчеркивая, что теории качественно отличаются от законов. Их задача объяснить или предсказать законы. Наилучшим образом последние объясняются на базе понятий. Но это не значит, как пишет Уолц, что они могут быть только «изобретены», а не «открыты» (p.5). Подобное утверждение означает, что Уолц неверно трактует содержание термина *понятие*. Неслучайно он роняет такую фразу: «Теоретическое понятие ничего не объясняет и не предсказывает» (p. 5).

Во-первых, «практических» понятий просто не существует, поскольку *понятие* — это абстракция, гносеология, эпистемология, а не эмпирика. Оно есть отражение некой обобщающей реальности типа «человечество» или «народ». Задача понятия как раз и состоит в том, чтобы объяснить явление, а по возможности и его суть. Во-вторых, понятия как раз не изобретают, а именно открывают. Понятие — это исследованное явление, обозначенное неким термином. Изобретают именно термин, но не понятие. Явление, бытие изобрести нельзя. Нельзя, например, изобрести гравитацию, скорость света, атомы или молекулы. Их можно только открыть.

Такое недопонимание характерно для всех позитивистов, ранних или поздних. Если бы Уолц после Канта изучал гегелевскую «Науку логики», он не стал бы делать утверждения, покоящиеся только на формальной логике Канта. Но неслучайно позитивисты к диалектике Гегеля относятся как к бреду. Этот «бред» оказался им не по зубам. У понятия, между прочим, нет функции делать «прогнозы». Прогнозы даются на основе открытых законов, а не толкований и суждений.

Между прочим, доверие к позитивистам нередко объясняется тем, что они умудряются в одном предложении делать верные и неверные утверждения одновременно. Например, Уолц пишет: «Законы остаются, а теории приходят и уходят» (p. 6). Вроде бы все верно. Но… не все теории уходят. Уходят неверные теории. Верные остаются, так же как и законы. К примеру, та же теория Коперника никуда не ушла, хотя, безусловно, она обогащена новыми фактами и знаниями.

Уолц ссылается на Канта, который, дескать, утверждал, что теория и практика не идентичны. И, развивая эту мысль, заявляет, что «теория объясняет часть реальности и поэтому отличается от реальности, которую объясняет» (p. 7). В этом же контексте Уолц ссылается на авторитет Альберта Эйнштейна, который вроде бы говорил: «Теория может быть проверена экспериментом, но никогда из эксперимента не создавалась теория» (p. 6). Сомнительно, что так мог сказать Эйнштейн, поскольку и его теории относительности, равно как созданию квантовой механики, предшествовала масса экспериментов. В данном случае практика как раз и опровергает «теорию» самого Уолца о соотношении между теорией, практикой и экспериментом. Это же элементарное соотношение между эпистемологией (или гносеологией) и онтологией. То, что в марксистской науке входит в теорию отражения. Вся эта диалектика детально была проанализирована и объяснена еще Гегелем. Не зная его работ, можно утверждать и такие несуразности об индукции, которая, дескать, полезна на уровне формулирования гипотез и законов, но не подходит для уровня теории (p. 7). Индукция, равно как и дедукция и абдукция, есть не что иное, как мыслительный инструмент познания. В одних случаях уместно использовать один инструмент, в других — другой, а иногда и все вместе. Все зависит от характера исследуемого объекта. В обобщающих теориях или в описании фундаментальных законов прибегают не только к упомянутым инструментам, но и ко многим другим способам и методам анализа.

В своей «Теории международной политики» Уолц в самом начале поднимает очень важную тему о различном толковании терминов. Он, к примеру, говорит о том, что понятия *пространство, энергия, момент* и *время*, имеющие определенное смысловое значение в физических теориях, теряют (было бы точнее сказать — меняют) свои значения за пределами этих теорий (p. 11). Но даже в рамках одной дисциплины — международной политики — слова, такие как *сила-power, сила-force, полюс, отношение, актор, стабильность, структура* и *система*, имеют различные значения для тех, кто их использует. Это как бы естественно, считает Уолц, если «теории противоречивы». Поэтому дискуссии и аргументы, какая бы тема ни поднималась, становятся крайне тяжелыми или даже бессмысленными из-за того, что дискутанты говорят на разных языках. Решить эту проблему можно только на основе «уточнения» или «усовершенствования» теорий. Вместо этого проблема значений превратилась в проблему превращения терминов в операбельные инструменты. Но это не спасает. Например, «полюсы» могут быть определены как «блоки» или «великие державы». При других определениях они становятся описательными терминами в изложении законов. «Но технические применения, к сожалению, — слабый критерий» (ibid.).

Все сказанное Уолцем действительно существует в ТМО. Но «разброс и шатания» в терминах означают лишь одно — ТМО не стала наукой. Предварительно, говоря словами самого Уолца, должна быть, «усовершенствована» теория. Это именно то, что я и пытаюсь сделать в других частях своей работы.

Великие державы и малые страны

Известно, что многие теоретики, а также немало любителей равноправия постоянно говорят о равенстве государств между собой как суверенных юридических единиц. Некоторые «равноправники» обижаются, что в ТМО внимание уделяется главным образом великим державам. Уолц на примере структуры системы дает ответ на этот вопрос. Он пишет: «Теория международной политики, так же как и история, написана в терминах великих держав соответствующей эры» (p. 72).

Его объяснение сводится к следующему:

В международной политике, как и в любой самодостаточной системе, единицы бо́льших возможностей устанавливают арену действий для других так же, как и для себя. В системной теории структура есть объединенное понятие; и структура системы генерируется взаимодействием принципиальных частей. Было бы странно строить теорию международной политики на базе Малайзии и Коста-Рики, так же как строить экономическую теорию олигопольной конкуренции на базе маленьких фирм в экономике. Судьба всех государств и всех фирм в системе зависит в значительно большей степени от действий и взаимодействий крупных единиц, а не мелких… Общая теория международной политики неизбежно базируется на великих державах (p. 72, 73).

В этом вопросе Уолц прав, напоминая, что со времен Вестфальского договора активную роль на международной арене играли только пять—восемь великих держав, взаимодействие между которыми и создавало ткань исторического процесса. Поэтому и логика системного подхода, построенная на силовых понятиях, требует анализа небольшого числа государств. И такое «неравенство» в отношении менее сильных государств, по мнению теоретика, «вписано в государственную систему, оно не может быть устранено» (p. 132).

Более того, Уолц совершенно справедливо в «чрезвычайном равенстве» усматривает опасность нестабильности. Это отличает его от других теоретиков (Дойч, Сингер), которые в «равноправности» как можно большего количества государств, другими словами, в многополярности, видят больше шансов сохранения стабильности и предотвращения войн. Против этого категорически возражает Уолц, утверждая, что именно биполярная система была необыкновенно стабильна, и, скорее всего, она будет продолжать существовать. И если биполярность когда-нибудь и будет нарушена, то она так или иначе будет восстановлена (p. 128)[1].

В целом соглашаясь с вышеприведенными суждениями Уолца, могу дополнить, что иерархия государств в системе международных отношений складывается не только благодаря закономерностям системного подхода, но и вследствие того, что сами закономерности системы и ее структуры подчиняются законам силы, которые на международной арене проявляются в специфических формах и о которых будет сказано в соответствующем месте.

---

1. Идею биполярной стабильности по сравнению с многополярностью Уолц более полно изложил в развернутой статье 1988 г. См.: *Waltz.* The Origin of War in neorealist theory. Эта же идея весьма активно продвигалась Джоном Миршеймером. См.: *Mearsheimer.* Back to the Future: Instability in Europe after the Cold War.

Внешняя политика и международная политика

В ТМО до сих пор дебатируется тема границы между внутренней и внешней политикой, или, другими словами, с какого момента политическое действо необходимо называть внешнеполитическим. Уолц проводит границу следующим образом. Он делит политику на национальную (national, то есть фактически внутреннюю) и международную (international). Первая относится к сфере власти (authority), администрирования и закона. Вторая действует в сфере силы (power), борьбы и согласований. При таком делении непонятно, в какой сфере «работает» термин *внешняя политика* (foreign policy). Сам Уолц четко отделил теорию «внешней политики» от теории «международной политики» (р. 72). Более того, он также разъяснил взаимодействие внешнеполитического действа с международной средой и как, становясь элементом этой среды, оно возвращается в лоно внутренней политики. И тем не менее остается неясным, в какой структуре политического процесса (национальной или международной) находится звено «внешняя политика».

Неясность же проистекает из того, что Уолц не определил, что такое «политика» вообще. Отсутствие такого определения делает двусмысленным и термин *международная политика*. Трудно даже понять его смысл: речь идет об отношениях или о действии субъекта политики? Из-за такого «пустяка» заваривается каша из ключевых слов, так и не ставших понятиями: *внешняя политика, международная политика, международные отношения*.

Система — структура

В своей теории МО отношений Уолц большое внимание уделил анализу системного подхода. Но в отличие от Мортона Каплана придал ему некоторые специфические качества, которыми этот подход не обладает. Из чего вытекает суждение, которое будет видно из следующего. Уолц пишет:

> В системной теории часть объяснений поведения и результатов коренится в структуре системы. Политическая структура схожа с полем сил в физике: взаимодействия внутри поля по своим свойствам отличаются от таких взаимодействий за его пределами, следовательно, как поле воздействует на объекты, так и объекты воздействуют на поле (р. 73).

Это положение справедливо как для физических полей, так и политических полей в системе МО. То есть элемент в системе действует иначе, чем тот же элемент вне системы. Это верно, о чем, между прочим, в свое время писал и Гегель. Но далее у Уолца начинаются домыслы.

Объясняя, как взаимодействуют система и ее элементы, в данном случае агенты, он продолжает:

> Агенты и агентства (правительства) действуют, система как целое — нет. Но действия агентов и агентств подвержены влиянию системы. Не сама по себе система напрямую приводит к какому-то конкретному результату. Она воздействует на поведение (агентов) внутри нее, но делает это косвенно. Эффект продуцируется двумя путями: путем социализации акторов и путем соперничества между ними. Эти два распространенных процесса происходят в международной политике так же, как и в обществе любого типа, поскольку они являются фундаментальными процессами (р. 74).

«Социализация» и «соперничество» — это уже качественные свойства агентов (акторов), носящие оценочный характер. Это означало бы, что поведение США и СССР и их соперничество в системе МО определяла биполярная структура этих отношений, она их социализировала, допустим, сделав их врагами, что и вызвало соперничество между ними. На самом деле самой системе наплевать на их политические сущности и их соперничество. Это противостояние вызвано внесистемными причинами. Система чувствительна только к их силовым качествам, по которым она и выстраивает структурную иерархию элементов-акторов. То есть ее волнует только «материальная сторона» этих элементов (вес, мощь, сила), точно так же как и системы в физическом поле. Именно за эту, материальную составляющую субъектов внешней политики конструктивисты и критикуют Уолца. И тут они не правы, поскольку Уолц на самом деле в свои агенты как раз и привносит социологию, так сказать, душу агентов. В системе же нет души, а есть параметры. И обратное воздействие системы на структуру происходит не через социализацию агентов, а на основе законов силы, которым подчиняются бездушные элементы системы в виде мощи и силы. Этого как раз не понимают конструктивисты со своей социологией, которая применима только во внесистемном подходе.

Любопытно то, что Уолц, углубляя свой анализ взаимоотношений системы-структуры пишет именно об этом:

> Обычно «отношение» означает взаимодействие единиц и позиционирование, которое они занимают относительно друг друга. Чтобы определить структуру, необходимо игнорировать то, как единицы относятся друг к другу (как они взаимодействуют), и сконцентрироваться на том, как они расположены в отношении друг друга (как они расставились и позиционируются). Взаимодействие, я настаиваю, случается на уровне единиц. А как единицы располагаются в отношении друг друга, каким путем они организованы и позиционированы, это не является свойством единиц. Взаиморасположение единиц — это свойство системы (p. 80).

Совершенно справедливо. Теперь может только возникнуть вопрос, на какой основе система располагает этих агентов? Или, словами Уолца, по какому принципу упорядочивания (ordering principles) они «взаиморасполагаются» (p. 81)? И тут Уолц вступает на ложную тропу, на которой стоят чуть ли не все теоретики МО.

Он фиксирует, что во внутренней политической системе все централизовано и субординировано. А вот во внешней все не так гладко. По этому поводу он пишет:

> Части международно-политической системы находятся в отношениях координации. Формально все части равны друг другу. Ни одна из них не призвана управлять, и ни одна — подчиняться. Международная система децентрализована и анархична. Принципы упорядочивания двух структур существенно различны и даже противоположны друг к другу. Внутренняя политическая структура имеет правительственные институты и учреждения в виде их реальных двойников. На контрасте международная политика названа «политикой при отсутствии правительства» (p. 88).

А раз так, то это, по Уолцу, анархия.

Тема анархии в международных отношениях — лейтмотив практически всех теоретических школ Запада. На самом деле никакой анархии не существует, о чем уже говорилось во Введении. Уолц же весьма своеобразно интерпретирует анархичность МО. Он пишет:

> Структура — организационное понятие... стало быть, термины «структура» и «анархия» находятся в противоречии» (p. 89).

Разрешение этого противоречия он видит в микроэкономике на примере экономических субъектов и рынка:

> Международно-политическая система, как и экономические рынки, сформирована в результате взаимодействия эгоцентричных акторов. Международная структура определяется в терминах основных политических акторов своей эпохи, будь это города-государства, империи или нации. Структура возникает из сосуществования государств (p. 91).

Таким образом, по Уолцу, международные отношения структурируются государствами, как рынок — частными фирмами. В результате международная система уподобляется «экономическому рынку», законы которого и структурируют эту систему. А это уже не совсем анархия. Тем более что в основе деятельности государств лежат те же экономические приобретения, к которым стремятся фирмы. Уолц совершенно верно в данном случае утверждает, что «государства используют экономические средства ради военных и политических целей, а военные и политические средства для реализации экономических интересов» (p. 94).

Это очень важное утверждение: *в конечном счете деятельность государств, в какой бы сфере она ни происходила, нацелена на реализацию экономических интересов, т.е. получение выгод.* Против этой аксиомы будут выступать представители почти всех теоретических направлений, кроме теоретиков-экономистов. Другое дело, что сам же Уолц в другом месте противоречит себе, утверждая, что главный внешнеполитический мотив государств — выжить[1]. Помимо этого могут существовать различные цели, но выживание является предпосылкой всех остальных целей. Если выживание является главной целью всех государств, тогда следует признать полное отсутствие государств, которые угрожали бы выживанию. Но без угрозы цель — выживание теряет смысл, поскольку данное явление может существовать только при наличии постоянной опасности со стороны актора-агрессора. Поэтому «выживание» вряд ли может быть главной внешнеполитической задачей всех государств. Скорее, такая задача может быть поставлена *некоторыми* государствами, что лишает суждение Уолца о выживаемости его универсального и обобщающего значения.

При всей привлекательности переноса внутренних рыночных отношений на международные отношения в целом этот трюк в рамках концепции Уолца не работает, поскольку он выводит его общую теорию за рамки системного подхода. У системного подхода другие задачи, другой понятийный аппарат даже в том случае, когда он решает экономические проблемы. Этот подход удобен в особенности для анализа баланса сил. Посмотрим, как его использует Уолц применительно к этой теме.

---

1. Если идею «выживаемости» перевести в более понятную пару «защита-нападение», тогда абсурдность общего тезиса Уолца станет еще более очевидной.

Баланс сил

Теория и практика баланса сил является одной из самых обсуждаемых тем в ТМО. Причем возникла она не с момента первого издания работы Ганса Моргентау, как мне казалось, а с публикации классического эссе Дэвида Юма «О балансе сил» (1742 г.), в котором он уверяет, что «правило сохранения баланса сил основывается на здравом смысле, поэтому было бы странно, если бы его не было и в древности, где мы находим этот принцип в указаниях и частностях»[1]. В качестве примера он ссылается на древних греков (в частности, царя Сиракуз Гиерона II (Hiero), жившего во времена Архимеда, III в. до н.э.), которые придерживались принципа баланса сил в своей практической политике. На это эссе и ссылается Уолц.

Уолц не только является сторонником этой теории, которая для Моргентау была центральной в общей ТМО, но и теоретиком, придавшим ей новый импульс в рамках школы политического реализма. Именно за этот новый подход к теории баланса сил сторонников этой школы стали называть неореалистами.

Итак, что такое баланс сил по Уолцу? Он пишет:

Теория баланса сил — это точная копия микротеории в экономическом смысле. Система, подобно рынку в экономике, создается акторами и взаимодействием между единицами, и эта теория базируется на предположениях об их поведении (p. 118).

Это положение, как видно, вытекает из общей теории о системе международных отношений, которую Уолц также сравнивает с рынком. Следовательно, баланс сил является частью МО, и с этой точки зрения Уолц вполне логичен. Но если на внутреннем рынке главный интерес «единиц» (например, фирм) — получение прибыли, то какие цели ставят эти акторы-единицы в рамках теории ба-

---

1. *Hume.* Of the balance of power, p. 157–8.

ланса сил? При этом надо иметь в виду, что рынок не является анархией. Его упорядочивают спрос и предложение на основе законов капиталистического хозяйствования. Что же касается МО и поля баланса сил, то Уолц, как мы помним, настаивает на том, что в этих сферах царит анархия. Естественно, возникает вопрос: за счет чего и кем они упорядочиваются? По мнению Уолца, это происходит следующим образом:

> В анархии безопасность является наиглавнейшей конечной целью. Только в случае обеспечения выживания государство может начинать преследовать другие цели, такие как спокойствие, выгода и сила-power. Поскольку сила есть средство, а не цель, государства предпочитают присоединить слабого… Они не могут дать силе, возможно, полезному средству, стать целью, которую они преследуют. Целью, которая их вдохновляет, является безопасность. Возросшая сила может служить, а может и не служить достижению этой цели. Возьмем, например, две коалиции. Наибольший успех одной из них в присоединении новых членов может вызвать соблазн у другой рискнуть начать превентивную войну в надежде на победу благодаря неожиданности. И таким образом предотвратить расширяющуюся брешь (в соотношении сил. — А.Б.). Если государство захочет максимизировать силу, оно должно будет присоединиться к сильной стороне, и мы вместо формирования баланса увидели бы мирового гегемона. Но этого не случается, поскольку системе присуще поведение, направленное на балансирование, а не достижение победы. Первой заботой государств является не максимизация силы, а установление своего места в системе (p. 126).

Первое, что бросается в глаза из этого длинного пассажа, что такая система не имеет никакого отношения к рынку, с которым Уолц ее сравнивает. Поскольку какое бы «место» ни занимала фирма (агент) на рынке, ее волнует не безопасность или равновесие рынка (за равновесие рынка отвечают, повторюсь, законы спроса и предложения), а прибыль и еще раз прибыль. Уолц может возразить в том смысле, что желание актора не имеет значения, поскольку сам закон функционирования системы заставит актора занять подобающее место в системе, которая только в равновесном состоянии дает возможность реализовать главную цель — безопасность. Отсюда следует, что законы системы «баланса сил» сильнее воли и намерения акторов. И второе. Так как баланс сил — это гарантия безопасности, то все государства в качестве своей главной внешнеполитической цели должны стремиться сохранить этот баланс. И не думать о «максимизации» своей силы. Моргентау, наверное, сильно бы удивился, узнав, что его последователь проповедует отказ от борьбы за силу-power. Но дело не в этом. Как быть с тем, что этот баланс постоянно нарушается? И вообще, действительно ли в условиях баланса сил обеспечивается безопасность? Самое любопытное, что в последующих размышлениях Уолц опровергает себя же.

Прежде всего взглянем на то, как Уолц определяет термины *полюс* и *сила-power*, относительно которых он дискутирует с другими теоретиками. Но для начала напомню, что он, как и многие другие англоязычные теоретики, употребляет несколько слов с содержанием «сила». Это — *strength, force* и *power*. Первое слово — *strength* — у него появлялось в предложениях типа «отношения силы» (relations of strength) и «военная сила» (military strength), второе — *force* — употребляется многократно в смысле сила-насилие. Третье — *power* — имеет три смысла, но у Уолца оно главным образом используется в значении силы, действующей в системе МО.

Итак, Уолц поначалу критикует Г. Киссинджера, который выделял «полюсы» на основе своего понимания слова power. Киссинджер много раз писал, что слово сила «не гомогенно», оно может означать силу военную, экономическую, политическую и т.д. Поэтому с военной точки зрения мир биполярен (США–СССР), с экономической — он пятиполюсный (США, Общий рынок, Япония, СССР и Китай) (p. 130). А через какое-то время, когда Китай станет сильным в военном отношении, то мир станет трехполюсным и в военном отношении. «И хотя придуманное будущее, — делает раздраженную ремарку Уолц, — находится на десятилетия впереди, мы слышим, что мир уже не биполярен» (p. 130).

Уолц не согласен с таким делением *power* на сегменты, усматривая корень ошибки в неверном определении этого термина. Он напоминает устоявшееся американское определение *силы* как способности к контролю, или как способности заставить актора А сделать то, что он не сделал бы при отсутствии давления со стороны актора Б (p. 191). Несогласие Уолца вызывает и то, что воздействие силы ведет к конечному результату, в рамках которого не остается места для, например, «политической или военной стратегии». Кроме того, такой подход, считает Уолц, игнорирует учет возможностей и стратегии одновременно двух акторов: и А, и Б. По его мнению, приведенное определение не учитывает способы использования силы. В этой связи он пишет:

> Намерение действовать и его результат редко совпадают, поскольку на результат воздействует личность, или объект, на который распространяется действие, а также условия окружающей среды, в рамках которой все это происходит... Я предлагаю старое и простое понятие, заключающееся в том, *что агент силен, пока его воздействие на других превышает воздействие других на него. Слабый поймет это, сильный — нет* (p. 192 ; курсив мой. — *А.Б.*).

В качестве иллюстрации своего предложения Уолц приводит рассуждения бывшего премьер-министра Канады Пьера Э. Трюдо, который полагал, что хотя США и являются дружественной соседней страной, Канада тем не менее чувствует себя «в объятиях слона... Не имеет значения дружественный или сдержанный этот зверь... все равно он воздействует при каждом своем движении или рычании» (ibid.).

Во-первых Уолц не замечает, что фактически он не дал никакого определения понятию *power* (он употребил слово notion, то есть понятие), а использовал его как часть прилагательного (powerful). При таком «определении» понятия внимание переключается на «реакцию» оппонента, а это уже относится к другому «понятию».

Во-вторых, тема реакции на «воздействие» не столь проста, как представил ее Уолц на примере с Трюдо. В рамках одного из ответвлений ТМО существует направление, которое называется «наукой о представлениях» (имиджинология, или перцепциология)[1]. Один из ее подходов, «психологический», легко докажет, что политики даже одной культуры могут по-разному воспринимать практически каждое звено внешнеполитического процесса и

---

1. Это направление в свое время было хорошо описано в уже упоминавшийся книге: *Зак.* Западная дипломатия и внешнеполитические стереотипы.

по-разному интерпретировать даже объективные факторы, например, экономический или военный потенциал государств. Еще до выхода рассматриваемой работы Уолца была опубликована великолепная книга Джона Стоссинджера «Нации во мраке: Китай, Россия и Америка»[1], в которой он убедительно показал, сколько миллиардов долларов было выброшено на ветер названными государствами из-за неверного толкования потенциалов и поведения сторон.

В-третьих, Уолц подчеркивает, что сила — это средство и результат его использования «невозможно определить». Это не совсем так. В каких-то случаях возможно, в каких-то нет. Зависит от конкретной ситуации. Но прежде всего от того, чтó имеется в виду под термином сила. Уолц это слово в разбираемом контексте не любит и заменяет его на другое слово — возможности (capabilities). Посмотрим, что у него в результате получилось. Он пишет:

> Системная теория требует определять структуру частично через распределение возможностей единиц. Государства, поскольку они находятся в самовоспроизводящейся системе, должны использовать все имеющиеся возможности, чтобы обслуживать свои интересы. Экономические, военные и другие возможности наций не могут быть разбиты на сектора и отдельно взвешены. Государства не располагаются наверху благодаря преимуществу по тем или иным позициям. Их ранг зависит от того, как измеряют все следующие компоненты: количество населения и размер территории, ресурсы, экономические возможности, военную силу (strength), политическую стабильность и компетенцию… Государства имеют различные комбинации возможностей, которые трудно измерить и сравнить… Поэтому не надо удивляться, что иногда получаются ложные выводы… Однако ранжирование государств не предполагает предсказание их успеха в войне или в других деяниях. Нам надо только приблизительно ранжировать их возможности… Исторически, несмотря на трудности, все равно существовало общее согласие относительно того, кто является великой державой определенного периода с неизбежными сомнениями относительно частностей. Недавние трудности в подсчете статуса великих держав возникли не из проблемы измерения, а из-за путаницы, как определить полярность (p. 131).

---

1. *Stoessinger*. Nations in Darkness: China, Russia and America.

Этот пассаж позволяет прийти к следующим выводам. Во-первых, Уолц заменяет термин сила на термин возможности[1] и определяет последний через совокупность учета населения и территории, ресурсов, экономических возможностей, военной силы (strength), политической стабильности и компетенции, видимо, руководства страны. Именно через сумму названных факторов практически все политические реалисты определяют термин *power*, который в такой комбинации не просто «трудно измерить и сравнить», а невозможно рассчитать в принципе, о чем речь впереди.

Во-вторых, к «ложным выводам» неизбежно приведет «приблизительное ранжирование», поскольку такой фактор, как, например, население и территория, имеет одновременно и минус, и плюс. В одном случае большое население и территория могут быть плюсом, в других — минусом. К примеру, Япония, значительно уступающая Китаю и по населению, и по территории, тем не менее умудрилась завоевать его в 1931–1945 гг. Отсюда вопрос: являются ли количественные параметры сами по себе факторами «возможностей»?

В-третьих, общее согласие «относительно того, кто является великой державой» действительно было, но оно возникало на основе оценки всего лишь двух-трех факторов, прежде всего экономического и военного потенциалов, что, кстати, и приводило постоянно к стратегическим ошибкам, например Гитлера в отношении СССР.

В-четвертых, рассуждения Уолца не только не вносят ясности в определение «возможностей», но и ничего не добавляют для понимания термина *полюс*. Рассмотрим последний подробнее.

---

1. Аналогичную словесную эквилибристику пытался применить и японский теоретик Х. Ханаи, который понятие сила заменил на термины мощь и влияние (об этом в соответствующей главе).

Тема полярности

Несмотря на то что калькулировать «возможности» сложно, Уолц, «приблизительно» прикинув возможности ряда государств практически только через два параметра: экономический потенциал и военную силу, распределил их в «полярной» сетке координат.

У него получилось, что до 1945 г. мир находился в системе многополярности. Из его таблицы (см. p.162) видно, что в 1700 г. многополярность состояла из семи полюсов (Турция, Швеция, Голландия, Испания, Франция, Австрия, Англия), в 1800 г. — из пяти полюсов (Австрия, Франция, Англия, Пруссия, Россия), в 1875 г. — из шести (Австро-Венгрия, Франция, Великобритания, Германия, Россия, Италия), в 1910 г. — из восьми (Австро-Венгрия, Франция, Великобритания, Германия, Россия, Италия, Япония, США), в 1935 г. — из семи (Франция, Великобритания, Германия, Советский Союз, Италия, Япония, США). А в 1945 г. возникла биполярная система из США и СССР.

Хочу еще раз обратить внимание читателя на то, что полюса Уолц определял всего лишь по двум индикаторам каждой страны (экономическая мощь и военная сила), не учитывая ни коалиций между государствами, ни их реальную роль на международной арене (к примеру, роль Италии, а также ее экономический вес никак не мог тянуть на «полюс»). Это фактически, как Уолц и писал, констатация местоположения акторов в системе государств. Но описывая полюсную систему, Уолц начинает красноречиво противоречить всему тому, о чем он писал на предыдущих страницах. Например, с предпочтением относясь к биполярной системе, он утверждает: «Во многих случаях мы должны ожидать, и это видно из опыта, что в биполярном мире действия сторон более контролируемы, чем обычно это происходит в многополярном. Внимание управляющих сторон разделено только между двумя акторами, и, как мы знаем, они имеют достаточные стимулы держать глобальные дела под контролем» (p. 205).

Напоминаю, что ранее он говорил: суть системы — сохранение баланса сил, чему подчинены и акторы системы, озабоченные только «выживанием и безопасностью». А дескать, если актор рвется к гегемонии, то все равно система его вернет назад ради равновесия. Оказывается, «большие парни» системы стремятся и к контролю над остальными. И это, кстати, более верно, чем предыдущие утверждения Уолца.

Но здесь интересно, что Уолц понимает под словом *контроль*? И тут начинается словесная эквилибристика, характерная для многих теоретиков. Для начала он цитирует сенатора Эдварда У. Брука, который уверял, что США воевали во Вьетнаме «не в интересах глобального баланса сил», но воевали в «справедливой» войне, чтобы обеспечить безопасность, что было «наилучшим [вариантом] для Южного Вьетнама и в еще большей степени для самоуважения и достоинства самих себя». Комментарий Уолца: «Он был прав». Далее он пишет: «Мы, конечно же, боролись не за выгоды или из-за необходимости. Государства, и особенно великие державы, не действуют только ради себя. Они также действуют для мирового всеобщего блага. Но что такое общее благо, определяет каждый, и эти определения конфликтуют» (p. 205).

Еще бы «не конфликтовать»! Во-первых, своими действиями США пытались нарушить баланс сил, в данном случае биполярную систему, что опрокидывает теорию баланса сил и вообще системную концепцию Уолца. Следовательно, суть системы совсем в другом. Во-вторых, США не могли действовать для «мирового всеобщего блага», поскольку вряд ли можно считать «благом» уничтожение людей, в том числе и американских военных. Тем не менее Уолца это не смущает, и он искренне напоминает, что благо — это фактически «стратегическая цель». В британском варианте это означало «бремя белого человека» (так политкорректно называлась политика колонизации мира Великобританией), во французском — «цивилизаторскую миссию». Американский же вариант звучит так: «Мы действуем, чтобы установить мировой порядок» (p. 200). Я бы на месте Уолца добавил: в рамках мирового баланса сил.

И вот самое интересное: «Антикоммунизм не является просто целью сам по себе, он также означает средство достижения достойного мира» (p. 200). И чтобы избежать критики данной сентенции, Уолц предусмотрительно заявляет: «Поскольку справедливость не может быть объективно определена, искушение мощной нации выливается в требование, что решения, которые она принимает, нужно считать справедливыми» (p. 201).

Уолц интересен тем, что он один из немногих четко, прямо и без лицемерия утверждает то, чего избегают сказать теоретики МО других школ, демагогически прикрывая суть внешней политики США заботой о демократии и особенно о «правах человека». И хотя сам Уолц на научном уровне так и не определил, что такое сила, но зато выделил ее как основное эффективное средство в вопросах безопасности. Почти в самом конце своей теоретической книги, предвосхищая последующую силовую тактику США на мировой арене, он утверждает:

> Контроль, а не регуляция как таковая, предупредительная деятельность, а не координация ради позитивных свершений — такова ключевая тенденция. Запрещать использование силы с помощью угрозы ее применения, противопоставлять силу силе, воздействовать на политику государств, угрожая им применением силы, — такими были и остаются средства контроля в вопросах безопасности (p. 209).

И он совершенно прав, когда речь идет о таком государстве, как США.

Кеннет Уолц также прав по сути, и в данном случае без идеологической нагрузки, когда пишет по сюжету о зависимости и взаимозависимости.

Зависимость и взаимозависимость

Хотя Уолц писал свою книгу задолго до появления термина глобализация, но уже тогда, то есть в конце 1970-х годов, многие авторы заговорили о взаимозависимости как положительном явлении в мировой политике в том смысле, что взаимозависимость стран нацеливает на сотрудничество в большей степени, нежели на конфронтацию. Теоретически вроде бы так и должно быть. Но историческая практика этот тезис не подтверждает.

Прежде всего, Уолц, ссылаясь на Маркса и Энгельса («Манифест Коммунистической партии»), а также на Н. Бухарина и Ленина, напоминает, что уже в те времена названные авторы писали о «взаимозависимости», имея в виду проникновение торгового и инвестиционного капитала на мировые рынки. Более того, в конце XIX в. эта взаимозависимость была даже плотнее, чем в 1970-е годы. Например, доля внешней торговли в ВНП у Великобритании (1877–85), Франции (1875–84), Германии (1880–89), Японии (1878–87) и США (1879–88) составляла соответственно 49%, 52, 34, 13, 14%, а в 1975 г. — 41%, 32, 39, 23 и те же 14% (см.: Table 1, p. 212). Эта тема будет подробно проанализирована в другой части работы. Здесь просто надо отметить, что Уолц справедливо обратил внимание на то, что так называемые «новые явления» отнюдь не новы.

Но гораздо более важное значение имеет вывод Уолца о том, что взаимозависимость не обязательно представляет собой исключительно положительное явление. Он пишет: «Я предлагаю более полезную дефиницию термина "взаимозависимость" — "взаимная уязвимость"» (p. 139). Другими словами, взаимозависимость сковывает свободу рук всех участников «взаимозависимой системы». Исторических примеров этому множество. Достаточно вспомнить отношения России и Франции перед Первой мировой войной, когда

Россия из-за финансовой зависимости от французских банков вынуждена была вступить в войну против стран-членов Тройственного союза, несмотря на отсутствие серьезных противоречий с Германией. Взаимозависимость в принципе не предотвращает войны между участниками взаимозависимой системы. Уолц на цифрах показывает, что в 1910 г. зависимость Англии и других развитых государств друг от друга была крайне высока (выше, чем в 1970-е годы), но это не предотвратило Первую мировую войну.

Подобные оценки Уолца актуальны и в наше время, поскольку до сих пор сторонники взаимозависимости безосновательно преувеличивают значение данного явления. Его нельзя не учитывать, но надо умело, научно расположить его значимость в цепи других явлений, которые ведут к изменению структуры МО.

* * *

Книга Уолца является теоретической, в ней действительно предприняты усилия именно на теоретическом уровне решить проблемы, постоянно обсуждаемые учеными в рамках ТМО. Самому Уолцу казалось, что многие из них он и решил. Именно в духе своих решений в последующем он анализировал реальности МО. Это не помогло, правда, ему, как и всем его коллегам, предугадать события конца XX в., из чего следуют сделать вывод о том, что теория Уолца не обладает прогностическими свойствами, а следовательно, она неверна в целом, хотя полезна для анализа некоторых частностей.

Главным его просчетом, на мой взгляд, является попытка распространить системный подход как метод исследования на всю сферу МО. (Между прочим, в свое время аналогичная ошибка была присуща и многим советским теоретикам, в частности ученым из ИМЭМО.) Но это в принципе невозможно, поскольку системный подход «работает» для решения ограниченного круга задач, не связанных с оценочными или нормативными явлениями типа коммунизм-антикоммунизм, империализм, агрессия, контроль. Уолц сам на многих страницах книги утверждает, что системную теорию не волнует природа «единицы» (агента), для нее не важно, «являются ли государства революционными или легитимными, авторитарными или демократическими, идеологическими или прагматическими» (р. 99). Это верно, поскольку она имеет дело с «мертвыми душами», такими как масса, вес, мощь, объемы торговли, инвестиций и т.д., т.е. действительно покрывает силовое поле МО. И этот подход в сопряжении с законом возрастания энтропии плодотворно можно использовать для решения задач баланса сил, теории полюса, теории центра сил, проблем интеграции, регионализма и т.д. Уолц же, вроде бы соглашаясь с такой постановкой вопроса, одновременно сравнивает системный подход с рынком, поневоле вводя совершенно иные правила поведения в систему. Само по себе сравнение МО с рынком весьма плодотворная идея. Но надо четко отличать, в какой сфере работают рыночные отношения, а в какой — системный подход. И это Уолц упустил.

Другая проблема теории Уолца — он не смог четко определить ключевые понятия МО. Справедливо критикуя своих коллег за их нечеткость, сам он этой четкости не добился. И ее невозможно было добиться, поскольку философским фундаментом его исследований, как уже говорилось, явился неопозитивизм в оболочке идей Имре Лакатоса. А позитивизм и науковедение Лакатоса не отличаются четкостью. Несмотря на это, книга Кеннета Уолца вдохновила многих ученых, независимо от того, согласны они с ним или нет, создать собственные теории. И тем самым внести вклад в познание мира.

Глава 2

Идеология и теории международных отношений

1. Критическая теория и ТМО

Первоначальная информация о Критической теории была изложена в первом томе «Мирологии», когда речь шла о школе «толковательного диалога». В ней же читатель познакомился с отцами-основателями данной теории: Максом Хоркхаймером, Теодором Адорно и Юргеном Хабермасом, а также с ее активным пропагандистом Эндрю Линклейтером. Теперь настала пора более внимательно присмотреться к данному направлению в ТМО, поскольку оно превратилось чуть ли не в главную соперничающую школу политического неореализма.

Из всех теоретических школ, казалось бы, наиболее близкой к марксистскому пониманию МО должна была бы быть Критическая теория (КТ), набравшая популярность к началу XXI в., поскольку базовые идеи этой теории, как уверяют ее авторы, инициированы марксистским анализом теории и практики международных отношений. К тому же ее адептом является такой видный теоретик, как Роберт Кокс, который не только входит в список 25 наиболее цитируемых авторов за последние два десятилетия, но и является одним из немногих ученых, работа которого «Производство, власть и мировой порядок»[1] будет изучаться, по мнению некоторых, даже в 2050 г.[2] Не исключаю, что такое возможно. Заинтригованный подобной рекламой, я вынужден был изучить ряд работ авторов этой теории и прийти к выводам, кардинально отличающимся от общепринятых в среде теоретиков МО. Но для начала надо выяснить, в чем суть КТ и на что она претендует.

Общее представление

Обычно общее представление о тех или иных вещах дается в различных справочниках, словарях и энциклопедиях, причем интерпретация «вещей» может различаться в зависимости от идеологии издания. В благожелательном ключе информация о КТ дана в своего рода справочнике, изданном австралийскими теоретиками МО. Для студентов, изучающих ТМО, рубрика Критическая теория подается следующим образом[3].

Действительно, идеи КТ почерпнуты из марксистского подхода к анализу, но не самого Маркса, а прежде всего такого «критического теоретика», как Юрген Хабермас, который подчеркивал тесную связь между «знаниями и интересами». При этом воспроизводится чуть ли не в качестве афоризма фраза: «Знания всегда служат кому-то или для каких-то целей». Этому аксиоматичному утверждению почему-то придается большой философский смысл. Точно так же, как и утверждению, что знания являются социальным и историческим продуктом. Критическая теория признает, что знания — продукт общества, но сама (теория) пытается дистанцироваться от

---

1. *Cox.* Production, Power and World Order: Social Forces in the Making of History.

2. *Leysens.* The critical theory of Robert W. Cox: Fugitive or guru? P. X.

3. Далее идет пересказ рубрики Критическая теория из книги-справочника: *Griffiths & O'Callaghan.* International relations: the key concepts, p. 59–61.

общества в попытках понять и изменить его[1]. Такой подход как бы сразу же создает некий фундамент, альтернативный позитивизму.

По Хабермасу, «интересы, формирующие знания» (knowledge-constitutive interests) делятся на три вида. Первый — технические познавательные интересы (technical cognitive interests). Это такие интересы, которые мотивированы материальными потребностями ради существования и позволяют предсказывать и контролировать окружающую среду. На их основе создаются эмпирические и аналитические науки. Второй вид обозначается как практические познавательные интересы, отражающие стремление усилить взаимное «межсубъектное» понимание[2]. Этот интерес ведет к развитию тех областей науки, которые относятся к языку, символам, нормам и действиям. Третий вид состоит из «освободительных» познавательных интересов (emancipatory cognitive interests), выведенных из способности человека к абстрактному мышлению. К примеру, на основе процесса самоотражения мы можем осознавать (понимать) общество как сферу борьбы за власть, которая ограничивает реализацию человеческого потенциала. Следовательно, у нас появляется интерес к освобождению. Поэтому именно третья категория интересов и формирует Критическую теорию. Правда, Хабермас подчеркивает, что не все «освободительные» теории верны. Чтобы понять их «верность», нужны определенные критерии, другими словами, теория истины. В понимании Хабермаса, истина устанавливается на основе рационального согласия. «Истина это то, о чем

---

1. Любопытно, что авторы рубрики приписали сторонникам КТ взгляд неопозитивистов, который они как раз постоянно критикуют. Для «критических» теоретиков знания (а КТ и есть часть знаний) и общество, наоборот, едины и изменить общество можно только изнутри общества, находясь с ним в неразрывной связи. Например, Роберт Кокс утверждал, что субъект (познающий) и объект (общество) едины. Но эта ошибка авторов показывает, сколь сумбурно сами теоретики КТ излагают свои мысли.

2. Понятие *межсубъектный*, скорее всего, заимствовано из феноменологии Мориса Мерло-Понти, для которого «субъект и мир» настолько ситуативно связаны, что эта связь как бы не позволяет познать суть каждого из них в отдельности.

договорились, что она — истина, но консенсус должен иметь некоторые специфические рациональные свойства, иначе истина теряет все свое значение»[1].

Здесь сразу же следует подчеркнуть, что такое понимание истины не имеет никакого отношения к марксизму. И поэтому связывать Франкфуртскую школу, к которой принадлежит Хабермас, с марксистским учением нет никакого основания. У ее представителей противоположный взгляд на мир и инструменты его изучения.

Хабермасовскую концепцию интересов взяли на вооружение два канадца: Марк Нойфелд и Роберт Кокс, которые применили ее к своим теориям, при этом делая упор на рефлексивизм (reflexivity)[2]. Кокс различает два вида теорий в зависимости от целей. Первый из них — «теория решения проблем». Имеется в виду, что такая теория решает проблемы с точки зрения логики самой теории. Например, теории школы реализма решают проблемы, исходя из своих базовых терминов или посылок типа «сила», «власть», «баланс сил». Такой теории противопоставляется Критическая теория, в которой сами предположения и процесс теоретизирования являются постоянным отражением окружающей среды. Такая теория предоставляет возможности для выбора других перспектив, других ценностей. Кокс распространяет такие возможности на международные отношения, подвергая критике нынешний порядок с его юридическими, политическими и социальными институтами и показывая способ его изменения. В этой связи Кокс придает большое значение истории, которая как раз и демонстрирует постоянный процесс изменения. Критическая теория пытается определить, какие элементы универсальны для мирового порядка и какие обусловлены исторически.

Другой видный пропагандист КТ, Эндрю Линклейтер, в исследовании международных отношений поставил проблему

---

1. Цит. по: *Griffiths & O'Callaghan*. International relations: the key concepts, p. 59.

2. Об этом термине подр. см.: *Бэттлер*. Мирология. Прогресс и сила в мировых отношениях. Т. 1. Введение в мирологию, с. 45–9.

«включения и исключения» как центральную, которая разбирается на фоне анализа взаимосвязи «суверенных государств и человеческого сообщества». Его задача — сконструировать новые формы международных политических отношений, которые давали бы возможность всем людям на равной основе «включаться» в мировую политику. В этой связи он большое значение придает концепции морали и политического сообщества в международных делах. На основе этой концепции он пытается обосновать идею «толерантного универсализма», не отрицая «исчезающих культурных разнообразий и различий». Эти идеи также заимствованы у Хабермаса, отстаивавшего необходимость универсальных моральных принципов, которые помогали бы разрешать всевозможные конфликты в социальной и политической жизни.

Наконец, студенты, изучающие ТМО, должны знать различия между КТ и постмодернизмом. Для последнего понятия этический прогресс и универсализация являются полностью навязанными или случайными (arbitrary). Поэтому определенным образом воспринимаемые самоочевидный моральный и этический прогресс и универсализация могут вести к структурному исключению групп людей и идей и даже к требованию торжества тоталитарных истин. Хабермас же и его сторонники ставят задачу реализации человеческого потенциала, пытаясь найти путь преодоления различий посредством рационального консенсуса, основанного на рациональных аргументах.

Стоит отметить, что Грэхем Эванс, автор словаря международных отношений, Критическую теорию и постмодернизм поместил в одну рубрику, не видя между ними принципиальных различий. Он также высказал свое умозаключение в отношении главного постулата КТ, который провозглашает разрушение мирового порядка, затем его *реконструкцию* и *освобождение*. Эванс в ответ иронично реагирует: «Разрушение все еще так и не дало выход для реконструкции и освобождения»[1].

---

1. *Evans.* The Penguin Dictionary of International Relations, p. 108.

Вот в таком изложении дается для студентов общее представление о КТ. Теперь обратимся непосредственно к основателям и активным пропагандистам этой теории, на базе которой они стремятся внести свое новое слово в ТМО.

Рефлексивизм Марка Нойфелда

Канадский теоретик Марк Нойфелд заявил о себе как последовательный противник позитивизма, разрабатывающий КТ на базе идей Франкфуртской школы. В 1995 г. он опубликовал книгу «Реконструкция теории международных отношений»[1] — одну из первых, в которой в полный голос прозвучали идеи КТ применительно к международным отношениям. С самого начала он ставил себе задачу, во-первых, прочертить в социологии четкую линию между «социальной и политической теорией» и «теорией международных отношений», во-вторых, критикуя нынешний мир, высветить способ, используемый для «эмансипации человечества»[2] (p. 3, 4). Эти идеи, по его задумке, должны оформиться в метатеорию.

Методом построения такой теории является метод «постоянной критики», который он связал с работами Гегеля, а также членов Франкфуртской школы Макса Хоркхаймера и Теодора Адорно. (Их ученик Хабермас почему-то не попал в поле его внимания.) Этот метод предусматривает поначалу определение принципов и стандартов объекта, с тем чтобы раскрыть его скрытые значения и следствия. А затем объект переосмысливается и переоценивается в свете тех же смыслов и последствий как бы «изнутри» самого объекта.

---

1. *Neufeld.* The restructuring of International Relations Theory.

2. Для теоретиков КТ очень важно слово emancipation. В русском языке это слово укоренилось в виде эмансипация. Это слово я сохраняю в первозданном виде, когда речь пойдет о понятийной связке слов типа *эмансипация человечества.* Если же оно употреблено не в такой связке, удобнее переводить это слово как «освобождение» или «освободительное».

А метод под названием «взгляд из ниоткуда», который присущ ученым «мейнстрима» в МО, по мнению М. Нойфелда, является не только неприемлемым, но и «опасно иллюзорным». Поэтому надо *реконструировать* теорию международных отношений на основе традиций западного марксизма (включая Грамши), и в частности, его варианта, известного как Франкфуртская школа (p. 7). Целью такой реконструированной теории, а именно Критической теории, должен быть вклад в эмансипацию человечества.

Нойфелд подробно описывает методическую основу КТ, каковой является рефлексивизм. Он пишет:

> Теоретический рефлексивизм в общей форме может быть определен как «теоретическая рефлексия на процесс самого теоретизирования». Важно осознать, что внутри параметров этого общего определения можно выделить по крайней мере три ключевых элемента: 1) самосознание базовых предпосылок; 2) признание присущих парадигмам политико-нормативных измерений и традиций нормальной науки, которые они содержат; 3) утверждение, что разумные оценки о достоинствах соперничающих парадигм возможны при отсутствии нейтрального исследовательского языка (p. 40). Это и есть анализ объектов «изнутри».

А «взгляд из ниоткуда» — это, естественно, позитивизм, теоретические объяснения которого четко отражают эмпирическую реальность, в определенной степени соответствуя фактам. И это, по мнению Нойфелда, плохо. И вот почему:

> Прежде всего потому, что многие важные вопросы не только не получают ответа, они даже не поднимаются. Среди них есть вопросы исторического происхождения и природы стандартов, на основе которых существует сообщество и которые определяют, что считается действительно знанием, а также вопросы качества этих стандартов в свете возможных альтернатив. Эти вопросы в позитивистских теоретизированиях не поднимаются, поскольку центральный стандарт научной истины — «истины как соответствия» — рассматривается как принадлежащий не научным исследователям определенного человеческого сообщества, а некой внеисторической естественной реальности. Короче, «знания, определяющие стандарты позитивизма, понимаются как ʻсама природаʼ» (p. 42).

То есть Нойфелд критикует позитивизм за то, что тот объективно отражает объективную природу, исходя из фактов и объективной реальности. И сама истина тоже оказывается объективной, так сказать, без человеческой души. Известно, что подлинные марксисты являются противниками философии позитивизма и много раз подвергали эту философию критике. И здесь можно было бы приветствовать критику позитивизма адептами КТ, если бы не одно «но». То, что они критикуют, не имеет отношения к позитивизму. Теоретики КТ фактически критикуют не позитивизм, а именно марксизм. Это станет еще яснее из последующих рассуждений Нойфелда.

Он разъясняет, что так называемые «объективные стандарты» для оценок знания могут быть поставлены под вопрос, поскольку стандарты, которые определяются как надежные знания, не являются «естественными», они не предоставлены природой, а приняты как бы на базе соглашения членов специфического сообщества. (Чувствуется влияние Франкфуртской школы.)

Далее. Вопросы «реальности», или «объективности» мира в позитивистских теориях — это вопросы, скорее, инструментов, с которыми мы имеем дело в «нашем» мире. Отсюда вытекает фундаментальная связь между эпистемологией (что является «надежным знанием»?) и политикой: проблемы, потребности и интересы, считающиеся важными и обоснованными определенным сообществом, ради решения которых и должны быть найдены «надежные знания» (ibid.).

Поскольку аналогичная «наука» будет представлена другими авторами КТ, я пока воздержусь от комментария, сразу, правда, оговорив, что эта «наука» к марксизму не имеет никакого отношения.

Что же предлагается взамен, кроме «постоянной критики» всего? Теоретики-рефлексивисты принимают несопоставимость как необходимое следствие факта, что стандарты, определяющие парадигму специфических знаний, сами тесно связаны и вплетены в соперничающие социальные и политические структуры, политико-нормативное содержание которых не подчиняется нейтрально исследовательскому языку. Это действительно так, а надо-де иначе, а именно на базе рефлексивизма.

А чтобы понять, что есть рефлексивизм, пишет Нойфелд, надо коротко сказать, чем он не является. Рефлексивизм не является «исследовательской программой», предусматривающей набор кумулятивных знаний об эмпирических фактах или о теориях. Рефлексивность не может быть сокращена и до идеи, хотя соглашение о фактах возможно. Но проблема в том, что ценностные разногласия будут продолжать мучить ученых в их попытках дисциплинарного консенсуса. Наконец, рефлексивизм не рождает априори специфические стандарты или критерии для оценок достоинств соперничающих парадигм. Что же он тогда из себя представляет?

А вот что:

Рефлексивизм — это «теоретическое самосознание», базирующееся на 1) признании взаимоотношений «фактов» и «ценностей», с одной стороны, и политической и социальной программы конкретного сообщества — с другой, 2) вовлечении в разумный диалог для оценок достоинств соперничающих парадигм (p. 46).

Расшифровываю: рефлексивисты признают тесную связь между фактами и ценностями, с уважением относясь к любым программам любых групп людей, с которыми они готовы обсуждать «толерантно» и цивилизованно любые парадигмы. (Вот из таких, видимо, формируется новая плеяда гуманистов, порождающих новые виды человечества типа секс-меньшинств и гринписовцев.)

Настала пора выяснить, какое отношение сказанное Нойфелдом имеет к дисциплине МО.

При постулировании задач КТ Нойфелд для «ясности» сразу же открещивается от «различных аналитических традиций» в исследованиях МО, сконцентрированных в известном утверждении Карла Дойча о том, что они «являются искусством и наукой выживания человечества». Такая задача недостойна внимания КТ. Эта теория нацелена, как уже говорилось, на эмансипацию человечества. «Позитивистской логике исследований», которая строится на базе постулата «истина как соответствие» методологической целостности науки и на «научном знании природы, свободной от ценностей», противопоставляются три элемента теории эмансипации: «теоретическая рефлексивность», внимание к активной и творческой роли человеческого сознания и социальная критика в поддержку трансформации установленных «форм жизни» (p. 123). Нойфелд заключает:

> Вкратце «критическая» теория международных отношений должна утвердить себя в терминах жизни тех, на кого она в действительности направлена. Критическая теория международных отношений должна реализовать себя в освобождении человека (p. 124).

И это возможно-де сделать на основе рефлексивистского подхода, выросшего из идей Макса Хоркхаймера. Эпиграф, предваряющий Заключение данной его работы, звучит так:

> Ценность теории определяется не только формальными критериями истины... ценность теории определяется ее связью с задачами, которые в каждом конкретном историческом моменте ставятся прогрессивными социальными силами (p. 122).

Вдохновляющее умозаключение, если бы не прозаическая практика, которая постоянно подтверждает всего лишь одну истину: если теория построена на выдуманных истинах, не отражающих объективную реальность, то ее значение для социальных сил будет негативно-разрушительным. Множество социальных движений (анархистские, троцкистские, маоистские и т.д.) иллюстрируют эту банальную истину. Потому что истина — не товар, о цене которого можно торговаться и в конце концов договориться. Ее цена, повторяю, — объективность, адекватная реальности.

Роберт Кокс — классик Критической теории

Роберт Кокс — один из немногих канадских ученых, ставший заметным на поле ТМО, причем не в рамках основного течения, а на его обочине, где располагаются обычно ученые левого «вероисповедания», противники современного капитализма. И хотя в энциклопедических справках о такого типа ученых говорится, что они вышли из марксизма, это не должно никого вводить в заблуждение. С марксизмом их объединяет только неприятие капитализма, все остальное, и особенно методы и методология исследований, разъединяет. Неслучайно в отношении Кокса в одной из справок о нем сказано, что «он отрицает тезис марксизма о базисе и надстройке». На мышление Кокса, скорее всего, оказали влияние не столько марксизм и даже идеи Франкфуртской школы, сколько его работа в Международной организации труда (МОТ) при ООН, которая дала ему представление о положении рабочих мира и о воздействии на это положение действий международного капитала. И видимо, опять же неслучайно, главной книгой Кокса, из-за которой на него обратила внимание научная общественность, была упомянутая «Производство, власть, и мировой порядок». Меня же интересуют его взгляды на исследования по МО, в которых он оставил след как один из основных теоретиков школы КТ. Поэтому есть смысл подробнее рассмотреть его базовые постулаты. Для этой цели подходит его статья «Социальные силы, государства и мировые порядки: за пределами теории международных отношений», опубликованная еще в 1981 г.[1].

Поначалу Кокс формулирует ставшее чуть ли не афоризмом утверждение: «Теории всегда предназначены для кого-то и для чего-то» (p. 207). Далее он, как подлинный ученый, определяет цель своей теории (для чего), положенной в основу КТ, в противопоставление другой теории, названной им «теорией решения проблем». По его мнению, последняя строится на признании мира «как он есть» с его преобладающими социальными и властными отношениями и институтами. Главная цель теории решения проблем, полагает он, чтобы отношения и институты «мягко работали» при разрешении конкретных сложных вопросов. При прочих равных условиях

---

1. *Cox.* Social Forces, States and World Orders: Beyond International Relations Theory.

подобное теоретизирование дает возможность формулировать законы и закономерности, которые возникают в действительности, но при этом все институциональные и «отношенческие» параметры как бы вытекают из самой теории решения проблем. То есть они существуют не в «действительности», а внутри самой теории.

Цель Критической теории иная. Она критична в том смысле, что стоит в стороне от преобладающего порядка в мире и обращает внимание на то, как этот порядок возник. Критическая теория охватывает социальные и политические отношения как целое, а не как разделенные части (p. 208).

Другим аспектом теории Кокса является историзм. Он считает, что теория решения проблем неисторична, поскольку в реальности изучает настоящее, т.е. неизменяемость институтов и властных отношений, которые формируют их параметры. А КТ исторична: ее волнует не прошлое, а история как непрерывный процесс изменений (p. 209). Следовательно, принципиальной целью КТ является разъяснение возможных альтернатив. «Таким образом, Критическая теория, — пишет он, — содержит элементы утопизма в том смысле, что она может представить картину альтернативного порядка, но ее утопизм ограничен комплексным пониманием исторического процесса» (p. 210). При этом Кокс оговаривает, что реалистическая теория МО имела своим истоком исторический взгляд. В качестве примера он ссылается на немецкого историка Фридриха Майнеке, который в своих исследованиях обращался к политической теории Макиавелли и дипломатии итальянских городов-государств эпохи Ренессанса, отличавшейся от общих норм идеологически доминировавших институтов средневекового общества, а именно — христианской церкви.

Но уже после Второй мировой войны, говорит Кокс, американские ученые Ганс Моргентау и Кеннет Уолц превратили идеи реализма в теорию решения проблем. В его понимании базой реалистов является их убеждение в том, что природа человека определяется термином «первородного греха», по Августину, или, по Гоббсу, «постоянным и неугомонным стремлением к власти ради власти, которая прекращается только со смертью» (p. 211–2).

Кроме того, Кокс полагает, что будущее в теориях реалистов «всегда такое же, как и прошлое», т.е. история не меняется. «Обыденная рациональность» неореалистов возникла в полемике с либеральным интернационализмом и была своего рода адекватным ответом на анархическую систему государств. Мораль же для них эффективна только тогда, когда она опирается на «физическую силу»[1]. Короче, реалисты и неореалисты не адекватны.

А теперь рассмотрим, каким боком к КТ пристегнут марксизм. При этом надо иметь в виду, что многие теоретики не воспринимают марксизм как целостную науку, а делят его на различные подразделения в зависимости от времени написания тех или иных работ Маркса («ранний Маркс», «зрелый Маркс», «поздний Маркс»). У Кокса иная разбивка марксизма. Он расщепляет марксизм по аналогии «бифуркации между старым реализмом и новым» (p. 214). Первый вариант, в его понимании, опирается на исторический анализ в объяснении изменений в социальных отношениях. Второй представляет собой анализ капиталистических государства и общества, который обращается к историческому знанию «более статичных и абстрактных концепций способов производства». Первый он называет *историческим материализмом*, который он усматривает в исторических работах Маркса и работах современных марксистских историков, таких как как Эрик Хобсбом (Hobsbawm), а также в произведениях Грамши. Этот вариант, по его мнению, повлиял и на тех, кто мог и не считать себя марксистом в строгом смысле. Например, на французских историков, связанных с журналом «Анналы» (Annales)[2]. Второй вариант он обозначает как *марксистский структурализм* (или *структуралистский марксизм*), который представлен в работах Луи Альтюссера и Никоса Пуланзаса и чаще всего принимает формы толкования «Капитала» и других «священных» текстов. Именно структуралистский

---

1. Интересно, что Кокс, для того чтобы отличить power как власть от *power* как сила, не просто добавил слово *физическая*, но и оглаголил слово *force*, которое «вползло» в power: … enf<u>orc</u>ed physical power.

2. Исторический журнал, основанный французскими историками М. Блоком и Л. Февром в 1929 г.

марксизм напоминает ему неореалистический подход решения проблем на базе внеисторической, реалистической эпистемологии. Несмотря на это, у такого марксизма отсутствует точная статистическая база. И кроме того, поскольку он остается в большей степени исследованием абстрактным, его практически нельзя применить к конкретным проблемам (p. 214–5)[1]. Но этот вариант Кокса не интересует. А первый, исторический материализм, как раз и является главным источником Критической теории, и он исправляет неореализм по четырем важным аспектам.

Первый аспект касается диалектики, которую Кокс, как и марксизм, делит на два подвида, в данном случае на «два уровня»: уровень логики и уровень реальной истории. (Деление более чем странное.) На уровне логики, по Коксу, диалектика означает диалог, нацеленный на поиск истины посредством анализа противоречий. «На уровне реальной истории диалектикой является потенциал для альтернативных форм развития, вытекающих из конфронтации оппозиционных социальных сил в любой конкретно-исторической ситуации» (p. 215).

Любопытно, что диалектику и логику Кокс воспринимает не как инструменты познания реальности, а как встроенный в объект познания субъект, заставляющий этот объект как бы изнутри изменяться. Такое понимание берет свой исток из декартовского толкования неразделенной пары «мир-сознание», которое чуждо марксизму. Не уверен, что неомарксисты об этом догадываются.

Второй аспект. Кокс утверждает, что и неореализм, и исторический материализм придают особое значение конфликту. Но неореализм рассматривает конфликт как воспроизводство постоянной структуры, а исторический материализм — как возможную причину структурных изменений.

---

1. Подобные утверждения Кокса свидетельствуют о незнании классической марксистской литературы, одним из признаком которой как раз было изобилие статистического материала. И не только в «Капитале». См., напр.: *Ленин*. Развитие капитализма в России. А «практическим» применением абстракций, например из того же «Капитала», явилась социалистическая революция в России.

Третий аспект заключается в том, что исторический материализм исследует отношения между государством и гражданским обществом, на что неореализм не обращает внимания.

И наконец, исторический материализм исследует связи между силой-power в производстве, властью-power в государстве и силой-power в международных отношениях, тогда как неореализм фактически игнорирует процесс производства.

Сразу же следует подчеркнуть, что сравнение исторического материализма со школой реалистов или неореалистов не является корректным хотя бы по той простой причине, что исторический материализм — это методологическая основа для исследований всех сторон общественной жизни. Я подчеркиваю слово методология, а не просто конкретный метод, способ, инструмент анализа. Она применима к анализу любых явлений. Школа же неореализма распространяет свои исследования только на сферу международных отношений. Поэтому ей нет нужды копаться в анализе способов производства в той или иной конкретной стране или размышлять на тему взаимоотношений между государством и гражданским обществом. Основной контингент представителей школы неореализма не подозревает даже, что их философской базой является позитивизм или неопозитивизм. И поэтому обвинения в адрес этой школы нельзя считать научно оправданными, поскольку противопоставляются несовместимые вещи: методология и сфера исследований.

Разобравшись с реалистами и неореалистами, Кокс на базе своей методологии выстраивает «историческую структуру», построенную из трех взаимодействующих категориях сил, причем в данном случае не сил-power, а сил-force.

Итак, три категории сил (выраженные в качестве потенциала) состоят из материальных возможностей, идей и институтов. Двойные разнонаправленные стрелки означают, что между силами нет прямых причинных связей, а их взаимодействие происходит на основе взаимности. Направленность же воздействия — это всегда исторический вопрос, ответ на который дает исследование каждого конкретного случая (p. 218).

Если не ставить вопрос о начальной стадии возникновения данной конфигурации сил, то есть не превращать его в философский вопрос, что первично: материя или дух, в нашем случае материальные возможности или идеи, то можно избежать критики положения Кокса об отсутствии «детерминации» между силами. И здесь следует обратить внимание читателя на то, что все силы Кокс обозначает словом force, не замечая, что для многих оно звучит весьма странно. Если материальные возможности как-то сопрягаются со словом сила, то институты и идеи со словом сила-force как-то не вяжутся. Другое дело — для институтов — власть-power. А для идей — влияние. Самое удивительное, что в данном случае Кокс прав: все три силы по своей сущности являются именно силами-force, хотя в своих проявлениях они могут быть обозначены иначе. Об этом подробно будет сказано в дальнейшем, а пока вернусь к описанию Коксом содержания этих сил. Напомню, что понятие сила крайне важно для данной работы, поэтому ему уделяется повышенное внимание.

Итак, материальные возможности, по Коксу, могут обладать продуктивным и разрушительным потенциалом. В своей динамике они существуют как технологические и организационные возможности, а в кумулятивной форме — в виде природных ресурсов, которые технология трансформирует в материальные ресурсы (типа промышленности и вооружений) и в виде богатства, которое объединяет все это.

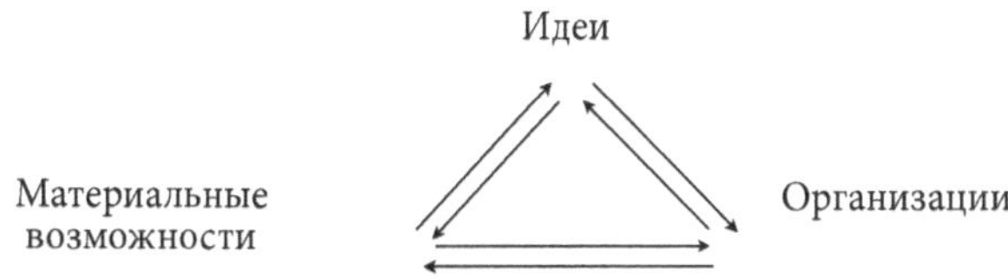

Идеи как сила. Они у Кокса существуют в двух видах. Одни идеи функционируют в сфере межличностных отношений и имеют, так сказать, меж-субъектное значение. То есть это те понятия (точнее было бы сказать: слова и термины), которые позволяют формировать естественные социальные отношения, привычные и ожидаемые для людей.

Другие идеи относятся к исторической структуре: «это коллективные представления о социальном порядке, которых придерживаются различные группы людей». В данном случае имеется в виду иное понимание природы и легитимности преобладающих силовых отношений, справедливости, добра и т.д. И именно столкновение соперничающих коллективных представлений делает возможным альтернативный ход развития и поднимает вопросы о возможностях материального и институционального базиса для возникновения альтернативной структуры. Такова внутренняя конфигурация сил.

Интересно, что для выражения в общем-то банальных вещей Кокс прибег к усложненному описанию, которое способно похоронить суть этих самих вещей. На нормальном языке два вида «идей» всего лишь означают, что на межличностном уровне люди используют обычный разговорный язык, а когда речь идет о социальных или политических проблемах, осознающие эти проблемы люди, обычно организованные в некие коллективы в форме политических организаций, общаются на языке политических обобщений типа власть, общество, демократия, революция и т.д. И это настолько естественно, что трудно было предположить, что такая тема может стать новаторской или дискуссионной.

А вот как метод исторического структурализма позволил Коксу выразить взаимосвязь внутренних сил и международного порядка, которые он обозначил словами «уровень», или сферы активности.

Социальные силы

Формы государства   Мировой порядок

Под «социальными силами» Кокс понимает организацию производства теми социальными силами, которые вовлечены в производство. «Формы государства» определяются на основе изучения комплекса государства-общества. А «мировой порядок» означает, в частности, конфигурацию сил, которая определяет проблематику войны и мира для согласованных действий государств. И все эти уровни взаимосвязаны. Данная триада является как бы частным случаем триады, представленной выше.

Эта триада взаимозависимых уровней была бы непонятна из-за ее элементарности и очевидности, если бы Кокс не оговорил, что она противопоставляется теории школы неореализма, поскольку ее адепты делают упор на материальные силы, низводя структуру мирового порядка до баланса сил, а также игнорируют социальные силы и не интересуются формами государства. Но как было сказано выше, у неореалистов другие задачи, задачи геостратегического плана, заключающиеся в конечном счете в том, чтобы выяснить, кто одержит вверх на международной арене. Они теоретики-международники, а не теоретики-социологи. Внесение социологии в МО, возможно, и позволяет выявить некоторые пласты, не охваченные исследованиями реалистов, но мало что дает для оценки их главной цели: как сохранить лидерство США или, в более широком смысле, всего Запада на международной арене. Неслучайно именно идеи реалистов и неореалистов были положены в основу всевозможных внешнеполитических доктрин США, а не миролюбивые призывы любителей прав человека и справедливости.

Конечно же, подход Кокса к анализу МО обладает большей комплексностью и большими возможностями для более точного анализа изменений на мировой арене. Скажем, его уровень «формы государства» (а лучше бы «сущности» государства) предполагает не столько анализ силы или мощи государства, на чем зациклились реалисты и неореалисты, а «качество» государства, которое определяет содержание политики той или иной страны. И в этом смысле весьма плодотворными являются его рассуждения о гегемонии особенно империализма и его специфических черт в тот или иной исторический период, что позволяет четко прогнозировать вектор международной деятельности актора, обладающего признаками империализма.

В этом же контексте оригинальными выглядят рассуждения Кокса об «интернационализации государства», «интернационализации производства» и структуре «управляющего класса» в контексте «социальных сил». Эти темы непременно будут проанализированы в соответствующих частях работы с использованием взглядов Р. Кокса.

Здесь же я хотел бы отразить уточнения Кокса относительно собственной теории, созданной им в 1985 г. Он пишет :

> Под «позитивизмом», я понимаю усилия рассматривать социальные науки по модели физики (или, в частности, той физики, какой она была известна в восемнадцатом и девятнадцатом веках, пока не вобрала в себя принципы относительности и неопределенности). Этот подход разделяет субъект и объект... Понятие «причины» встроено внутри схемы сил-forces. Мощные акторы являются «причиной» изменения в поведении менее мощных акторов, и структура системы является «причиной» определенных форм поведения акторов (p. 242).

Кокс не указывает, из каких источников он вывел подобные суждения о позитивизме. Уверен, что Джон Дьюи, классик позитивизма, был бы потрясен подобной интерпретацией своего учения. А такая рьяная позитивистка, как Мэри Калкинс, просто выцарапала бы ему глаза за сравнение позитивизма с физикой, поскольку, по ее твердому убеждению, Вселенная одушевлена, а не мертва, как полагают грубые физики. Такую интерпретацию позитивизма Коксом можно было бы только приветствовать, поскольку *такой* позитивизм приближается к марксистскому пониманию процесса познания, по крайней мере в некоторых его частях. Но именно эти части позитивизма как раз и не устраивают Кокса и его последователей.

А вот как Кокс понимает историзм (на этот раз он употребил слово *историцизм* — historicism, видимо, для того чтобы оттенить понятийность этого термина):

> Я использую термин «историцизм», означающий совершенно другой подход к знаниям об обществе, который хорошо определил

Джамбаттиста Вико и который сохраняется в разных традициях и в настоящее время. Этот подход предполагает, что человеческие институты созданы людьми, а не индивидуальными действиями «акторов», являются коллективными ответами на коллективно осознанные проблемы, которые выдвигает практика. Институты и практика, таким образом, должны быть поняты посредством изменения мыслительного процесса их реализаторов. Именно в этом состоит сущность субъекта и объекта. Объективные реальности, которые этот подход охватывают, — государство, социальные классы, конфликты групп… формируют межсубъектные идеи (intersubjective)… Иначе говоря, социальные и политические институты рассматриваются как коллективные ответы физическому, материальному контексту (естественной природе), в котором находится человек (ibid.).

Историцизм, понятый таким образом, по Коксу, есть то же самое, что и исторический материализм. Метод исторического материализма заключается в том, чтобы найти связь между мыслительной схемой, через которую люди понимают действия, и материальным миром, который им сопротивляется.

Это два разных подхода к пониманию науки. В позитивизме, как считает Кеннет Уолц (оказывается, вот кто для Кокса главный позитивист), необходимо «найти законы», т.е. причинные связи. Законы и теории продвигают знания за пределы простого описания.

История же — изменяющийся процесс. И никто не может сформулировать «законы» или их структуру в любой обобщенной форме вне истории или предыстории. Закономерности в человеческой активности действительно могут быть обнаружены внутри определенной эры, и поэтому позитивистский подход может быть плодотворным внутри определенного исторического периода, хотя и не с универсальными претензиями, которые его вдохновляют.

Здесь требуется пояснение. Кокс и его сторонники отрицательно относятся к общественным законам, поскольку закон фиксирует повторяемость явлений без их изменений. Именно поэтому они позитивистский подход постоянно сравнивают с физикой. Если бы законы существовали, то они сковывали бы общественное развитие, возвращая тот же мировой порядок на круги своя, закрепляя как бы постоянный статус-кво. И вот такой кругооборот, предполагающий «постоянство существующей структуры» без ее развития, они обозначают как статичный. А критический подход исходит из возможности структурной трансформации общества, следовательно, освобожденной от жестких законов в долгосрочном историческом процессе.

Роберт Кокс и его соратники, очевидно, не задумывались над тем, что законы природы и общества работают не одинаково, хотя и есть несколько универсальных законов, распространяющихся на всю реальность, включая и бытийную (например, Первый и Второй законы термодинамики). Сторонники КТ, видимо, не задумывались и над тем, что те же законы физики, химии и биологии с их атомами и молекулами в человеческих телах работают точно так же, как и вне этих тел. Они в ответ могут сказать, что имеют в виду общественные отношения. Но и общественные отношения построены не хаотично. В любых их разновидностях есть определенный порядок, который позволяет воспроизводить человеческий род, причем именно в сторону прогресса. Разве в промежутке времени между первобытным и современным обществами не наблюдался прогресс? Другое дело, что большая часть общественных законов в истории человечества проявляют себя скорее как закономерности и даже всего лишь как тенденции. Но существуют и более жесткие законы, скажем, в экономике и политике. Не являются исключением и международные отношения, о чем еще предстоит поговорить в соответствующем разделе. Не понимая вроде бы этих очевидных вещей, Кокс пишет:

> Наука для меня — это застывшая вещь в развитии понятий и в оценке очевидностей. В ней неизбежны элементы идеологии, которые лежат в основе выбора предмета и целей, для которых делается анализ. Проблема возникает, когда некоторые научные предприятия претендуют обойти историю и представить некоторые универсальные формы знаний. Это относится к позитивизму, который несознательно попадает в капкан идеологии (p. 247).

Критикуя позитивизм, в том числе и за отсутствие у него историцизма, почему-то ни Кокс, ни его последователи никогда не говорят о том, что позитивизм, наряду с прагматизмом, это базовые философии, питающие идеологию капитализма. Но этой философской идеологии историцизм просто ни к чему, иначе пришлось бы рассматривать историческое место самого капитализма в мировой истории. Для позитивистов и прагматиков капитализм — это конец истории, он вечен, ему некуда развиваться, так же как в свое время для Гегеля венцом развития истории была прусская монархия.

Но в недрах капитализма существует другая философия, марксистская, которая как раз и ставит задачу трансформации капитализма в сторону социализма. Ясно, что позитивизм и марксизм несовместимы. И сам Кокс справедливо пишет:

> В своих работах американская социальная наука марксизм вежливо признает, но обычно сведенный к нескольким простым препозициям, которые не задевают ее собственные исследования. И если происходит какой-либо диалог между американской наукой о международных отношениях и марксизмом, то это диалог глухих (а *dialogue de sourds*) (p. 249).

Это же естественно, поскольку у этих двух идеологий, двух наук не только разные научные подходы и инструменты, у них разные стратегические «препозиции». Марксисты пишут о неизбежной смене капитализма социализмом, а позитивисты — о вечности капитализма.

Но и Кокс, противник позитивизма и вроде бы лояльно относящийся к марксизму, пишет такие странные вещи о марксизме:

> Марксистский структурализм весьма похож на структуралистский реализм, по крайней мере в понимании природы знаний… Но есть исторический марксизм, который отвергает понятие объективных законов истории и выводит их за пределы классовой борьбы как эвристической модели для понимания структурных изменений (ibid.).

Где, в какой работе марксизм отвергал «понятие объективных законов в истории»? «За пределы классовой борьбы» Маркс выходил только, когда обсуждал с Энгельсом качество алжирского вина и способы борьбы со своими болезнями. Кокс вместе со всеми неомарксистами постоянно пытается вытравить из марксизма революционный дух, представить его в виде некой благообразной академической науки, которая в чем-то чего-то не учитывала или ошибалась, но в чем-то, обычно по мелочам, влияла и вносила вклад. Поэтому было бы справедливо так называемых неомарксистов называть «немарксистами».

* * *

Теперь немаловажно выяснить понимание Коксом очень существенного понятия — *империя* (напомню, что формы государств являются одним из трех звеньев приведенной выше триады). В своей статье, посвященной империи и терроризму, Кокс совершенно справедливо формулирует постановку задачи: «Первый онтологический вопрос: что такое сила-power?»[1]. Слово *онтологический* придало очень важное значение слову сила-power. На самом же деле вопрос, заданный Коксом, касается не онтологии (это бытие), а эпистемологии, то есть отраженного от бытия явления, получившего в процессе познания то или иное обозначение. Так вот, *power* он стандартно определяет, как и все реалисты: «когда любая сила-force в состоянии намеренно вызвать изменения в поведении любого из агентов в мировой политэкономии» (ibid.). Любопытно, что *power*-субъект превращается в *force*-предикат. То есть у него *force* более широкое понятие, чем *power*. (Для заметки: чем шире понятие, тем оно ближе к онтологии.)

Вторым онтологическим вопросом для Кокса является следующий: где располагается *power* «в современном мировом порядке»? И хотя в качестве *forces* он называет военную силу-*strength* и возможности экономического принуждения, но *power* для него остается все равно в облике державы, на основе действий которой анализируется структура международных отношений. По его предположению, к началу XXI в. сложились три конфигурации сил-power на мировой арене.

Одну из них формирует Американская империя. Новая «империя» проникает через границы формально суверенных государств

---

1. *Cox.* Beyond Empire and Terror: Critical Reflections on the Political Economy of World Order, p. 308.

для контроля их действий с помощью угодливой элиты общественного и частного секторов. Но суть же «империи» заключается в том, чтобы осуществить процесс конвергенции политической, социальной и экономической практики и на базе своего рода единой культуры стимулировать превращение всего мира в одну цивилизацию. Предполагаю, что планировщики американской внешней политики в Вашингтоне очень удивились бы, узнав о такой «цивилизаторской миссии» Пентагона, скажем, в Афганистане или в Ираке.

Вторую конфигурацию формирует «сохранение Вестфальской межгосударственной системы».

Наконец, «третья конфигурация — это то, что часто называют "гражданским обществом" или иногда "социальным движением". Оно существует как внутри государств, так и за их пределами» (р. 309). От имперской конфигурации последняя отличается тем, что если первая обладает «дисциплинированной иерархической структурой», то третья — децентрализована.

Рассмотрим, чтó Кокс понимает под каждой из этих конфигураций более конкретно.

Американская империя. Кокс указывает, что Американская империя отличается от Римской. В те времена варвары нападали на Римскую империю не для того, чтобы разрушить, а для того, чтобы слиться с ней. (В этом месте Кокс путает суть самой Римской империи и как она воспринималась варварами.) Американская же сила была направлена на то, чтобы закрепить различие с другими народами. Последние не стремились слиться в некое гомогенное имперское целое. Они как раз ценили свою особенность. И следовательно, влияние США воспринималось благожелательно и часто приветствовалось, по крайней мере после Второй мировой войны (Кокс, сообщая об этом, видимо, запамятовал агрессию США во Вьетнаме). В настоящее же время США стали восприниматься с большим подозрением. Американские ценности перестали получать универсальную поддержку как базис для социальной и политической жизни. «Термины "демократия" и "свобода" трансформировались в открытый рынок и военную оккупацию» (p. 312). Даже притягательность американской материальной культуры не «работает». Сейчас так называемые «жесткая сила» и «мягкая сила» не взаимодополняют друг друга, как раньше, а двигаются в разные стороны. Более того, агрессивное использование «жесткой силы» в последние годы фактически свело на нет достижения «мягкой силы», приобретенные после Второй мировой войны.

Интересно, как действует в рамках «империи» экономическая сила-power. Она для Кокса представляет «структурную силу» США в глобальном финансовом мире. Часть этой структуры своим возникновением обязана роли американского доллара как основной мировой валюты и глобальному доминированию американского финансового рынка, другая часть — контролю со стороны США над МВФ и влиянию последнего на международные экономические институты в лице Мирового банка и ВТО. Статус доллара как мировой валюты дает возможность США уникальную привилегию занимать у иностранных государств свою же валюту, а это означает, что любое обесценивание доллара сокращает американский долг и увеличивает конкурентоспособность американского экспорта.

Понятно, что эта «структурная сила» в финансах держится исключительно на доверии — доверии к ценности американского доллара и возможности американской экономики быть мотором глобальной экономики. Но доверие, как и легитимность, вещь хрупкая. Уже многие европейские и азиатские финансовые силы стали с осторожностью относиться к экономической структуре Американской империи, не говоря уже о более слабых в экономическом смысле странах. Кризис доверия может нанести «жизненный удар» по «структурной силе» США; кроме того, доверию наносит ущерб хаотичность внешней политики и военных действий Вашингтона.

Так Кокс описывает американскую конфигурацию в форме империи.

Вестфальская межгосударственная система. Теперь рассмотрим, что он понимает под данным словосочетанием. Эта система хотя и ослаблена, но все еще устойчива, считает Кокс. Однако в настоящее время она подвергается давлению со стороны «империи», и орудием ее разрушения является прежде всего ООН. Эта организация предполагает, что ни одна сила не может доминировать, тем не менее, замечает Кокс, многие начинают рассматривать ООН как агента американской силы.

Легитимность мирового порядка требует в своей основе существования силы, способной поддерживать институциональный процесс в мире, который государства и народы считают приемлемым или, как минимум, вынуждены соглашаться с ним.

Гражданское общество (социальное движение). Кокс пишет, что гражданское общество, или глобальное социальное движение, — весьма аморфная вещь, тем не менее оно не может быть сброшено со счетов как эфемерная и наивная утопия. Именно его существование является критерием измерения степени разделения людей и конституированной власти. Другими словами, оно есть отказ от уважения к власти. Гражданское общество выступает своего рода проверкой законности власти, будь то на уровне государственной или межгосударственной системы. Оно является независимым сдерживающим актором воздействия на «империю» и межгосударственную систему.

Социальное движение, пишет Кокс, является другим типом силы по сравнению с двумя предыдущими конфигурациями. У него нет территорий, нет иерархии и бюрократии. Оно принимает форму текучей сети (fluid network), формирующейся, деформирующейся и вновь реформирующейся в ответ на действия двух других форм конфигурации. Именно гражданское общество убеждало Герхарда Шрёдера, что он не будет переизбран канцлером Германии, если не выступит против плана США вторгнуться в Ирак. Оно же поддержало канадское правительство в оппозиции к этой войне. Оно также демонстрировало оппозицию этой же войне в Италии и Испании, чьи правительства тем не менее поддержали США. И т.д.

Созданный Мировой социальный форум (World Social Forum) и его региональные структуры представляют собой нижний уровень институциональных структур. Социальное движение может функционировать внутри обществ, независимых от правительственного контроля, и может оказывать давление на правительства и его агентов на межгосударственном уровне.

Читатель, знакомый с историей советской внешней политики, сразу же может узнать в рассуждениях Кокса ситуацию, возникшую в результате проводившейся Лениным после Октябрьской революции «политики через головы правительств». Под воздействием этой политики трудящиеся европейских стран (в основном рабочие) оказывали как материальную, так и моральную помощь молодой советской республике, что нередко вынуждало их правительства отказываться от враждебных акций против РСФСР. И хотя Кокс явно не имел в виду советский аналог, но пишет фактически об этом же.

Действительно, социальные движения вновь начали проявлять себя с конца XX в. и раскрутились в первом десятилетии XXI в., но не столько как антикапиталистические (подобно движению антиглобалистов), сколько как прокапиталистические. Речь, разумеется, об «оранжевых» революциях, всколыхнувших ряд стран Ближнего и Среднего Востока, а также некоторые республики бывшего Советского Союза (Грузия, Украина). Но проблема в том, что, несмотря на кажущуюся аморфность и неорганизованность этих движений-революций, они управляются, по крайней мере финансируются, не обязательно конкретно США, но в любом случае теми структурами, которые заинтересованы в доминировании Запада. Конечно же, Кокс имел в виду другие социальные движения — движения за равенство женщин в обществе, за сохранение окружающей среды, за мир и против агрессивных войн.

Какие бы цели эти социальные движения ни преследовали, и здесь Кокс прав, они становятся акторами международных отношений, хотя политические реалисты их в таком качестве не рассматривают. Но составляют ли они конфигурацию силы, равноценную двум другим конфигурациям? Ответ на этот вопрос требует специального анализа.

Далее Кокс переходит к прогнозам будущего состояния разбираемых им конфигураций. Но поначалу он высказывает предположение о причинах воинственности американской внешней политики. Она, по его мнению, в определенной степени вызвана сочетанием идеи исключительности американской нации и гипертрофированной религиозности. Он отмечает, что сама идея исключительности по-разному воспринимается на северо-востоке США, который был исторически тесно связан с Европой и европейской мыслью, и юго-западной частью, более восприимчивой к этой идее и одновременно более пропитанной идеями христианского фундаментализма о добре и зле. Имея в виду, что нынешняя власть (статью Кокс писал во времена президентства Буша-мл.) является отражением именно юго-западного типа мышления, она и стала определять взгляды американцев на мир. А они являют собой «смесь фундаменталистской христианской религиозности с нигилистическим отрицанием любых правил» (p. 317). Отсюда и агрессивность во внешней политике США[1].

Что же касается Вестфальской системы, то она привязана к Европе, и на этом фронте дело обстоит не так плохо. Кокс пишет:

> В балансе мировых сил Западная Европа, может быть, ослабла в военном отношении относительно США, а тем более в длительной перспективе — из-за демографического падения, но европейские ценности приобретают все большую силу, поскольку идея плюралистического мира находит отклик у народов в других частях мира и их правительств — в России, которой, подобно Европе, угрожает демографическое падение, в Китае, Индии и других азиатских странах с возрастающим населением, отвергающим универсалистские претензии США (ibid.).

Кокс, как и многие международники, две конфигурации (США и Западную Европу) ставит на одну доску, что абсолютно неверно хотя бы потому, что Европа — это не центр силы, а несколько десятков стран со своими специфическими интересами и проблемами.

---

1. Иной взгляд на американскую исключительность представлен в монографии группы американских авторов под редакцией Майкла Игнатьева. См.: *American* exceptionalism and human rights. Также см.: *Lipset.* American Exceptionalism: A Double-Edged Sword.

И к США они относятся по-разному, и терпят их военное присутствие тоже по-разному. А в рамках межгосударственной системы они вообще несопоставимы ни по своим намерениям, ни по своим силам. Политические реалисты структурируют мир намного лучше и точнее теоретиков КТ.

Как же происходит их взаимодействие в процессе разрешения проблемы терроризма? У Кокса такое ви́дение.

По мнению тех, кто воспринял тезис о «столкновении цивилизаций», то есть о глобальной борьбе между исламской и западной цивилизациями, рассуждает Кокс, «терроризм» — это силовая реакция на «империю», а ответ доминантной силы на «терроризм» — это расширение «империи». Но это две разнородные силы: одна — территориальная сила, другая — гнев людей, которые игнорируют территориальные границы. И этот конфликт не имеет завершенности в синтезе.

Любопытно, что Кокс на одну доску ставит террористов и антитеррористов и, что особенно странно, территориальную силу и гнев людей (это сапоги всмятку). У него нет даже попыток выяснить причины этого гнева, выявить истоки противоречий между США и радикальными исламскими движениями антиамериканской направленности. Кстати, эти движения, если следовать логике Кокса, можно отнести к гражданским движениям, поскольку они тоже не уважают ни государства, ни государственную власть.

Но при этом Кокс видит варианты, как выйти за пределы противостояния между «империей» и террором. Он пишет:

Моя точка зрения заключается в том, что государственная система остается наиболее подходящим средством реставрации законности в глобальном управлении. Ее главная задача заключается в том, чтобы заставить американскую «гиперсилу» отказаться от миража «исключительности» и вернуть США в ряды других государств в сообществе наций. Дипломатия других держав могла бы оказать некоторое влияние на это; но в большей степени результат будет зависеть от того, как американцы в целом будут рассматривать мир. Социальное движение может сыграть некоторую роль в изменении американских взглядов; [к примеру], в требовании к государственной системе трансформировать себя в коллективный механизм для

> работы над актуальными проблемами, затрагивающими положение народов мира. И что же это за проблемы, эти приоритеты? (p. 319)

Ответ последует из дальнейших рассуждений Кокса.

Вторая актуальная проблема заключается в том, чтобы довести до некоторой разумной степени справедливости условия жизни людей на Земле. Капитализм в лидирующих странах в прошлом достиг определенных гарантий минимальной экономической и социальной безопасности, включая здоровье и образование, предоставляя средства для улаживания конфликтов в рамках порядка.

Третий пункт. Глобальный капитализм, прижав бедные государства на основе «жесткой силы», навязавшей так называемый «Вашингтонский консенсус» — а именно МВФ, Мирового банка и американского казначейства, — расширил брешь между богатыми и бедными и отобрал у стран право контролировать свою собственную экономику. Последствия — антиглобалистское движение в гражданских обществах, которое выступает против управляющих глобальной экономикой на каждом саммите со времени «битвы в Сиэтле» в ноябре 1999 г. Дефицит легитимности в глобальном экономическом управлении угрожает-де всему миропорядку:

> Законность требует, чтобы глобальное экономическое управление подчинялось абсолютным требованиям рыночной логики, чтобы обеспечить социальную справедливость (ibid.).

Когда читаешь такие вещи, очень часто трудно понять, насколько автор серьезен в своих предложениях. Причем и возражать таким предложениям опасно: это означало бы, что все сказанное воспринято всерьез.

Четвертая проблема, возможно, самая фундаментальная, — какого миропорядка желают люди. Это возвращает нас назад, к выбору между гомогенным миром, сформированным одной цивилизацией, и плюралистическим миром сосуществования цивилизаций. Это выбор между фундаментальным движением к абсолютной (?) морали и разнообразием на основе толерантности и желания находить согласие по трудноразрешимым вопросам. Материальная и моральная цена первого варианта, пишет далее Кокс,

— возвышение репрессивной силы, которая добивается подчинения себе в этом разнообразном мире. Эта сила может полностью разрушить индивидуальную свободу, которую каждая цивилизация прокламирует как свою естественную сущность. Стоимость второго взгляда — построение достаточного количества центров военной и финансовой «жесткой силы», чтобы придать надежность различным частям целостности неоднородного мира.

И Кокс свои рассуждения решил закончить такой цитатой 15-летней давности американского европеиста Дэвида Кэлеу, который предсказал:

> Несмотря на колоссальные военные средства, Америка постоянно чувствует угрозу для себя и перенапряжение. Трудно преувеличить опасность такого состояния как для мира, так и для демократии в самой Америке. Соединенные Штаты превратились в загнивающего гегемона, вставшего на путь, ведущий к позорному концу. И если есть выход из этого, то он лежит через Европу. История совершила полный цикл: Старый мир нуждается в реставрации баланса с Новым миром (p. 321).

Прошло еще 10 лет, но предсказания не оправдались. Наивность прогнозов и неплодотворность методов анализа МО на основе КТ особенно бросается в глаза на примере анализа идей Линклейтера и более молодых приверженцев КТ. Вот какую трансформацию претерпела КТ в интерпретации австралийского теоретика Ричарда Диветака[1].

Молодые небогрёзы Критической теории

В отличие от классиков КТ, усматривавших корни своей теории в работах Канта, Гегеля, Маркса, Диветак пошел еще глубже, обнаружив их истоки в идеях эпохи Просвещения. В XX в., пишет Диветак, КТ углублялась не только учеными Франкфуртской школы Хоркхаймером, Адорно и Хабермасом. К ним Диветак добавил и

---

1. *Devetak.* Critical Theory.

других представителей этой школы: Вальтера Бенджамина, Герберта Маркузе, Эриха Фромма, Лео Лёвенталя. Благодаря им всем словосочетание критическая теория стало как бы эмблемой философии, ставящей вопросы современной социальной и политической жизни на основе метода постоянной критики. Правда, последние имена применительно к данной теории МО обычно не упоминаются.

В качестве своего лозунга представители Франкфуртской школы, как уже упоминалось выше, взяли на вооружение 11-й тезис Маркса (из «Тезисов о Фейербахе»): «Философы лишь различным образом объясняли мир, но дело заключается в том, чтобы *изменить* его»[1].

Общая идея, точнее, намерения «критиков», заключается в том, чтобы проанализировать возможности эмансипации современного мира как от невежества, так и от постоянной тенденции, по словам Хоркхаймера, к «рационально организованной человеческой активности»[2]. Последнее для авторов КТ как острый нож.

Диветак напоминает позицию Хоркхаймера о двух взглядах на теорию: традиционную и критическую. Первая, как нам уже известно, отрывает субъект от объекта, анализируя последний как бы со стороны, отстраненно, то есть отстраняясь от идеологических предпочтений, ценностей или мнений, которые могут исказить исследования. Такой подход резко контрастирует с критической концепцией, которая отрицает возможность социального анализа вне ценностей. И это естественно, поскольку задачей КТ в противовес традиционной теории является «улучшение человеческого существования путем упразднения несправедливости». Поэтому КТ не просто описывает конкретную историческую ситуацию, а действует как «сила [внутри этой ситуации], чтобы стимулировать изменения» (р. 139). «Она позволяет человечеству вторгаться в процесс творения своей истории» (ibid.). Звучит почти по-марксистски.

---

1. *Маркс*. Тезисы о Фейербахе, с. 4.
2. *Devetak*. Critical Theory, p. 138.

Эти «критические теоретики» вместе со своими учителями явно не понимают некоторых простых вещей. Чтобы «вторгаться», надо знать: ради чего? Просто ради изменений — это бернштейнианство: движение все, цель — ничто. Если цель, как уверяют, это эмансипация человечества, тогда надо знать объективные законы, по которым это человечество развивается. А объективные законы авторы КТ не признают. Если же их познание субъективировано, чем они очень гордятся, тогда они познают не реальный мир, а выдуманный, сконструированный у них в головах и не существующий в реальном бытие. Следовательно, все их действия по изменению работают вхолостую, поскольку они не познали, чтó надо изменять. Маркс учил изменять мир, познав его объективные закономерности. У «критических теоретиков» все наоборот. Изменять нечто, которое не познано.

Следует, наконец, подчеркнуть, что ученые Франкфуртской школы были социологами и, как бы сейчас сказали, политологами. Непосредственно проблемами международных отношений они не занимались. Тем не менее авторам КТ показались плодотворными их идеи, которые как бы подводили философскую основу под их собственные взгляды на мир и все человечество.

Им, например, понравилась позиция франкфуртцев, что знания и интересы взаимосвязаны и взаимообусловлены. Как пишет один из адептов КТ Ричард Эшли, «знания всегда формируются на основе отражения интересов» (цит. по: ibid., p. 142). Здесь имеются в виду интересы неких групп. Это естественно, но они не всегда политизированы, на что намекает Эшли и другие приверженцы КТ. А вот в Критической теории международных отношений (КТМО) знания не нейтральны. Они не просто критикуют, они свергают теории, которые узаконивают преобладающий порядок вещей и выдвигают свои, «прогрессивные» альтернативы, ведущие к освобождению человечества.

Эта «революционная» позиция нашла самую горячую поддержку среди молодых исследователей. Среди теоретиков КТМО заметную роль начали играть женщины, а среди них, например, Кимберли Хатчингс, чья версия Критической теории международных отношений была навеяна, как выразился Диветак, «гегелевской феноменологией постоянной критики». Следует отметить, что тема феминизма в международных отношениях занимает ключевое место в работах теоретиков-женщин, но в приведенной в качестве примера работе Хатчингс большее внимание уделено этическим сторонам КТМО. Эта же тема активно эксплуатируется другой поклонницей КТ, Фионой Робинсон, которая также доказывает, что этика не должна восприниматься отдельно от теорий и практики международных отношений, а должна быть вплетена и в то, и в другое.

Вообще-то, их советы «вплетать» этику (=мораль) выглядят довольно странными, имея в виду, что авторы политического реализма, Ганс Моргентау например, никогда не забывали порассуждать на предмет морали/этики в МО, а Э. Карр за несколько десятков лет до их советов-рекомендаций показал, что этика не просто вплетена в МО, но еще и активно эксплуатируется для того, чтобы скрыть реальную суть этих отношений.

Но главной озабоченностью КТМО является вопрос о том, как трансформировать, то есть изменить существующий мировой порядок. Предполагается вывести идеи рациональной, справедливой и демократической организации политической жизни за пределы государства в сферу мировых отношений на благо всего человечества.

Теоретики КТМО намереваются реализовывать на мировой арене систему политических отношений (рациональность, справедливость, демократия), которая не существует даже внутри государств. Не говоря уже о том, что различные субъекты мирового порядка по-своему понимают термины *рациональность, справедливость* и *демократия*. Хотя, конечно, помечтать (понебогрёзить) иногда бывает и невредно. Но лучше в прозе, а еще лучше в поэзии.

Теоретики-небогрёзы неоднократно упоминают, что корни КТМО восходят к временам Просвещения, но выражаются таким образом, что, дескать, такие мысли «находят свое происхождение в *проекте* Просвещения» (p. 145; курсив мой. — *А.Б.*). Было бы любопытно узнать, кто конкретно создавал такой *проект*, как Просвещение? Когда к месту и не к месту употребляется слово проект, необходимо четко указывать авторов проекта. Но когда при употреблении этого слова не упоминаются авторы, само слово приобретает антинаучный характер, поскольку его содержание не подтверждается практикой. Просвещение и аналогичные исторические явления (революция, реформа) — это не проекты каких-либо лиц или даже группы лиц, это неординарный, специфический этап истории, прерывающий ее рутинный ход, этап, в котором участвует множество выдающихся людей, нередко даже не осознающих его специфику. Никаких специальных проектов, по крайней мере до большевистской революции в России, никто и никогда не делал. Могли ставится определенные цели, задачи. Но это не есть проекты.

И сами теоретики КТМО не делают никаких проектов, а ставят только некоторые задачи, например эмансипацию человечества. В исполнении Кэна Бута определение *эмансипация* звучит как «эмансипация людей (народов) от тех ограничений (сдерживающих начал), которые препятствуют им свободно реализовывать задуманное» (цит. по: ibid.). В этом же ключе определяет свободу Эшли, несколько усложнив свою мысль наукоязом. В его изложении «освободительный» интерес Критической теории заключается в «обеспечении свободы от непризнанных ограничений, отношений господства и искаженных коммуникаций, исходя из понимания того, что нельзя отрицать способности людей определять свое собственное будущее на основе своей воли и сознания» (p. 145).

Слава богу, что это утопия. Если бы в действительности реализовалась такая возможность, то не исключено, что бо́льшая часть людей предпочла бы ничего не делать, а только развлекаться. По крайней мере практика развитых капиталистических государств говорит о том, что те, у кого есть возможность выбора при наличии даже минимального благосостояния, выбирают праздность, секс и развлечения. Бут, как и многие другие, говорящие, что они идут от Гегеля и Маркса, забывают их известный афоризм: «свобода — это осознанная необходимость», а не просто некий абстрактный выбор. Это азы диалектики. Но эти азы очевидно не усвоены даже Линклейтером, который в ряде своих работ продолжает утверждать, что «освобождение предполагает поиск автономии». То есть «быть свободным» значит «быть самодостаточным или иметь способность инициировать действие. Целью Критической теории международных отношений поэтому и является расширение человеческих способностей для самоутверждения» (цит. по: p. 146).

И ведь эти вещи подаются чуть ли не как продолжение «линии Маркса». Хотя, дескать, его подход был очень узким, поскольку был сфокусирован на классовых проблемах, он тем не менее послужил базисом для формирования КТМО. Утверждают, что взгляды Маркса и Канта совпадали по вопросу «универсального общества свободных индивидуумов, универсального царства свободы» (досл.: для универсального царства конечных целей/an universal kingdom of ends) (ibid.). Уверен, что подобная идея пришла в голову Диветаку во время чтения работы Линклейтера, который писал: «Существует очевидная связь между подходом Канта к проблеме сообщества и таким же историческим выводом Маркса о трансформации отношений между нацией (государством) и мировым городом в контексте глобального капитализма»[1].

Уникальная зашоренность своими идеями, не имеющими отношения и даже противостоящими марксовским. Они, понятно, ближе к кантовским, но Маркс и Кант — это же две разные планеты[2].

* * *

В рассуждениях теоретиков-небогрёзов большое внимание уделено понятию *политическое сообщество*. В изложении Диветака оно раскрывается следующим образом.

---

1. *Linklater*. Critical international relations theory: citizenship, sovereignty and humanity, p. 4–5.

2. О взгляде Канта на мир см. специально посвященный этому параграф в первом томе Мирологии.

Авторы КТМО утверждают, что нынешние политическая и этическая мысль и практика МО исходят из идеи, что современное государство является естественной формой политического сообщества. Суверенное государство, выражаясь марксовским языком, «фетишизировано» как нормальная форма организованной политической жизни. А вот теоретики КТ, однако, ставят под сомнение подобные утверждения и обращают внимание на «моральный дефицит», который был создан взаимодействием государств с капиталистической мировой экономикой. И это явление вызывает праведное возмущение у теоретиков, поскольку оно дает возможность «конкретным классовым интересам» демонстрировать себя как универсальным. (Имеются в виду интересы мировой буржуазии.) И это ужасно. Но есть некие «социальные силы», которые могут ликвидировать такую несправедливость. Главная проблема только в границах. По мнению Линклейтера, национальные границы с моральной точки зрения неоправданны и не необходимы. Они, возможно, в какой-то форме нужны. «Но тем не менее суть в том, что надо сделать так, чтобы эти национальные границы не препятствовали принципу открытости, признания и справедливости в отношениях с "другими"» (p. 147). Эту идею, пишет Диветак, выдвигают Линклейтер, Хатчингс и Шапкотт.

Непонятно, осознают ли они абсурдность подобных пожеланий или нет, но чувствуют, что реализация этих идей зависит от суверенных государств, которые являются «значительным барьером к универсальной справедливости и освобождению» (p. 149).

Однако дело не только в пресловутом суверенитете. Но и в самом капитализме. Диветак воспроизводит рассуждения Кокса о сути капитализма, о подчинении социальной политики государства логике капиталистического рынка, который заодно разделяет экономику и общество. Все это можно обнаружить и на мировой арене, где «усиливаются трения между принципами территориальности и независимости». Следствием такой системы являются поляризация между бедными и богатыми, а также как бы «застывшие» гражданские общества. Но все это надо менять. И опять приходит на помощь Кокс, со ссылками на которого, но уже в более четких и радикальных формулировках, Диветак выдвигает свои предложения. Он пишет:

> Антигегемонистскими силами могут быть государства, такие как государства Третьего мира, борьба которых должна уничтожить доминирование стран «ядра», или «антигегемонистский альянс на мировом уровне» таких сил, как профсоюзы, НПО и новые социальные движения, которые вырастают «снизу вверх» в гражданском обществе (р. 153).

О таких вещах писали, помимо Кокса, и такие молодые англичанки-феминистки, как Катрин Эшль и Бис Мэйгуашка. Обращает внимание, что подобными иллюзиями тешутся в основном англичане, канадцы и австралийцы. Прагматичные американцы не встревают в анализ их утопий.

Правда, и теоретики «мирового порядка без границ» озаботились проблемами, которые возникли после событий «9/11». Напомню, что если Кокс просто ставил на одну доску террористов и антитеррористов, то его последователи заняли более жесткую позицию в отношении вторых. Диветак пишет: «Большую опасность для мирового порядка могут представлять не столько террористы, которые нанесли такой непростительный ущерб, сколько реакция Соединенных Штатов» (р. 154). Другими словами, он полагает, что антитерроризм может оказаться опаснее терроризма. И такой позиции придерживается немало борцов против «американского империализма».

Диветак, говоря о нововведениях КТМО, вводит термин «моральный капитал», который углубит и расширит понятие «всемирного гражданина». Это понятие, по его мнению, должно заменить систему суверенных государств на «всемирную структуру глобального управления».

Он исходит из трех тенденций, обозначенных Линклейтером: 1) возрастающее признание того, что моральные, политические и законодательные принципы должны быть универсализированы; 2) расширяющееся понимание необходимости сокращения материального неравенства; 3) усиливающееся требование уважать культуру, этническую принадлежность и половые различия (ibid.)[1].

Решение проблем видится в духе Кокса: разрушить Вестфальскую систему с ее ядром в лице суверенитета. Будущее должно быть все «постсуверенным и поствестфальским».

Диветак, опираясь на взгляды своих учителей, предложил еще много всяческих идей, которые уместно было бы обсуждать где-то в XXII или XXIII в. Но в конечном счете все они сводятся к тому, чтобы «децентрализовать» государство, придав ему «более космополитическую форму» политической организации. Рецепты уготовлены все тем же Линклейтером. Они состоят из трех форм. Первая: плюралистическое общество государств, в котором принципы мирного сосуществования «работают», чтобы «сохранить уважение к свободе и равенству независимых политических коммун». Вторая: «солидарное» общество государств, которые согласились бы на установление реальных моральных целей. Третья: поствестфальская система, в которой государства отказались бы от некоторых своих суверенных властных прав так, чтобы институализировались разделенные политические и моральные нормы (p. 155).

Среди подобных предложений не хватает еще одного: чтобы класс капиталистов отправил себя на гильотину или в лучшем случае в Гулаг.

* * *

Поскольку теоретики КТ вместе с КТМО черпали свои идеи из работ социологов Франкфуртской школы, я намеревался было подробно разобрать идеи этой школы. Однако вскоре обнаружил, что такой анализ стал уводить меня слишком далеко от международной тематики, поскольку ее представители никогда не занимались теориями международных отношений. Вместе с тем я обнаружил, что мой анализ и мои оценки совпадают с позицией некоторых авто-

---

1. Подробно идеи мирового гражданства, суверенитета, гуманности были изложены Линклейтером в упоминавшейся монографии. См.: *Linklater*. Critical international relations theory: citizenship, sovereignty and humanity.

ров, которые изучали эту школу до меня. Причем, что удивило меня самого, не только советских авторов, в частности Ю.Н. Давыдова, написавшего критическую работу об этой школе[1], но и западных. К примеру, английский социолог Пол Коннертон в своей книге о Франкфуртской школе писал: «Хоркхаймер никогда не выступал как политический революционер, а скорее как человек, негативно реагировавший на капиталистические репрессии. Он никогда не предлагал способов установления специфических организационных связей с рабочим классом своей страны и никогда не обсуждал тему отношений с любыми политическими организациями»[2]. Следует подчеркнуть, что Коннертон критиковал эту школу в большей степени с левых позиций. Но, как ни странно, моя позиция не расходится и с критикой справа, довольно язвительно представленной немецким социал-философом Гюнтером Рормозером, который в своей книге «Нищета Критической теории» (1970) писал, что так называемая метакритика Франкфуртской школы, в особенности Маркузе, Адорно, Хоркхаймера и Хабермаса, озабоченных «эмансипацией, может привести к разрушению свободы»[3].

Не надо также забывать, что хотя работы представителей Франкфуртской школы в значительной степени вдохновили студенческие выступления во второй половине 1960-х годов, сами они (за исключением Маркузе) открестились от своих же последователей.

В любом случае я решил отказаться от специальной критики этой школы, тем более что частично она представлена при анализе авторов КТ.

Если же давать общую оценку данному направлению в ТМО, то следует признать его положительное значение с точки зрения критики некоторых аспектов капиталистической системы, хотя она

---

1. *Давыдов*. Критика социально-философских воззрений Франкфуртской школы. Также см.: *Идеалистическая* диалектика в XX столетии.

2. *Connerton*. The tragedy of enlightenment: An essay on the Frankfurt School, p. 136.

3. *Rohrmoser*. Das Elend der Kritischen Theorie.

и не является оригинальной. Подлинные марксисты в своих работах, особенно изучавшие капитализм с экономических позиций, делают ее значительно убедительней. Что же касается «вклада» авторов Критической теории международных отношений в ТМО, то о нем можно говорить только в негативном смысле. Помимо банальной критики современного мирового порядка, они не дают никаких познавательных инструментов даже для понимания сущности этого порядка, не говоря уже о возможности прогнозирования. Предложения же по эмансипации человечества по своей серьезности не выходят за рамки застольного тоста «Ребята, давайте жить дружно». При этом, как ни парадоксально, авторы КТМО считают, что продолжают и развивают учения таких ученых, как Гегель и Маркс. То, что они приписывают Марксу (а его работы они вряд ли изучали), показывает полную деградацию мышления так называемых левых неомарксистов, которые становятся более опасными для развития прогресса, чем их самые закоснелые правые оппоненты.

2. Конструктивизм: схема без содержания

С конца 1990-х годов школа конструктивизма становится не менее популярной, чем школы неореализма и неолиберализма. Вызвано, возможно, это тем, что, дескать, названные две школы просчитались в прогнозах относительно распада биполярной системы, поэтому нужен новый, свежий, необычный взгляд на МО, который как раз и представляет-де школа конструктивистов. В одной из публикаций (что-то вроде справочника по МО) австралийских ученых об этом направлении сказано следующее: «Конструктивизм — это особый подход к МО, который делает упор на социальные, или межсубъектные[1] измерения мировой политики»[2]. Далее говорится, что конструктивизм не может быть сведен к рациональным действиям и взаимодействиям внутри материальных ограничений, как это делают, например, реалисты, или внутриинституциональным ограничениям на международном и национальном уровнях, на чем настаивают либеральные интернационалисты.

Конструктивисты исходят из того, что государственное взаимодействие происходит за пределами фиксированных национальных интересов, оно может быть понято только как определенный тип действия, который изменяет государства и изменяется сам со временем под воздействием сущности[3]. Эта школа в отличие от неореалистов как раз придает большое значение влиянию законов на фундаментальные институциональные структуры и на связи между нормативными изменениями и сущностью государства и его интересами.

---

1. Напоминаю, что понятие межсубъектный находится в арсенале авторов Критической теории, о чем было сказано выше.

2. *Griffiths & O'Callaghan*. International relations: the key concepts, p. 50.

3. Слово *identity* русские обычно оставляют без перевода в форме «идентичность», забывая его первое значение — «схожесть». На самом деле значение этого слова в английском языке — суть, сущность. Именно в этом значении я его и передаю на русском языке.

На мировой арене, по мнению конструктивистов, международные институты обладают двумя функциями: регулятивными, которые устанавливают стандартные нормы поведения, и определяющими нормами (constitutive norms), на основе которых обозначается поведение и предписывается значение этому поведению. Без последних норм их действия были бы неясными, которые невозможно было бы оценить. Здесь близкая аналогия с правилами игры в шахматы.

А вот, видимо, главное в конструктивизме. Школа полагает, что государство имеет обобщающую сущность, то, что как раз и выражается словом *идентичность*. И она включает в себя базовые государственные цели, такие как физическая безопасность, стабильность, признание (другими), а также экономическое развитие. Это как бы само собой. Но главное в другом: как государства реализуют свои цели. А это зависит от их социальной сути, т.е. как государства рассматривают себя в отношениях с другими государствами внутри «международного общества» (p. 51).

Внимательный читатель должен сразу же насторожиться, поскольку на международной арене одно и то же государство может проявляться как минимум в трех ипостасях: как сами политики оценивают свое государство, как его оценивает мировое сообщество и что оно представляет собой на самом деле. Пример — США. Вашингтон оценивает себя как демократическое государство, арабы, русские — как агрессивное, на самом деле — ? Зависит от критериев прогресса. И это касается почти любого государства, «создающего волны» на международной арене.

Конструктивисты также признают анархию в международной системе, но это для них ничего не значит. Одно дело анархия среди друзей, другое — в стане врагов. И то и другое возможно. Важно, какова социальная структура государств, социальная сущность этих государств, стремятся ли они к сотрудничеству или к конфликтам. И каковы их интересы. Например, холодная война между США и Советским Союзом определялась социальной структурой, внутри которой участники рассматривали друг друга в качестве врагов, а следовательно, определяли национальные интересы в отношении друг друга как антагонистичные. А когда они перестали определять друг друга в этих терминах, холодная война закончилась (ibid.).

Словарь, видимо за недостатком места, пропускает в этом примере такой «пустяк», что поначалу надо было разрушить Советский Союз, совершить там антигосударственную контрреволюцию, восстановить капиталистическую систему, произвести ряд других действий, которые и позволили определить «друг друга» без антагонистической терминологии.

Ключевыми словами для конструктивистов в международном сообществе являются *международное право, дипломатия* и *суверенитет.* А также режим.

А вот любопытное умозаключение словаря: «В качестве теоретического подхода конструктивизм трудно использовать» (p. 52). Он не предсказывает никакой специальной (особой) социальной структуры, которая управляет поведением государств. (Видимо, это в связи с идеей Кеннета Уолца, что в теории баланса сил система управляет поведением внутрисистемных акторов.) Но если определенные социальные отношения как следует изучены и поняты, тогда есть возможность прогнозировать поведение внутри определенной структуры. Но хотя конструктивистская программа как объяснительная теория остается неясной, она тем не менее представляет собой теоретическую схему для анализа. Отношения между агентами и структурой являются сердцевиной дебатов между конструктивистами и другими школами, изучающими МО.

Подобное словарное объяснение вряд ли может сделать данную школу привлекательной с точки зрения ТМО. Социализацией ТМО уже давно занимаются многие теоретики, некоторые из которых даже саму теорию рассматривают как часть социологии. Помимо вышеназванных банальностей в данной школе должно быть нечто, привлекающее к ней внимание теоретиков. Рассмотрим работы других авторов-конструктивистов, к примеру работу австралийского теоретика Кристиана Ройс-Смита[1].

---

1. *Reus-Smit.* Constructivism.

Кристиан Ройс-Смит — интерпретатор «аналитической схемы»

Конструктивисты, прежде чем излагать собственную теорию, вначале демонстрируют несостоятельность главным образом неореалистов, направляя свою критику обычно против Кеннета Уолца. Не является исключением и Ройс-Смит, который почему-то приписывает Уолцу то, чего тот не писал и не говорил. В частности, Ройс-Смит уверяет, что американский теоретик доказывал, будто бы государства в рамках силовой иерархии государств как минимум стремятся сохранить свои позиции, как максимум — усилить их до «точки доминирования» (p. 190). Уолц же утверждал противоположное. Он писал, что «максимизация силы» не является целью агентов, а если такое случается, то система отбрасывает такого агента в положение, способствующее сохранению баланса сил. И Уолц не писал, что главной задачей акторов является борьба за силу, он писал о выживании. Ройс-Смит здесь явно перепутал Уолца с Моргентау. Как бы то ни было, конструктивисты выступают против школы реалистов и неореалистов. Они для них слишком «материалистичны», придают слишком большое значение «материальной силе». Однако конструктивисты с симпатией относятся к школе Критической теории, или, по-другому, «критического толкования». Она близка им по той причине, что признает случайную природу всех знаний и их связь с силой-power. Пунктом взаимопонимания являются также «этические принципы», без которых «освободительная политическая акция была бы невозможной» (p. 194). Естественно, такой ряд терминов не может не привести к социализации МО.

Ройс-Смит информирует, что сами конструктивисты делятся на модернистов (которые возникли на базе работ теоретиков из Франкфуртской школы) и постмодернистов. Представители обоих течений исходят из трех «онтологических» принципов.

Первый принцип. Конструктивисты убеждены, что структура формирует поведение социального и политического актора, будь он индивидуумом или государством. Это означает, что нормативные и идейно сконструированные (*ideational*), или воображаемые структуры столь же важны, как и материальные. Тем самым подчеркивается, что идеи, верования и ценности также имеют структурные характеристики и что они оказывают мощное влияние на социальные и политические действия. А вот неореалисты и марксисты, которые делают упор соответственно на военную силу и экономику, дескать, это отрицают. (Уверен, что этот автор не держал в руках ни одной крупной работы марксистов.)

Второй принцип. Конструктивисты доказывают, что понимание того, как нематериальные структуры (например, идеология) обуславливают сущность акторов, также важно, поскольку их сущность формирует интересы, а они, в свою очередь, — действия. Эта мысль подкрепляется словами Александра Вендта: «Сущности (идентичности) есть база интересов» (p. 197). И чтобы была понятна данная идея, указывается, что такой подход, дескать, отличается от подхода рационалистов, которые верят, что «интересы акторов определяются извне, т.е. что акторы, будь они индивидуумами или государствами, встречают друг друга с уже существующим набором предпочтений» (ibid.). В переводе на нормальный язык это означает, что интересы акторов формируются под воздействием внешней среды (извне), а не сущностью социологических отношений, т.е. «изнутри».

Третий принцип. Конструктивисты утверждают, что агенты и структуры создаются взаимно. Имеется в виду, что нормативные и идейно сконструированные (воображаемые) структуры могут очень хорошо обуславливать сущности и интересы акторов, но эти структуры не существовали бы, если бы не было осознанной практики акторов. Из подобного утверждения любой знаток истории философии протянул бы нить к философским истокам, начиная от феноменологии Эдмунда Гуссерля.

Австралиец информирует нас, что в 1990-е годы возникли три формы конструктивизма: системная, одноуровневая (unit level) и целостная (холистская). Первая форма следует школе неореалистов в адаптировании перспективы «третьего образа» («third-image» perspective)[1], фокусируя внимание на взаимодействии между единичными государственными акторами в рамках определенной системы. Вторая форма противоположна первой. Не обращая внимания на внешние, международные реалии, эта форма концентрируется на отношениях между внутренними социальными и законодательными нормами и сущностями и интересами государств. Ну, а третья форма претендует быть «мостом» между первой и второй (p. 201).

Из сказанного даже не очень опытный читатель легко заметит уязвимость подходов конструктивистов для критики. Чувствуют это и сами конструктивисты. Поэтому они предполагаемые атаки пытаются предотвратить такими суждениями. Ройс-Смит, например, предупреждает, что все ключевые слова в их теории (идеи, нормы, культура и элементы агентов, социальные сущности) являются «переменными». То есть их нельзя зафиксировать. И поэтому-де: «Просто не существует такой вещи, как универсальная, внеисторическая, культурологически автономная идея или сущность. Таким образом, большинство конструктивистов считают абсурдным гнаться за общей теорий международных отношений и ограничивают свои амбиции интерпретацией и объяснением конкретных аспектов мировой политики, а также предложением высококвалифицированных "непредвиденных обобщений" (contingent generalizations). Фактически конструктивисты часто повторяют, что *конструктивизм не теория, а скорее аналитическая схема»* (выделено мной. — А.Б., p. 202).

Можно согласиться, что это — схема, а то, что она аналитическая, вызывает сомнения.

---

1. «Перспектива третьего образа» — выражение из словаря Кеннета Уолца, означающее, что процесс взаимодействия порождает нечто третье, не обязательно ожидаемое.

Коммунитарный конструктивизм

А теперь есть смысл рассмотреть еще один вариант конструктивизма, который развивают ученые из лагеря коммунитариев, — довольно интересное общественно-политическое движение, которому когда-то дал толчок знаменитый Джон Ролз своей книгой «Теория справедливости»[1]. Некоторые ученые утверждают, что это течение близко к марксизму. По общим целям в какой-то степени это так. Разница заключается в том, что если марксизм старается добиться своих целей, исходя из объективных законов развития общества, то коммунитаризм — путем приспособления к существующим системам на основе здравого смысла, определяемого конкретной ситуацией. К этому, по крайней мере, призывают теоретики данного общественного течения, начиная с Ролза[2].

Автор многих работ по ТМО англичанин Ричард Литтл дает высокую оценку научной деятельности коммунитариев в сфере МО, которые, по его мнению, предоставляют новые способы изучения мира, что непременно скажется на всех теориях и школах МО. Он подчеркивает: «социальный конструктивизм» (так он обозначает это направление) не приемлет теоретические течения и школы в их дихотомической связке: материализм—идеализм, рационализм–рефлексивизм, холизм–индивидуализм и т.д., и пытается «выстроить мост, который даст возможность сторонникам соревнующихся позиций в этих дебатах наладить контакт между собой

---

1. *Rawls*. A Theory of Justice.

2. На тему коммунитаризма существует обширная литература, авторами которой являются такие широко известные социологи, как Амитаи Эциони, Аласдер Макинтайр, Майкл Сандел, Бенджамин Барбер, Чарльз Тэйлор, Роберт Симонс, Эндрю Нортон, Генри Там.

через конструктивизм и затем в какой-либо форме включиться в диалог»[1].

Если это так, то есть смысл проанализировать их идеи на примере книги канадского теоретика-коммунитария Эммануила Адлера с интригующим названием «Коммунитарные международные отношения. Эпистемологические основы международных отношений», предисловие к которой как раз и написал упомянутый Литтл.

Название необычно хотя бы уже потому, что Адлер в нем обозначил способ анализа — эпистемология, а не онтология, которую предпочитает Вендт. Различие в методах анализа заранее предполагает и различие в толкованиях обсуждаемых тем в рамках МО.

Различия просматриваются с самого начала. Адлер пишет:

> Для коммунитариев подход к международным отношениям основывается на *знаниях*, означающих не только информацию, которую люди держат в головах, но также и прежде всего межсубъектную основу, или контекст ожиданий, плюс язык, которые вкупе придают значение материальной реальности и соответственно помогают объяснить конструктивные и причинные механизмы, которые участвуют в строительстве социальной реальности (p. 4).

У Вендта и его последователей главными были идеи. Но идеи и знания не одно и то же. Идеи могут формироваться и на основе созерцания, чувствования, ложных представлений и общепринятых штампов, не обязательно подтвержденных знаниями. Знания предполагают научный анализ реальности, идеи же часто привносятся из идеологий. Язык также важный компонент отражения действительности. Научный язык отличается от языка идей. Другими словами, первоначальная посылка Адлера ближе к науке, чем подход, предлагаемый Вендтом.

Далее, на что обращает внимание Адлер, это формирование самосознания индивидуума посредством взаимодействия с другими членами общества, что на выходе дает итог, который можно

---

1. *Adler*. Communitarian International Relations. The epistemic foundations of International Relations, p. xii.

выразить формулой «мы-чувствуем». Имеется в виду что мышление индивидуума впитывает общественные нормы и ценности, общепринятые и разделяемые всем обществом. Результатом является не индивидуум «сам-по-себе», что типично для капиталистического общества, а социальный индивидуум «я-мы». А это характерно для коммунитарного общества. То есть формирование индивидуальности зависит от всего социального контекста. Но по принципу обратной связи происходит и обратное воздействие субъекта «я-мы» на воспроизводство и трансформацию общин, или общества. Такой подход действительно близок к марксистскому пониманию взаимоотношений между индивидуумом и обществом.

На этом сходство с марксизмом заканчивается. И начинается субъективный идеализм. Проявлением идеализма могут служить рассуждения Адлера об эволюции знаний, которые он предпочитает называть термином «когнитивизм» (взятый из психологии). Он почему-то придает большое значение «случайному» познанию: что-то увидел, что-то зафиксировал, что-то понял. «Это и есть когнитивная эволюция» (p. 57). Для пущей наглядности он приводит эпизод из какого-то романа, где некая дама восклицает: я все это видела три недели назад. Я пропустила... Я не видела. А сейчас я все вижу... Но ведь они были и тогда, все время. Что же изменилось? Только мои мысли (p. 58).

Из этого сюжета непонятно, почему эта же дама три недели назад не видела того, что увидела через три недели? Тем более что «объекты» остались неизменными. То есть общая идея вроде бы на первый взгляд убедительная: мир неизменен (хотя этот мир меняется также постоянно), а наши представления о нем меняются в результате накопления знаний. Адлер пишет:

Таким образом когнитивная эволюция помогает развязать старую дилемму, что́ в действительности меняется — объекты, «системы» или их представления в нашем мозгу. Знания в целом — особенно научные знания — образуют необратимый и весьма важный элемент в когнитивно-эволюционном процессе. Как только знания получены, распылены и ассимилированы, они уже неразрушимы, т.к. объединяют прошлое с настоящим и формируют ожидания и образы будущего. Это помогает объяснить разницу между когнитивной

> эволюцией и когнитивным изменением. Раз мы знаем что-то, оно не может исчезнуть из нашего сознания (р. 58).

Из всего этого остается непонятным, почему меняются знания, если мир остается неизменным. Что побуждает их меняться? Например, что побудило человечество изменить знания о Солнечной системе? У Адлера, так же как и у Вендта, «когнитивные» идеи, мысли меняются как бы случайно. Но даже моя личная практика показывает, что если я не стремлюсь что-то познать, а живу нормальной жизнью обывателя, никакие знания у меня не прибавляются. Не задай я себе цель написать книгу о ТМО, я так бы и не узнал столь необычные мысли того же Адлера о процессе «когнитивно-эволюционного» познания. У этих когнитивистов, судя по всему, разорваны «сознание» и «материалистические объекты». А те, в свою очередь, оторваны от социологии — сферы их изучения, которая должна бы подсказать когнитивистам, что есть такие явления, как «общественные потребности» и «общественная практика». Без общественных потребностей невозможно объяснить тягу людей к знаниям и вообще весь процесс познания. Но, видимо, когнитивисты к этому и не стремятся. Им достаточно знаний, которые они «случайно» усмотрели на небесах.

Вот очередной перл Адлера. Начало такое: «Идея прогресса субъективна, она идеологична» (р. 62). Такое в принципе может быть. Но это всего лишь значит, что не выяснена суть прогресса, его бытийная сущность. Или авторы просто не знакомы с исследованиями, где эта суть выявлена и определена как объективная категория.

А теперь посмотрим, как он обосновывает свой вывод. Оказывается, главной причиной относительности прогресса является то, что существуют разные индивидуумы, соответственно они по-разному могут интерпретировать понятие прогресса (р. 63). Почему-то нашим конструктивистам не приходит в голову, что, несмотря на разность индивидуумов, скажем, даже среди ученых, они все одинаково «интерпретируют» скорость света или постоянную Макса Планка.

Адлер делает еще такое уникальное открытие: оказывается, для того чтобы измерить прогресс, например в материальной области, надо учитывать фактор времени, т.е. «проектирование наших образов прошлого или будущего на настоящее» (ibid.). И далее следует вот такая мудрость:

> Эта проекция воздействует на наше определение прогресса. Другими словами, прогресс становится самодостаточным пророчеством. Например, образ будущего может быть оптимистическим: «человеческое творчество, воображение, изобретательность, техничность и т.д. могут решить все проблемы»; а может быть пессимистическим… «энтропия, социальная деградация, ограничения» и т.д. Эти базирующиеся на времени проекты в большей степени определяются воображением людей. Их представлениями и ожиданиями относительно пространственно-материальных объектов: достатка, технологий, благосостояния. Материальное благосостояние, таким образом, является мерилом прогресса нашего времени; время и пространство в понятии прогресса встречаются и накладываются друг на друга (ibid.).

Прежде всего надо иметь в виду, что время и пространство — это атрибуты бытия и уже в силу этого они «присутствуют» в любом явлении, не говоря уже о сущности явления. Здесь нет никакого открытия. Открытием является то, что «прогресс» (как и любые явления, постигнутые когнитивным способом), определяется «воображением людей». Может получиться так, что у кого «большее воображение», у того «прогресс» приятнее. В таком случае самое богатое воображение — у авторов Библии, которые навоображали человечеству рай, т.е. фактически предельный прогресс.

Понятно, что Адлер к раю не призывает, а призывает к тому, чтобы ученые, занимаясь настоящим и прошлым, не забывали о будущем в своих научных представлениях. И более того, призывает воздействовать «на процесс когнитивной эволюции нашими идеями и научными знаниями» (p. 64).

И в этой связи он обращается к теме бытия и становления (being and becoming) — теме, в свое время разжеванной Гегелем. Но Адлер представляет ее в популярном изложении следующим образом. Он приводит такой пример. Охотник стреляет в живую утку.

Вроде бы все рассчитал, но промахивается. А в тире он попадает в мишень в виде такой же утки. Отсюда разница: на природе утка может двигаться в неожиданные стороны, а в тире нет. Вот в этом-то, дескать, и разница между живой уткой и искусственной. Во втором случае — бытие, в первом — становление.

На этой основе делается такое умозаключение:

> Контраст между мишенью-уткой и живой уткой может иллюстрировать разницу между «бытием» и «становлением». Бытие широко распространённое понятие, которое видит все в природе и обществе как статичное и механическое — включая изменение. Идея «становления» предполагает все в постоянном изменении, как постоянный процесс изменения и эволюции, даже когда он кажется статичным (p. 65).

О том, что автор совершенно не понял суть разбираемых им категорий, свидетельствует его утверждение, будто подход к категории становление можно обнаружить у Вольтера, Руссо, Канта и Гегеля, но наиболее близко к ее пониманию подошли Чарльз Дарвин, Герберт Спенсер, Анри Бергсон и Альберт Эйнштейн. Последний и Макс Планк «всколыхнули идею становления» (p. 66).

В каких работах названных ученых и философов, кроме Гегеля, Адлер обнаружил анализ категории становления, непонятно. Источники не указаны. В деталях она разработана именно у Гегеля в «Науке логики», но совершенно иначе, чем описал Адлер. Он очень сильно удивился бы, если бы прочитал, чтó написано у Гегеля о становлении. Гегель разбирает категории *бытие* (Sein) и *становление* (Werden) в первой главе упомянутого труда, где пишет:

> Их истина [чистого бытия и чистого ничто] есть, следовательно, *движение* непосредственного исчезновения одного в другом: *становление*; такое движение, в котором они оба различны, но благодаря такому различию, которое столь же непосредственно растворилось[1].

У Гегеля движение-становление происходит в результате противоречий, они не даны как самостоятельные ипостаси типа «живая ут-

---

1. *Гегель.* Наука логики, с. 69.

ка» и «мертвая утка». Адлер, как и все конструктивисты, совершенно незнаком с диалектикой даже объективных идеалистов. Поэтому их рассуждения относительно бытия и становления являются не чем иным, как восклицанием той дамы, которая «когнитивно» прозрела через три недели.

И критика конструктивистами неореалистов, в частности Уолца, которые, дескать, базируются на «образе бытия», столь же несерьезна, как и их попытки сказать, что «ньютоновские элементы» подвешены в пространстве, а их движение носит линеарный характер. Конструктивисты не понимают, что законы Ньютона отразили именно линеарные явления, а не, скажем, стохастические. И инструментарий Ньютона соответствовал вскрытию именно таких явлений.

Непонимание азов диалектики приводит Адлера к ложным утверждениям и умозаключениям по любому вопросу, включая и любимую конструктивистами социологию. К примеру, Адлер пишет:

> Конструктивизм описывает динамичные, случайные и основанные на культуре условия социального мира. В отличие от позитивизма и материализма, которые принимают мир как он есть, конструктивизм видит мир как проект строительства, как *становящийся*, а не *существующий*. В отличие от идеализма, постструктурализма и постмодернизма, которые рассматривают мир только как воображаемый или обсуждаемый, конструктивизм принимает, что не все заявления имеют одинаковую эпистемологическую ценность и, соответственно, что они являются некоторым фундаментом для знаний (p. 11).

Во-первых, основываясь только на «культуре», вряд ли можно научно описать «условия социального мира». Без анализа экономических и политических процессов в обществе это описание будет носить поверхностный характер, поскольку культура отражает только часть общественных явлений, причем нередко в извращенной форме. Достаточно хотя бы мельком взглянуть на такой участок культуры, как изобразительное искусство, в котором основным течением является *концептуализм*, сводящий реальность мира к бессмысленным квадратам или кружочкам на полотне.

Во-вторых, позитивизм не воспринимает мир, каким он является; он воспринимает только тот мир, который в состоянии описать. Материалисты-политические реалисты тоже не особенно воспринимают мир как он есть. Они как раз хотят такого мира, который отвечает интересам США. Отсюда борьба за силу и неистовая борьба против тех, кто им сопротивляется. Статус-кво их не устраивает. Что же касается материалистов-марксистов, то еще раз приходится напомнить постулат Маркса о философии: не просто объяснять мир, а изменять его. А также известные слова из революционного гимна «Интернационал»: мы наш, мы новый мир построим.

В-третьих, насчет «воображаемого мира». Это, безусловно, чистый идеализм, и конструктивисты с гордостью настаивают, что они «социальные идеалисты». Так, по крайней мере, говорит Вендт.

Кстати, в вопросе о силе-power позиция Адлера полностью совпадает с позицией Вендта. Он пишет:

> Под «power» я имею в виду не только обладание материальными возможностями, но и способность навязывать значение, статус или функции материальным объектам на основе коллективного согласия. Один может найти *power* в речах, гегемонистском поведении, интерпретации основных нормативных законов, другой — в сущностях и моральной власти (authority (p. 14).

Здесь красноречиво выползает субъективный идеализм, который обещает навязать (impose) определенное значение «материальному объекту». Хотел бы я посмотреть на практике, что получилось бы, если бы Адлер навязал велосипеду значение «Мерседеса». Он, видимо, имел в виду, что такое значение он навяжет кому-нибудь постороннему. У него это может получиться в двух случаях: или он непревзойденный фокусник (из велосипеда сделать «Мерседес»), или этот посторонний из тех, кто верит в НЛО и прочие «тарелки». Найти силу в гегемонистском поведении некоего актора невозможно, если такое поведение не определяется реальной военной и экономической мощью той или иной державы. Попробуйте найти эту силу в «гегемонистском поведении» государства Науру, даже если внешне руководители этой крошечной страны и вздумают себя вести гегемонистски. Здесь Адлера, так же как и Вендта, подводит их базовая философия — идеалистический субъективизм.

Неверны и его рассуждения о стабильности на основе гегемонии, опирающейся на силу. Адлеру, как и авторам, на которых он ссылался в поддержку своей идеи (Чарльз Киндлебер, Роберт Гилпин, Стефан Краснер и Роберт Киохейн), кажется, что государства, находящиеся в плену гегемона, добившегося стабильности, также воспринимают эту ситуацию как стабильную. На самом деле она стабильна только для гегемона. Для остальных это псевдостабильность, поскольку любое подчинение несет убытки подчиненным, а прибыли гегемонам. Другими словами, стабильность на основе гегемонии — это пороховая бочка, способная взорваться в любой момент. Более того, такая стабильность, наоборот, провоцирует взрыв системы.

В усложненной форме Адлер передает очевидную идею о том, что состояние общества, его активные субъекты влияют на формирование внешней политики. И совершенно неочевидно его утверждение: «Национальный интерес есть межсубъектный консенсус, что позволяет сохранять политический процесс при данном распределении силы (power) в обществе» (p. 77).

Такой консенсус может быть только при наличии бесклассового общества, которого пока не существует. Поэтому национальный интерес формулируют властные структуры общества в интересах не всего народа-нации, а только тех, кто этим обществом управляет.

У Адлера есть рассуждения, вызванные идеями И. Пригожина в контексте второго закона термодинамики через его вариант закона возрастания энтропии. Идея могла бы быть плодотворной, если бы она не была испорчена безоговорочным доминированием идей над материей, идей, способных управлять силой мысли (=знаний) флуктуацией в нужном направлении до состояния гомеорезиса, или динамической стабильности (p. 46–7). Но в толковании коммунитарного конструктивиста эта идея не работает из-за общего непонимания задач внешней политики и сути международных отношений. Следует признать, что коммунитарный вариант конструктивизма ничем не отличается от его стандартной классики. «Знания», на которые упирал Адлер в самом начале в своей работе, оказались столь же бессодержательны, как и «идеи» Вендта.

* * *

У умеренных конструктивистов существует верное положение о том, что внутренняя ситуация в государстве, описываемая терминами социологической науки, воздействует на внешнюю политику страны, определяет ее сущность. Эта идея верна в глубинной своей основе, но она не абсолютна в том смысле, что нередко государству приходится вести себя не так, как это вытекает из его сущности. При некоторых исторических обстоятельствах интересы государства в большей степени определяет международный контекст, нежели внутренние интересы господствующего класса. Всем известный пример — союзнические отношения между США и ССР в годы Второй мировой войны, несмотря на качественно разные «идентичности» этих государств. Но взаимовлияние внутренней сущности и внешних факторов на внешнюю политику настолько очевидно, что вряд ли стоит приписывать этой идее некую новаторскую роль. Конструктивизм в том виде, в каком его преподносят его адепты, в познавательном смысле не просто уступает неореализму или другим школам, он является ложным инструментом в арсенале теоретика МО. Его лучше приберечь для социологического анализа, хотя и для этой цели он вряд ли является «конструктивным».

Но существует и так называемый радикальный вариант конструктивизма, который исповедуют прежде всего немецкие теоретики, о чем речь впереди. Однако и среди американцев нашлась определенная группа ученых, которая, в сотрудничестве с немцами, развивает конструктивизм, выхолащивая из него все «материальное» и сохраняя только идеи, — почти по Платону.

Теория сущности, границы и порядка

Среди молодого поколения теоретиков лет пятнадцать назад возникла группа, выдвинувшая новый подход к изучению международных отношений. В основу этого подхода заложены три ключевых слова, по названию которых обозначена и сама группа — Группа сущности, границы и порядка (СГП) — (Identities, Borders, Orders — IBO). Иногда ее называют Группой Las Cruces (по имени городка, где находится Университет штата Нью-Мексико). Большинство участников этой группы работает как раз в названном университете, но в нее входит также некоторое количество немцев, в том числе Матиас Альберт, Лотар Брок, Фридрих Кратохвиль. Члены этой группы тоже причисляют себя к конструктивистам. Рассмотрим, что же они наконструктивировали[1].

К новому подходу их подвиг «загадочный» вопрос, заданный Джоном Ругги: «Что связывает мир в международном смысле?» (p. 1). Такой очевидный ответ, как мир воедино связывают законы международных отношений, в голову им не приходит, а предыдущие теории, которые они обозначают «статичными», их не удовлетворяют. Поэтому они выдвигают собственную теорию, так называемую аналитическую триаду, базирующуюся на понятиях «сущность», «граница» и «порядок», которая служит им «стимулирующим» инструментом. По утверждению Йозефа Лапида, процесс взаимоотношений этих трех понятий «открывает уникальное, хорошо подогнанное аналитическое окно, позволяющее изучать проблемы мобильности, текучести и изменений в современной мировой политике» (p. 2). Философской рамкой этого «окна» должны служить три ее грани, по-английски выраженные тремя

---

1. За основу анализа взята коллективная монография, редакторами которой были Альберт, Джакобсон и Лапид. (*Identities*, borders, orders: rethinking international relations theory.)

неологизмами: processism, relationalism, verbing[1]. На основе этих трех ключевых понятий авторы намерены перетряхнуть ТМО, «доминантной онтологией которой все еще являются *стабильность и длительность (непрерывность)*» (p. 3). Они имеют в виду — статичность и неразвитие. По словам Николаса Решера, на которого ссылается Лапид, «появление этой мощной онтологической доктрины, известной как парадигма "вещей-без-качества времени" (things-with-timeless-qualities), означало массивный "удар по процессу" в западной мысли» (p. 3).

Любопытны причины неприятия «статичной онтологии». Если исходить из представлений прагматического идеалиста Николаса Решера, они заключаются в следующем. «Статичная онтология» постулирует, что реальность состоит из разрозненных, самосущностных вещей; что эти вещи и целостности первичны по отношению к процессу; что состояние покоя, стабильности и равновесия является естественным, а движение осуществляется только тогда, когда вещи подвержены толчкам и возмущениям. И вот такая доктрина, которая отвергает изменение и время, продолжает существовать в социально-научных теоретизированиях до сих пор (ibid.). Так интерпретирует онтологию Решер, который выдвигает против нее концепцию процесса[2].

Он утверждает, что на самом деле «естественное существование… лучше понимается в терминах процесса, чем вещей, т.е. в виде изменений, а не фиксированной стабильности. Для процессистов изменения любого вида… являются главной, доминантной

---

1. На русский язык первое слово нередко переводится как *процесс*, но это не совсем точно. Прибавление к первым двум словам суффикса «изм» превращает их в философское осмысление слов *процесс* и *отношение*. «Изм» не захотел прикрепиться к слову verbing (досл. «глаголизация»), но также имеет философскую коннотацию, под которой понимаются языковые игры в анализе МО. Ниже Лапид объясняет, что «процессизм» — это синоним процессного мышления. Но с точки зрения русского языка это пояснение не дает облегчения. Поэтому в последующем мне придется эти слова оставить в первозданном виде.

2. Подр. см.: *Rescher*. Process Philosophy. A Survey of Basic Issues.

сутью реальности» (p. 3–4). Философия процесса заменяет онтологический дуализм *вещи* и *действия* на монизм действия различного типа.

В таком противодействии «вещи» со стороны идеалистов просматривается их неприятие всех вариантов материализма. И они постоянно пытаются эту «вещь» загнать куда-нибудь подальше, чтобы она не мешала им выстраивать свой идеалистический монизм на любом идеальном понятии, оторванном от реальности, в данном случае на «процессинге». Иногда приверженцы процессинга ссылаются на Альфреда Уайтхеда, который тоже писал о процессе[1]. Но при этом почему-то не замечают, что у Уайтхеда процесс не оторван от вещей, а сам процесс он понимал как «становление вещей», а вещь как «сущность», претерпевающую свое изменение в «сращивании», которое у него являлось синонимом «процесса»[2].

Приверженцы процесса, выдвигая свою инновационную теорию, пытаются опровергнуть идеи некой «статичной онтологии», которая никогда не была на вооружении теоретиков политического реализма, против которых они воинствуют. Не говоря уже о марксистских теоретиках, для которых процесс, если его понимать как движение, меняющее вещи, является просто азбучной истиной. Вынужден напомнить, что Ф. Энгельс более ста лет тому назад писал, что «мир состоит не из готовых, законченных *предметов*, а представляет собой совокупность *процессов*, в которой предметы, кажущиеся неизменными, равно как и делаемые головой мысленные их снимки, понятия, находятся в беспрерывном изменении, то возникают, то уничтожаются»[3]. И Энгельс напоминает, что об этом же писал еще Гегель, а также о том, почему в свое время упор был сделан на «предметах». Энгельс пишет:

---

1. Во времена Уайтхеда термина *процессинг* не существовало. Но по сути слово *процесс* является его синонимом.

2. Подр. см.: *Уайтхед*. Процесс и реальность, с. 293–303.

3. *Энгельс*. Людвиг Фейербах и конец классической немецкой философии, с. 302.

> Старый метод исследования и мышления, который Гегель называет «метафизически», который имел дело преимущественно с предметами как с чем-то законченным и неизменным и остатки которого до сих пор еще крепко сидят в головах, имел в свое время историческое оправдание. Надо было исследовать предметы, прежде чем можно было приступить к исследованию процессов (там же, с. 303).

Не меньший казус обнаруживается и с их новоязом *relationism*, который тесно связан с их процессным мышлением. Даже сам по себе вопрос, поставленный авторами Группы СГП со ссылкой на Мустафу Эмирбайера, звучит более чем странно: надо понимать социальный мир как состоящий прежде всего из субстанций или как процесс, в статике «вещей» или же в динамике разворачивающихся отношений? (p. 4). И далее (уже со ссылкой на Майкла Дилана и Джулиана Рейда), ничего не может быть без отношений, и все существует в терминах и благодаря отношениям (ibid.).

Ну кто может выступать против очевидного? Сам по себе разбираемый предмет называется «международные *отношения*». Но любые отношения всегда отношения между кем-то и чем-то, назовите это «вещами», акторами и т.д. Нет «вещей», нет и «отношений». И эту очевидную истину пытаются опровергнуть теоретики структуралисты-рефлексивисты.

Наконец, искусственный термин *verbing*, подчеркивающий усилившееся значение языка для многих наук — от философии и психологии до физики и культурологии. Язык, без всякого сомнения, мощнейший инструмент в изложении любой науки, который можно использовать как для вскрытия закономерностей природы и общества, так и для затемнения и искажения даже самых очевидных вещей. Судя по всему, конструктивисты главным образом заняты искажениями.

Для чего же из слова verb они придумали слово *verbing*? Оказывается, не просто так. Они пишут, что ученые-международники (видимо, имеют в виду себя) начали превращать существительные в неуклюжие глагольные формы типа «securitizing» (Wæver, 1995), «bordering» (Albert and Brock, 1996), «refugeeing» (Soguk, 1999).

Смысл заключается в том, что в качестве существительных эти слова отражают статику, а в глагольной форме — процесс. Не просто *граница*, а некий «процессинг», происходящий с границей, так сказать движение. Например, слово *теория* обозначает явление, а *теоретизирование* — это уже процесс думания, мышления. Другими словами, глаголизация существительных означает превращение статики в движение. Следует признать, что с точки зрения логики авторов Группы СГП в этом есть определенный смысл.

Такова философская подоплека ключевых понятий теории сущности, границы и порядка. А теперь выявим, чем она должна быть интересна для ТМО.

Лапид пишет, что структура СГП «взаимосамовоспроизводящаяся». Имеется в виду, что, например, границы неразделимы с сущностями, которые помогают демаркации, или индивидуализации. Вместе с тем оба понятия неразделимы с порядком, который образовывается в большей степени в результате индивидуализации и сегментации. То есть, если мы намерены изучить проблему, связанную с одним из трех понятий, мы обязаны так или иначе думать и о двух других. Иначе говоря, сущность, граница и порядок образуют триаду, которая пока незнакома ученым-международникам. На графике это выглядит так.

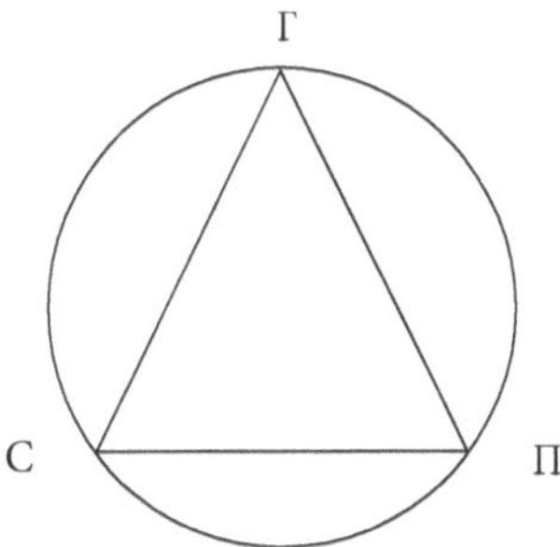

Триада сущности, границы и порядка

В связи с этой триадой, пишет Лапид, могут начаться споры, что первично, например, в связке сущность и граница (СГ). Одни скажут сущность, другие граница. А для приверженцев этой триады не важно, что первично, это, дескать, вопрос эмпирический. Важнее, что они просто ключевые понятия. У границы могут и действительно есть много важных функций, среди которых отношение к сущности имеет маргинальное значение. Точно так же это касается и сущности.

Главная забота авторов этой концепции, чтобы при всем разнообразии пар-связок (сущность–граница, граница–сущность, сущность–порядок, порядок–сущность, граница–порядок, порядок–граница) они в конечном счете образовывали «сцепки»: сущности–граница, граница–порядок, порядок–сущность. Таким образом, авторы теории СГП как бы избегают ответа на вопрос о первичности и «топят» его в «процессизме и «отношенизме».

Вообще-то сами они подспудно чувствуют, что с их теорией не все в порядке. Тот же Лапид в сноске признается, что «процессизм» не является объединяющей философской позицией и четко определенной теорией. Как и конструктивизм — это широкая доктринальная тенденция, которая вбирает в себя иногда радикально различные позиции.

Достаточно скептически оценивают ее и активные участники Группы СГП Матиас Альберт и Фридрих Кратохвиль, написавшие заключение к этой коллективной монографии. Вот их слова:

> Хотя на первый взгляд триада СГП могла быть воспринята как новый самопровозглашенный кандидат на еще одну «великую теорию», это впечатление определенно должно было бы испариться к концу настоящего тома (p. 277–8).

С таким выводом нельзя не согласиться, хотя претензии на «великую теорию» вызывали сомнения уже с самого начала этого тома.

К примеру, они предлагают сфокусироваться на проблемах, которые в большей степени отвечают изменениям в международной политике и проблематике социального порядка в целом. «Этими проблемами являются: 1) приоритет процесса над структурой;

2) проблема границ (bordering, в терминологии Альберта), то есть очерчивание границ и разделение систем; 3) проблемы политического порядка в неравномерно интегрированном и, несмотря на это, глобализированном мире» (p. 280).

Постановка первой проблемы сразу же вызывает возражение. Авторы заключения и сами признают ее (преимущества процесса над, скажем, акторами, структурой и т.д.) довольно странной. Но, дескать, как многократно подчеркивал Лапид, речь идет не о понятиях, имеющих отношение к реальности, а об отношениях между понятиями и изменением их значений. Допустим. Но как можно отрывать понятия от реальности? Что в таком случае они отражают? В принципе само понятие можно расценивать как реальность, по крайней мере в эпистемологическом смысле. Тогда какое отношение такое понятие имеет к онтологической реальности (бытию) типа субстанции, которая фигурирует в названии одного из разделов заключения («Процесс над субстанцией и структурой»)? Тем более что его авторы хотят отразить «изменяющуюся природу» взаимодействия субстанций и структуры и даже их активность, влияющую на изменение природы, то есть, как ни крути, их онтологические (природные) изменения. Возникает тот же самый вопрос, который вызывает вся теория этого «процессинга»: конкретно, изменений чего?

Ответом на этот вопрос служит ссылка авторов на такую серьезную науку, как физика. И тут они демонстрируют свои «знания» о физике. Пишут так:

Хотя такой подход, кажется, ведет к размыванию всех твердых вещей в поток, мы могли бы вспомнить, что даже физические объекты растворяются в современной физике. Понятие твердого материального объекта, состоящего из невидимых материальных частиц, отвергается современной квантовой теорией. Гравитационные или электромагнитные поля не являются вещами, чье существование и функционирование может быть описано в терминах какой-нибудь скрытой субстанции; мы можем только говорить об этом в терминах определенного процесса, который их возбудил (p. 282–3).

Такое понимание современной физики и, судя по всему, физики вообще дает объяснение всем идеалистическим измышлениям горе-теоретиков разбираемой триады. Что, современная физика отвергла теорию относительности Эйнштейна с его знаменитой формулой, в которой присутствуют такие физические объекты как масса и энергия? А квантовая теория отвергла такие материальные «объекты» как атом, электрон или фотон? И разве гравитационное поле не создается телами, которые как раз и являются источниками этого поля, так же как и электромагнитных полей. Да и сами поля являются *субстанциями*.

Если бы авторы знали физику на уровне хотя бы школьной программы, то не исключено, что они отказались бы от всей своей теории вместе с идеализмом Н. Решера. Им кажется, что, так же как и в физике (в их понимании), субстанции в процессе исчезают.

> Мы только хотим отметить, что классическая субстанциональная метафизика должна — как-нибудь необычно — осознать возникновение субстанции как мгновение, после чего субстанция продолжает существовать, пока не испарится (p. 283).

В физике это означало бы: сначала возникают «как-нибудь необычно», например, скорости, а затем уже всяческие фотоны и прочие «твердые» вещества. А после их «испарения» скорости все равно остаются. Авторы эту абсурдную идею обосновывают ссылкой на Уайтхеда, который, дескать, писал, что «конкретные физические частицы всегда возникают в ходе процесса, и таким образом они неизбежно обязаны ему своим существованием» (p. 283). То есть не процесс обязан своим существованием частицам, а наоборот. Такого вздора, естественно, Уайтхед нигде не писал. Это так они поняли идею «становления» посредством процесса у английского философа и математика[1].

И вот, несмотря на все эти «недостатки», авторы оптимистично уверяют, что философия процесса поднимает много загадочных

---

1. Адептам Группы СГП для доказательства своих взглядов стоило бы обратиться не к физике, а к математике, допускающей конструирование идеальных объектов, которые не существуют в бытии, но существуют в реальности как знаковая система с ее правилами и закономерностями, предстающая как объективная данность. На такой посылке, например, строится математическая логика.

проблем, включая проблему «кота Шредингера». Присовокупив этого кота к своим размышлениям, авторы продемонстрировали непонимание важнейшего принципа исследований, который гласит: нельзя методы естественных наук использовать при анализе общественных явлений. Они не понимают, что законы одной системы координат, например в системах микро- или макроскопических, отличаются от законов в других системах, например общественных. Авторы теории процесса постоянно подчеркивают, что их теория намного плодотворнее теорий реалистов, которые недооценивают значений негосударственных акторов, переоценивают роль государства, думают в рамках парадигмы «ситуации с нулевой суммой» и т.д. На самом же деле реалисты, несмотря на свои недостатки, намного превосходят всех структуралистов и рефлексивистов по одной простой причине: они хотя бы твердо стоят на ногах, находясь в *реальной реальности.* По крайней мере они пытаются отразить в своих теориях реальные явления международной жизни и способы борьбы с ними, когда эти явления их не устраивают.

Авторы же триады СГП действительно находятся в некоем вакууме, в котором отсутствует абсолютно все (в отличие от физического вакуума). Непонимание или искаженное восприятие базовых знаний в области философии и естественных наук не позволило им создать товар с потребительной стоимостью. И поэтому «на рынке международных отношений» этот товар оказался невостребованным. В нем нет ни одной идеи, которая была бы полезна для анализа мировых отношений[1].

---

1. На основе марксистской диалектики тема «процесса» четко и ясно, без балласта псевдофилософских терминов, представлена в коллективной монографии ученых ИМЭМО *«Система, структура и процесс развития современных международных отношений».*

3. Неомарксисты о марксизме и прогнозист Энгельс

Буржуазные авторы, теоретики МО, особенно в России, не устают напоминать, что после распада СССР марксистская школа (марксизм) фактически выпала из сферы исследований МО или, как максимум, стала маргинальным ответвлением в рамках ТМО. На первый взгляд вполне логичное утверждение, имея в виду, что Советский Союз, где в основном и были сосредоточены марксистские исследования, почил в бозе, а нынешней России, вернувшейся на капиталистический путь развития, марксизм оказался ненужным. Действительно, в современной России мне не приходилось встречать марксистских работ по теории МО. Подчеркиваю: именно теоретических работ по проблемам МО, а не вообще марксистских работ, касающихся других общественных тем. Однако гробовщики марксизма упускают из виду, что марксизм как теоретическая школа сохраняется в КНР, в Японии, во Вьетнаме, во многих странах Латинской Америки. Но самое примечательное, он никуда не делся и на Западе. Я даже не имею в виду взрывной интерес к марксизму после мирового экономического кризиса 2008 г., когда по продажам на Западе марксистская литература стала занимать первые строчки среди книг по общественным наукам. Я имею в виду большое значение работ именно тех марксистских авторов, которые имеют отношение к теории МО, по крайней мере в области исследований капитализма и империализма, работы которых публиковались и после «коллапса коммунизма». Достаточно назвать имена таких крупных марксистов, как американцы Гарри (Генри) Магдоф, Роберт Бреннер, Элен Вуд, англичане Эрик Хобсбом, Дэвид Харви, немец Эрнест Мандел. Дело не в исчезновении авторов-марксистов. Дело в другом.

Еще до саморазрушения Советского Союза марксистская школа не играла заметной роли в западных ТМО, не говоря уже о воздействии ее идей на практику, из-за классового неприятия марксизма. В результате теоретики-международники буржуазных направлений всех оттенков, за редким исключением[1], не читали ни работ классиков марксизма, ни работ, изданных в СССР, написанных на базе марксизма. Самое курьезное заключалось в том, что, не читая и не зная марксизма, они никогда не упускали случая покритиковать его за «упрощенность», за «односторонность», за «материализм» и пр. Вот небольшой пример. Популярный теоретик МО Дж. Най-мл. в одной из своих работ умудрился написать следующее: «Марксистская традиция рассматривает экономику как основу в структуре power, а политические институты — как паразитическую надстройку»[2].

Имея в виду, что сам Най под словом power понимает то власть, то силу, причем сила у него в основном «мягкая» (soft), то получается, что у марксистов в основе власти или мягкой силы лежит экономика, — абсурд, который Най не подтвердит ни одной ссылкой на марксистскую литературу. Тем более что марксисты никогда не называли надстройку «паразитической». Это придумки человека, который очевидно никогда не читал марксистской литературы, видимо, черпая знания о марксизме из работ поверхностных антисоветчиков с журналистским образованием.

Тем не менее было бы несправедливо не сказать, что среди теоретиков были и есть такие, кто пытались и пытаются в меру своих знаний и сил дать объективную оценку марксистскому направлению в ТМО. Точнее, оценку взглядов неомарксистов на марксизм. Среди них выделяется уже знакомый нам теоретик Критической теории англичанин Эндрю Линклейтер, уделяющий повышенное внимание марксизму и неомарксизму.

---

1. К исключениям относятся главным образом авторы-теоретики старых школ, такие как Э. Карр, Г. Моргентау, К. Уолц, а также представители неомарксизма: И. Валлерстайн, Р. Кокс, С. Амин, М. Рогальски и др.

2. *Nye.* The future of power, p. 51.

В одной из коллективных монографий помещен написанный им раздел под названием «Марксизм». В ответ на утверждения некоторых ученых о смерти марксизма в связи с развалом Советского Союза он указал на то, что в 1990-е годы по мере отхода от эры биполярности и быстрого возникновения новой фазы экономической глобализации возросла актуальность марксизма. Другие же авторы продолжали настаивать, что марксизм далек от фундаментальных проблем международной политики.

К примеру, пишет Линклейтер, критический подход Кеннета Уолца к марксизму вызван тем, что последний неверно трактует взаимоотношения в «треугольнике» пролетариат–буржуазия–государство. Дескать, несмотря на противоречия между двумя названными классами, в ходе войны пролетариат каждой страны все-таки поддержал свою национальную буржуазию в борьбе с другими государствами. Это дает повод неореалистам утверждать, что сведение сущности капитализма только к экономике и объяснение на этой основе отношений между классами является центральным уязвимым местом в марксизме[1].

В связи с подобными утверждениями Линклейтер мог бы возразить Уолцу следующим образом. Во-первых, в годы, предшествовавшие Первой мировой войне, организованный рабочий класс ориентировался на различные левые партии, которые возглавляли оппортунисты, входившие во Второй Интернационал. А их курс был тесно сплетен с интересами буржуазии и, соответственно, с интересами тогдашних буржуазных государств. Отсюда и одурачивание рабочих. Во-вторых, о чем не знают ни Уолц, ни, видимо, Линклейтер, не надо забывать, что именно благодаря классовой борьбе во второй половине XIX в. рабочие, особенно в Германии при канцлере Бисмарке, добились от буржуазии и буржуазного государства реализации многих своих требований (пенсий, социальных гарантий, восьмичасового рабочего дня и т.д.). И это было одним из важных факторов «взаимопонимания» рабочих и буржуазии в предвоенные годы. Несмотря на это, в ходе войны на

---

1. *Linklater.* Marxism, p. 117.

Восточном фронте происходило массовое братание солдат-рабочих России и Германии — один из серьезных факторов, побудивших немецкое командование пойти на мир с большевиками. Но все эти «детали» теоретикам МО не интересны. Они видят только то, что лежит на поверхности. И опять же, «поверхность» их интересует только в том случае, когда она соответствует их представлениям о событиях. Если нет, они их не замечают. Так, все они, включая Уолца, не заметили стопроцентно сбывшихся прогнозов Энгельса, сделанных им в 1894 г., относительно сроков начала мировой войны, количества вовлеченных государств, масштабов разрушений и главное — результатов войны. И такой прогноз был сделан именно на основе столь критикуемого ими «экономического редукционизма». Ни одного прогноза подобного качества нет ни у неореалистов, ни других адептов «неупрощенных школ».

Если бы реалисты и приверженцы других школ изучили статьи Энгельса и Маркса о Гражданской войне в США или о войнах, которые вела Пруссия против Австро-Венгрии и Франции, то были бы потрясены точностью обозначенных дат сражений и прогноза исхода битв. Подчеркну, конечные результаты этих войн были предсказаны Марксом и Энгельсом задолго до их окончания. Это означает, что научные методы и принципы, которыми пользовались классики марксизма, верны, поскольку дают возможность делать научные прогнозы. И наоборот, методы анализа и понятийный аппарат всех буржуазных школ не являются научными, поскольку на их основе ничего нельзя прогнозировать. А если не ставится такая задача — научный прогноз, то теряется смысл исследований всех этих школ.

Линклейтер приводит несколько положений Маркса, относящихся к МО, которые признают ошибочными даже наиболее симпатизирующие марксизму исследователи. И в этой связи он напоминает известное якобы мнение Маркса о том, что хотя взаимоотношения между государствами и являются важными, но они «вторичны» и «третичны» по сравнению с производством и законами развития. На самом деле это не так.

Искаженно воспроизводит Линклейтер и содержание письма Маркса Анненкову, в котором ставился вопрос о том, не являются ли «вся организация наций и все их международные отношения не чем иным, как выражением специфического разделения труда? И не должны ли они измениться, когда изменится разделение труда?» И хотя, повторяю, здесь скорее вопрос, чем ответ, но многие, в том числе Уолц, доказывали, что марксизм игнорирует геополитику, национализм и войну. Поэтому «абсолютно не может быть никаких сомнений в том, что Маркс верил: капиталистическая глобализация и классовый конфликт определят судьбу современного мира» (p. 118).

Линклейтер, судя по всему, согласен с теми, кто указанные положения марксизма считают ошибочными. Вопрос о «вторичности» и «третичности» я пока оставлю в стороне. А вот о письме Маркса Анненкову следует сказать здесь. Точно эта фраза звучит так: «Разве вся внутренняя организация народов, все их международные отношения не являются выражением определенного вида разделения труда? Разве все это не должно изменяться вместе с изменением разделения труда?»[1].

Во-первых, Маркс это письмо писал в 1846 г., когда он только приступил к изучению экономических отношений. Во-вторых, разве не подтвердилось его предположение (утверждение в этом письме выражено именно в форме «предположения») о грядущем мировом разделении труда, особенно в настоящее время, в эпоху глобализации? Третий и Второй миры — «тяжелые» производства, энергоресурсы (нефть, газ) — Ближний и Средний Восток, Россия; производство стали, машиностроение, сборка электронных товаров и т.д. — Китай, Южная Корея, Малайзия, Индонезия и др.; наукоемкое производство, НИОКР, банковский бизнес — развитые страны капитализма. Нынешнее разделение труда — это же стопроцентный прогноз Маркса! В-третьих, разве «классовый конфликт» не привел к социалистическим и демократическим революциям в XX в.? Разве не изменило судьбы мира, его геополитический

---

1. *Маркс.* Письмо к Павлу Васильевичу Анненкову, с. 404.

и геостратегический профиль появление СССР, затем КНР? И разве противостояние СССР и фашистской Германии, а затем СССР и США не являлось военной формой того же «классового конфликта»? Откуда Уолц и все согласные с ним взяли, что Маркс игнорировал все эти вещи? Надо быть абсолютно ослепленным, чтобы не видеть проницательность даже молодого Маркса-ученого, прогнозы которого сбывались на протяжении целого столетия.

Но речь идет не только о Марксе, а о марксизме как научном типе анализа. Марксизмом «окрашены» и работы, например, Ленина, который о проблемах МО писал значительно подробнее, чем все неореалисты, вместе взятые. Наконец, в Советском Союзе публиковались сотни работ на эту тему, ни одна из которых, судя по всему, не попадалась в руки западным теоретикам.

Один из приемов антимарксистов — критиковать марксизм, не читая работ его сторонников. Или приписывать классикам марксизма то, чего они не писали и не говорили. И после этого говорить об «упрощенности» или «односторонности» марксизма!

Линклейтер пишет, что Маркс с Энгельсом создали своего рода фундамент Критической теории, на основе которой позже, к началу XX в., возникли радикальные теоретики в лице австромарксистов, которые «развили более тонкий и комплексный анализ капиталистической глобализации и национальной фрагментации» (p. 119). Так, Карл Реннер и Отто Бауэр утверждали, что Маркс и Энгельс недооценивали воздействие культурных различий в истории человечества, продолжающееся усиление лояльности к нации (к государству) и необходимость культурной автономии для будущего социалистического мира (ibid.).

Все эти упреки в «недооценке» всегда вызывают у меня крайнее удивление. Неужели авторы подобных упреков не понимают, что Маркс и Энгельс, несмотря на свои универсальные познания, все-таки не могли охватить весь спектр человеческих знаний? Ну не занимались они культурологическими проблемами, поэтому они их и «недооценили». Точнее, не оценили их, поскольку просто не оценивали. Идея же «лояльности к нации» намекает на то, что, дескать, классовая солидарность уступает «лояльности к нации». Это из серии обвинений против марксизма в духе Уолца. Эти обвинители, видимо, не задумывались, что классовая солидарность — это добровольное действо на базе единых классовых интересов. А лояльность к нации — это вынужденное действо, обеспеченное аппаратом государственной власти. К примеру, отказ от призыва в армию или попытка избежать отправки на войну карается соответствующими государственными законами. На такие «мелочи» почему-то критики марксизма не обращают внимания.

Правда, многие «глобалисты» высоко оценили предсказания Маркса и Ленина о формировании мирового рынка, а также о неравномерном распространении капитализма (Ленин). Эта тема, считает Линклейтер, была центральной в анализе Троцкого «объединенного и неравномерного развития капитализма и последующего феномена марксизма Третьего мира» (p. 122).

Но на всякое «да» есть «но». Такое «но» было сказано Иммануилом Валлерстайном в 1970–1980-е годы, разработавшим теорию «мир-система». Она была как бы вызовом классическому марксизму, дескать, утверждавшему, что капитализм приносит индустриальное развитие всему миру. На самом же деле, по Валлерстайну, развитие было возможно в лучшем случае в некоторых «полупериферийных» обществах (semi-peripheral societies).

Ни Маркс, ни Энгельс нигде не писали, что капитализм приносит развитие всему миру. Кроме того, они говорили не столько о развитии, сколько о разрушении феодальных и полуфеодальных обществ и подготовке их к будущим социальным революциям. И они всегда говорили о «двоякой миссии» (Англии): разрушительной и созидательной[1] — классический диалектический подход к сложному явлению.

Подходы теории зависимости и «мир-системы» обычно подаются как неомарксистские из-за критической оценки положительной роли капитализма в индустриализации бедных регионов.

---

1. *Маркс.* Британское владычество в Индии; Будущие результаты британского владычества в Индии.

Кроме того, неомарксисты сместили акцент в своих исследованиях с производственных отношений на проблемы «неравноправного обмена» на мировом рынке. По мнению Линклейтера, марксистские и неомарксистские теории мировой экономики получили наибольшую известность в 1970–1980-е годы, но «они остаются значимыми и в современную эпоху увеличивающегося глобального неравенства» (p. 123).

Является ли неомарксизм современной формой марксизма? Ответ будет дан в следующей главе, специально посвященной Иммануилу Валлерстайну.

Линклейтер, как и некоторые другие авторы (Хэдли Булл, Крис Браун), напоминают, что «марксизм является западной доктриной, корни которой — в европейском Просвещении» (p. 124). Распространение марксизма совпало с европейским доминированием в эпоху колониализма, что предполагало европеизацию неевропейского мира, в том числе и за счет его «марксизации». По крайней мере так казалось в 1960–1970-е годы. Результатом воздействия марксизма на Третий мир стали противодействие Западу и переход этого самого мира в «постъевропейскую эпоху». В переводе этого «нарратива» на нормальный язык все это означало простую вещь. Страны Третьего мира, вооружившись марксистской идеологией, начали борьбу не только против колониализма, но и за строй, который в СССР был обозначен как путь «социалистической ориентации». Между прочим, если западные неомарксисты и марксисты Третьего мира положительно рассматривали влияние марксизма, то в современной России многие авторы оценивают привнесение марксизма как западной доктрины на российскую почву крайне негативно, поскольку он, дескать, разрушил исконно русский путь развития.

Линклейтер далее пишет, что, учитывая слабости классического марксизма, представители Франкфуртской школы, прежде всего Юрген Хабермас, решили реконструировать исторический марксизм, фокусируя внимание на темах культуры и цивилизации. По мнению Хабермаса, недочет марксизма заключался в том, что он переоценивал важность «труда» для социальной структуры и исторического изменения и недооценивал роль «взаимодействия» (interaction), т.е. формы коммуникации, которая позволяет людям жить вместе. Да, дескать, достижения марксизма в «парадигме производства» бесспорны, «но его основной недостаток заключался в том, что он потерпел неудачу в не менее важном вопросе: как человек использует язык, чтобы создать упорядоченные общества, и как он развивал принципы, в которых хорошие общества должны выражать волю его членов»[1]. Сам же Хабермас дополняет парадигму «производства» «парадигмой коммуникации», в соответствии с которой человек развивал в себе «моральные ожидания», сводящиеся к тому, что все индивидуумы имеют право участвовать в принятии любых решений, способствующих прогрессу, который может отразиться на них. Хабермас выступает также не только за сокращение классового неравенства, но и за демократизацию всех аспектов социальной, экономической и политической жизни. В этом, пишет Линклейтер, «можно услышать эхо марксовских требований, целью которых было понять политическую теорию и действия и помочь создать мир, в котором люди смогут сами создавать свою историю в условиях своего собственного выбора» (p. 130).

Такого типа рассуждения неомарксистов напоминают интеллектуальное позерство авторов, совершенно оторванных от жизни.

Неужели не ясно, что, когда Маркс анализировал роль «труда», он решал не задачу встроенности его в «социальную структуру», а механизм эксплуатации рабочего капиталистом. Выдвигать подобные обвинения это все равно что обвинять Маркса в том, что он переоценил роль «труда» в создании симфонии Рахманинова и недооценил значение нот от ми до ля. И Маркс, естественно, не занимался фантазиями про «моральные ожидания» и «права на решения», а учил, через какие механизмы борьбы реализовывать эти «ожидания» и «права».

Хабермас (равно как и некоторые другие социологи) зациклился на термине «коммуникация», думая, что он внес что-то новое в развитие марксизма. Но во времена Маркса не было такого

---

1. *Linklater*. Op. cit., p. 130.

термина в форме понятия. Он пользовался фактически синонимом этого термина — взаимодействие, не усматривая в нем онтологического содержания. Хабермас же превратил слово коммуникация в некий понятийный стержень, вокруг которого накрутил целую теорию.

Линклейтер об этом пишет так:

Реконструирование исторического материализма привело к выдвижению комплекса аргументов об универсальных составляющих коммуникации, и на этой основе Хабермас построил «этический дискурс», или «теорию морали» (ibid.).

Наверное, все эти этические и моральные темы имеют определенную ценность при рассуждениях о высоком предназначении человека и вообще с воспитательной точки зрения. Но Маркс занимался «прозой»: проблемами взаимоотношений между классами, которые прежде всего определялись экономическими и политическими факторами.

И возможно, Линклейтер прав, когда пишет со ссылками на неомарксистов, что марксизм уязвим перед обвинениями в том, что он-де не уделял внимания расовым, этническим, религиозным темам и проблемам неравенства мужчин и женщин. И что писатели феминисты и постмодернисты развивали новые формы Критической теории, которые лишь в малой степени обязаны марксизму, и что многие отвергают идею универсальной эмансипации, поскольку все космополитические проекты содержат новые формы доминирования.

Я написал «возможно», потому что Линклейтер, повторяя обвинения неомарксистов, абсолютно неправ. Названными темами вплотную не занимались ни Маркс, ни Энгельс, хотя, что касается религиозной проблематики, ей они уделяли более чем достаточное внимание[1]. О проблемах женщин в капиталистическом мире писал не только Энгельс в книге «Происхождение семьи, частной собственности и государства», но и другие марксисты — Роза

---

1. *Marx, Engels.* On Religion; Маркс. К критике гегелевской философии права. Введение; *Энгельс.* Бруно Бауэр и первоначальное христианство.

Люксембург, Клара Цеткин, А. Коллонтай. Всеми названными темами занимались и сотни марксистов в мире и в СССР. Другое дело, что хабермасы их не читали.

Совершенно абсурдные обвинения в адрес марксизма приводит Линклейтер со ссылкой на такого странного неомарксиста, как Жак Дерида, семиотика и постконструктивиста.

Линклейтер пишет, что Дерида, защищая «дух марксизма», призывает «ревизовать его идею об "отмирании государства"». Оно [государство] должно быть освобождено от ранних требований о социалистическом интернационале и диктатуре пролетариата.

> «Новый интернационал» должен протестовать против «государства, связанного международным правом, самих понятий государства и нации» и разорвать с унаследованными представлениями об исключительности суверенных государств и национальной концепции гражданства. Дерида представил новые формы политического сообщества, в котором государство больше не обладает «пространством, в котором оно… доминировало бы» и в котором «никогда не доминировало бы без системы выборов» (p. 134).

Совершенно очевидно, что этот Дерида никакого отношения к марксизму не имеет, а если его причисляют к неомарксизму, тогда и этот неомарксизм к марксизму отношения не имеет. Этот тип антигосударственников, скорее, относится к анархистам, главное достоинство которых заключается только в том, что они хотя бы выступают против капитализма.

Подытоживая взгляды неомарксистов, Линклейтер пишет, что «несмотря на свои слабости, марксизм вносит вклад в теорию МО как минимум по четырем пунктам» (p. 135). Первый заключается в том, что исторический материализм с его подчеркиванием производства, отношений собственности и классов есть важный противовес теориям реалистов, которые полагают, что борьба за силу и безопасность определяют структуру мировой политики. В таком утверждении Линклейтера просматривается явная искусственность противопоставления марксизма и политического реализма, поскольку производство и классы никак не связаны со структурой международных отношений. Это разные темы, анализируемые в различных секторах обществоведения. Никакого отношения реалисты не имеют и к двум другим пунктам марксизма, которые в понимании Линклейтера сводятся к тому, что (пункт 2) марксизм концентрировался на капиталистической глобализации и международном неравенстве, а глобальное распространение капитализма (пункт 3) является фоном (основой) для развития современных обществ и организации их международных отношений. Эти темы, скорее, относятся к рассуждениям последователей Валлерстайна, чем реалистов или неореалистов. Но и сами марксисты никогда ее не анализировали в контексте ТМО.

Четвертым пунктом Линклейтер приписывает марксизму такое положение: «объяснение социального мира никогда не является объективным и упрощенным, как может показаться» (ibid.). Маркс наверняка очень удивился бы, если бы узнал, что его анализ политэкономии капитализма был лишен объективности, т.е. научности. В контексте четвертого пункта как положительная черта марксизма оценивается «парадигма производства для анализа классового неравенства», которая была обогащена неомарксистами «эмпирическим анализом доминирующих форм силы и неравенства в ракурсе морального взгляда более справедливого мирового порядка» (р. 136).

Если следовать интерпретации Линклейтером взглядов неомарксистов на марксизм, то напрашиваются такие выводы. Марксизм сконцентрировался на классах, производстве, экономике, игнорируя моральные аспекты человеческого общежития. Вклад же неомарксизма заключался в том, что он привнес мораль и этику в марксизм, так сказать, очеловечив его «экономизм», придав ему благородные гуманистические качества. Правда, у меня возникло ощущение, что такой вклад лишил марксизм научного и революционного содержания, превратив его в приемлемую для толерантного и политкорректного капитализма идеологию антиглобалистов, которые воспринимаются не как борцы против капитализма, а как шумные горлопаны, для которых движение — все, цель — ничто.

Хочу обратить внимание читателя на такую особенность творчества неомарксистов. Когда они критикуют ортодоксальный марксизм, то обычно ссылаются на некоторые работы Маркса (крайне редко Энгельса), но почти никогда — на работы ученых-марксистов из СССР, КНР. Это можно объяснить тем, что они не знают языков названных стран. Но в таком случае надо всегда оговаривать, что, дескать, мы не знаем, как обстоят дела с марксизмом в странах, где марксизм является официальной идеологией, и поэтому касаемся только работ тех авторов, которые проживают на Западе. Я это к тому, что многие упреки в адрес марксизма о том, что он не учел то-то, а то-то вообще не затрагивал в своих исследованиях, пришлось бы снять, поскольку на самом деле нет ни одной обсуждаемой на Западе темы или проблемы, которая не была бы исследована, скажем, в том же Советском Союзе. Более того, многие темы, которые на Западе обсуждаются чуть ли не как «новое слово» в науке, в Советском Союзе были исследованы досконально и даже вошли в школьные учебники. С некоторыми сюжетами такого типа придется столкнуться на страницах этой книги.

И еще. Работы неомарксистов показывают, что подлинных Маркса и Энгельса они не знают. Одно дело, когда их не знают буржуазные социологи, политологи, теоретики. Им достаточно своей идеологии и штампов. Но не знать работ классиков марксизма ученым, которые, развивают, как минимум, «дух марксизма», его антибуржуазность и просоциалистичность, все-таки непростительно. И подтверждают этот мой грустный вывод работы Иммануила Валлерстайна. Но прежде чем перейти к анализу его работ, хочу предоставить слово Энгельсу, который, специально не занимаясь теоретическими изысканиями в области международных отношений, тем не менее делал стопроцентно точные прогнозы. А именно точный прогноз является критерием научности любых теорий.

Прогнозы Фридриха Энгельса — образец научного предвидения

О точных прогнозах Энгельса я упоминал неоднократно. Теперь есть смысл их воспроизвести в «живом материале», тем более что он, очевидно, не знаком критикам марксизма.

Напоминаю. В свое время Энгельс многократно предупреждал своих соратников о неизбежности мировой войны. В такой прогноз не верил ни один политический деятель в Европе не только в 1880-е годы, но и вплоть до начала Первой мировой войны. В отличие от них Энгельс был аналитиком-универсалом, которому не было равных (за исключением, естественно, К. Маркса) на всем протяжении XIX в. Более чем за четверть века до начала войны он 15 декабря 1887 г. писал:

> Германия будет иметь союзников, но она изменит им, и они изменят Германии при первом удобном случае. И, наконец, для Пруссии—Германии невозможна уже теперь никакая иная война, кроме всемирной войны. И это была бы всемирная война невиданного раньше размера, невиданной силы. От восьми до десяти миллионов солдат будут душить друг друга и объедать при этом всю Европу до такой степени дочиста, как никогда еще не объедали тучи саранчи. Опустошение, причиненное Тридцатилетней войной, — сжатое на протяжении трех-четырех лет и распространенное на весь континент, голод, эпидемии, всеобщее одичание как войск, так и народных масс, вызванное острой нуждой, безнадежная путаница нашего искусственного механизма в торговле, промышленности и кредите; все это кончается всеобщим банкротством; крах старых государств и их рутинной государственной мудрости, — крах такой, что короны дюжинами валяются по мостовым и не находится никого, чтобы поднимать эти короны; абсолютная невозможность предусмотреть, как все это кончится и кто выйдет победителем из борьбы; только один результат абсолютно несомненен: всеобщее истощение и создание условий для окончательной победы рабочего класса[1].

---

1. *Энгельс.* Введение к брошюре Боркхейма «На память ура-патриотам 1806–1807 годов», с. 361.

А Бебелю 9 февраля 1893 г. он писал:

> Но грядущую войну, коль скоро она начнется, никоим образом не удастся локализовать, державы — по крайней мере континентальные — будут вовлечены в нее в первые же месяцы, на Балканах война вспыхнет сама собой, и разве только Англия сможет некоторое время сохранить нейтралитет. А твой русский план предлагает как раз локальную войну, я же не считаю ее более возможной при сохранении современных громадных армиях и гибельных последствиях для побежденного (т. 39, с. 23–4).

А перед этим в письме Шарлю Бонье от 24 октября 1892 г. он с уверенностью утверждает:

> Если война разразится, то на долю тех, кто потерпит поражение, выпадет возможность и обязанность совершить революцию — вот и все (т. 38, с. 431).

А вот еще три выдержки о неизбежности революции в России. В письме Полю Лафаргу от 18 декабря 1894 г. Энгельс пишет:

> А затем Россия — это неведомая страна, где определенно лишь одно: нынешний строй не переживет смены царя, а там также наступит кризис (т. 39, с. 291).

Виктору Адлеру от 27 декабря 1894 г.:

> В России начало конца царского всемогущества, так как самодержавие едва ли переживет эту последнюю смену монарха... (т. 39, с. 293).

Эдуарду Вайяну от 5 марта 1895 г.:

> А в России маленький Николай поработал на нас, сделав революцию неизбежной (т. 39, с. 349).

Могут ли критики марксизма привести в качестве примера хотя бы один прогноз подобного качества у их любимых идеологов и политологов или экономистов того времени?

4. Антикоммунизм и антисоветизм

Антисоветизм и антикоммунизм важная составляющая всех школ и теорий МО, особенно в США. Это обычно замалчивают или по крайней мере не афишируют. При этом прослеживается такая закономерность: как только международники или теоретики МО затрагивают проблему коммунизма или Советского Союза, они тут же теряют свои научные качества, переходя из разряда ученых в разряд идеологов. Поскольку антисоветизм или антикоммунизм — это не наука, а чистейшей воды буржуазная идеология, направленная против идеологии коммунизма и социализма. Причем все идеологи антикоммунизма, ослепленные ненавистью к социализму, зачастую теряют здравый рассудок, становясь похожими на людей с серьезными психическими расстройствами. Проявляется это в том, что они лишаются способности объективно оценивать события и явления, а для своих аргументов начинают прибегать к домыслам, лжи, фальсификациям. При этом чуть ли не все они, за редким исключением, не знают ни марксизма, ни ленинизма, ни реальную практику Советского Союза. Оценки СССР, социализма и коммунизма построены без учета исторического времени, пространства, особенностей истории и культуры страны. В большей степени такого типа методы и ослепленность характерны для журналистов, международников, в меньшей — для теоретиков МО, хотя последние тоже не избежали различного рода недопониманий идеологии коммунизма и социализма.

Коллапс «коммунизма»

Один из главных пропагандистских приемов антикоммунистической идеологии — называть социализм коммунизмом. Так, автор университетского учебника по международным отношениям Вильям Нестер результаты окончания холодной войны для студентов подает таким образом: «Коммунистические и другие авторитарные режимы были свергнуты по всему земному шару»[1]. Правда, через несколько страниц, вспомнив, что это не совсем так, дописал, что «от коммунизма отреклись почти везде, за исключением Китая, Кубы, Вьетнама и Северной Кореи» (p. 8).

В таком ключе пишут почти все международники. Даже крупный ученый, известный своими левыми взглядами, англичанин Фрэд Халидэй, не удержался от такого резюме:

> Вторым измерением окончания холодной войны стал конец коммунизма как политической силы. Как уже отмечалось, это явление пока ограничено пределами Европы, но тенденция внутри Китая, по-видимому, указывает на движение в сторону капитализма, если не либерализма, а оставшиеся коммунистические государства (Куба, Вьетнам, Северная Корея) не способны создать международную альтернативу капитализму[2].

Еще большее удивление в плане непонимания коммунизма и социализма вызывает профессиональный русолог Арчи Браун, написавший фундаментальную книгу «Взлет и падение коммунизма»[3]: Он умудрился назвать коммунистическими даже те африканские государства, которых когда-то поддерживал Советский Союз.
Следует сразу же отметить, что в западной советологии термин коммунизм в отношении соцстран утвердился задолго до оконча-

---

1. *Nester.* International relations: politics and economics in the 21st century, p. xiv.

2. См.: *Booth, Smith* (eds). International Relations Theory Today, p. 42.

3. *Brown.* The Rise and Fall of Communism.

ния холодной войны. Естественно, все советологи прекрасно знали, что никакого коммунизма ни в одной из стран социализма не было и нет. Коммунизм, как известно, является стратегической целью, которая должна быть достигнута в будущем. Другое дело, что это «будущее» в зависимости от конкретного исторического времени и страны по-разному интерпретировалось идеологами коммунизма. Одним казалось, что коммунизм наступит в ближайшем будущем, другим — через какое-то определенное время, третьим — в отдаленном будущем. Но ни одна правящая партия не утверждала, что в той или иной стране построен коммунизм. Все они говорили о социализме или о начальной стадии социализма. И в этой связи российский теоретик-международник Н.А. Косолапов совершенно справедливо утверждал :

> Напомним, что ни в бывшем СССР, ни в нынешнем Китае никогда не пытались выдать фактически построенное общество за коммунизм. Напротив, постоянно подчеркивалось, что общество живет еще при социализме… который есть лишь самое раннее, первое приближение к коммунизму. Со стороны США в данном вопросе налицо явное и бесспорное пропагандистское и, что гораздо важнее, сущностное передергивание фактов, что свидетельствует о неуверенности в полноте победы, о стремлении выдать желаемое за действительное. Либерализм торжествует натужно и преждевременно[1].

Действительно, всем советологам было удобнее навешивать социализму ярлык именно коммунизма, поскольку коммунизм предполагал бесклассовое общество и благосостояние всех граждан, опираясь на принцип: от каждого по способностям, каждому по потребностям. Реальность же была такова, что в так называемых коммунистических странах классы сохранялись и никакого изобилия не наблюдалось. Для буржуазной пропаганды эта реальность была очень выгодна. Дескать, что же это за коммунизм, если классы сохраняются, а вместо благосостояния нищета или удовлетворение только минимальных потребностей. Кремленологи сознательно игнорировали тот факт, что страны, вступившие на путь социализма,

---

1. *Косолапов*. Идеология и международные отношения на рубеже тысячелетий, с. 226.

начинали с очень низких уровней экономики, и часто после войн, которые некоторым из них приходилось вести в ходе первого социалистического этапа строительства из-за агрессий капиталистических стран. Естественно, как в случае с Советским Союзом, так и в случае с Китаем советологи игнорировали теоретические положения компартий этих стран о том, что путь к коммунизму лежит через ряд стадий, или этапов социализма, которые могут длиться десятилетиями. Достаточно вспомнить концепцию Дэн Сяопина о «социализме с китайской спецификой», в которой расписаны этапы социалистического развития Китая с 1980 по 2050 г.

Другими словами, для идеологов антикоммунизма было очень удобно объявлять о крахе «коммунизма», которого на самом деле нигде не было. Особенно абсурдно звучит привязка коммунизма к Северной Корее (а ранее к Кампучии), где не пахнет не только коммунизмом, но и социализмом. Это типичное общество феодального типа в азиатском исполнении.

Если исходить из логики советологов, можно точно так же говорить о капитализме во многих странах Азии и Африки, уровень жизни которых ниже даже по сравнению с уровнем жизни в Северной Корее. И точно так же утверждать на этой основе о «коллапсе капитализма». Но для идеологов капитализма, понятно, такой вариант неприемлем, поскольку это нарушило бы одно из правил буржуазной идеологии — правило двойного стандарта.

Возвращаясь к Халидэю. Он, говоря о движении Китая к капитализму, не понимает, что на начальных стадиях социализма в определенных условиях допустима частная собственность, которая, однако, контролируется правящей партией. В СССР она широко допускалась в период НЭПа, инициированного Лениным, ныне — в Китае и во Вьетнаме. И ничего в этом особенного нет, если знать теорию и практику социализма. Естественно, ни один антикоммунист их не знает, и поэтому тема «скатывания Китая к капитализму» продолжает занимать большое место в концепциях «краха коммунизма».

Халидэй ошибается и говоря о «конце коммунизма как политической силы». С таким выводом согласны все антикоммунисты, даже не задумываясь над тем, что политической силой, ведущей страну в будущее коммунизма, к примеру, в Китае является КПК, в которую входит более 80 млн коммунистов. А это почти на 20 млн больше, чем все население Великобритании. Если же понимать коммунизм как антикапитализм (а это главное ядро идеологии коммунизма), то таких политических сил наберется значительно больше, поскольку даже в развитых странах капитализма существуют немалые слои населения, особенно среди молодежи, выступающие против капитализма на базе именно социалистических идей. Это одна сторона антикоммунизма. Другая сторона — ложь о достижениях социализма.

Нестер в упомянутом учебнике так просвещает студентов:

Холодная война закончилась частично в результате политики сдерживания Советского Союза со стороны США в течение четырех десятилетий и частично из-за неспособности коммунизма удовлетворить даже наиболее базовые экономические, не говоря уже о политических, нужды людей, находящихся в его тисках[1].

Ему явно невдомек, как удовлетворялись «базовые экономические нужды» россиян в царские времена. Если их суммировать, то их можно свести к главному индикатору развития любой страны — средней продолжительности жизни (СПЖ) населения, которая к 1917 г. в России была равна 31 году. При «тиране» Сталине эта цифра удвоилась, а в 1960–1970-е годы в СССР она почти сравнялась с показателем средней продолжительности жизни в развитых кап-странах. Причем этот процесс происходил в условиях жесточайшего давления со стороны Запада и Востока на Советский Союз. Но советологов такие факты и цифры не интересуют, поскольку они не ложатся в их антикоммунистические концепции.

Незнание истории России Нестер демонстрирует и по такому вопросу. Он пишет: «Советский Союз был просто другим названием для Российской империи; 14 нерусских советских "республик"

---

1. *Nester*, p. 8.

были фактически московскими колониями» (p. 75).

Может ли американский профессор привести хотя бы один пример из истории США или Англии, чтобы они развивали свои колонии за счет метрополии? И знает ли кто-нибудь из американских историков и международников, сколько городов и предприятий в так называемых колониях СССР было построено руками и на деньги русских людей? И могут ли они привести хоть один пример, когда представители колоний заседали в парламенте или в органах государственной власти метрополии? Вопросы, конечно, риторические, поскольку опять же здесь воспроизводится идеологический штамп, в какой-то степени питаемый практикой собственных стран, которые нещадно эксплуатировали свои колонии.

Оставим в покое Нестера. Перейдем к другим «знатокам» коммунизма и Советского Союза. Например, к профессиональному теоретику Джозефу Наю-мл. В его работах немало рассуждений об СССР, но приведу всего лишь два примера. Как известно, Най придумал ряд завлекательных концепций, в том числе так называемую концепцию «мягкой силы», о чем будет сказано отдельно. Так вот, Най пишет, что Гитлер, Сталин и Мао обладали этой самой «мягкой силой (soft power), но она была предназначена "не для хороших целей"»[1]. Однако профессор Най неправ.

Разве Гитлер, который активно боролся против Советского Союза и вообще коммунизма, отличается от таких же борцов-антикоммунистов и антисоветчиков всего мира? Чем он отличается от Черчилля, который всю жизнь посвятил борьбе против коммунизма, а своей Фултонской речью фактически положил начало холодной войне? Никакой принципиальной разницы нет. С точки зрения антикоммунизма и антисоветизма самого Ная Гитлер как раз преследовал «хорошие цели». Другое дело, что он ошибся в методах, не рассчитал силы. А так он из той же когорты антикоммунистов, к которым принадлежат Черчилль, Гарри Трумэн, Конрад Аденауэр и другие борцы антикоммунистического фронта.

---

1. *Nye*. The future of power, p. 81.

Возможно, говоря о том, что у Сталина была «нехорошая цель», Най имел в виду, что под руководством советского лидера этот самый Гитлер и весь германский фашизм были уничтожены. С точки зрения Ная — это нехорошо, но с точки зрения советского народа и, предполагаю, других народов Европы это было неплохо.

Мао Цзэдун, видимо, тоже был плох из-за того, что возглавил борьбу против японского милитаризма, а заодно борьбу за освобождение от колониальной зависимости от стран Запада, что ему не могут простить до сих пор идеологи антикоммунизма. Их как раз меньше всего волнуют просчеты Мао во внутренней политике. Наоборот, именно эти просчеты используются ими в качестве доказательств против «коммунизма».

Не гнушается Дж. Най и обыкновенной лжи. Пишет: «Когда Чехословакия сдалась Германии и советские войска вошли в Прагу в 1938 г. и вновь в 1968 г., это было не потому, что эта страна хотела этого» (p. 11–12). Во-первых, Най «забыл» сообщить, что «Чехословакия сдалась Германии» в результате Мюнхенского сговора Германии, Англии и Франции. Во-вторых, Советский Союз никак не мог войти в Чехословакию в 1938 г., поскольку указанный сговор осуществлялся фактически за спиной Советского Союза. Наконец, в-третьих, в 1968 г. в Чехословакию вошли не «советские войска», а войска стран Варшавского договора. Иначе, если следовать данной логике, мы обязаны говорить, что вместо стран НАТО, скажем, в Афганистан вошли американские войска.

Понятно, что все эти «мелочи» не волнуют теоретика. Поскольку общая теория антисоветизма требует не фактов, а идеологии.

В связи с антикоммунистической линией западных международников нельзя не упомянуть тему «сталинского террора».

Легенда о «массовом терроре»

Конечно же, больше всего лжи накручено вокруг темы «массового террора» в СССР, ГУЛАГа и в целом диктаторского режима Сталина. Но здесь сразу же следуют оговориться. Серьезные ученые, включая теоретиков-классиков ТМО буржуазного крыла (Моргентау, Уолц и др.), хотя и были политическими и идеологическими противниками Советского Союза и идеологии коммунизма, все же предпочитали не участвовать в вакханалии «изобличений» сталинского режима. В этот процесс главным образом втянулись журналисты, которые на этом поприще приобрели не только «славу» в борьбе против коммунизма, но и безбедную жизнь, поскольку тема хорошо оплачивалась в годы холодной войны. Многие забывают, что один из раскрученных разоблачителей сталинского террора, Роберт Конквест, по профессии был журналистом, а не ученым. И его нашумевшая книга «Великий террор» была построена сплошь на лживых данных, почерпнутых из антикоммунистических газет и журналов, а также утверждений свидетелей криминального происхождения. Блестящее опровержение всех домыслов данной книги было сделано Людо Мартенсом в книге «Другой взгляд на Сталина»[1]. Естественно, популярности эта книга на Западе получить не могла.

Я не собираюсь разоблачать ложь и фальсификации на тему «красного террора», поскольку она не имеет прямого отношения к проблематике данной работы[2]. Хочу только обратить внимание читателей на то, что авторы разоблачительных книг о сталинском терроре обычно черпают свою информацию из рук реальных

---

1. *Martens*. Another view of Stalin. В России эта книга была издана в 2010 г. под названием «Запрещенный Сталин».

2. Частично это мной сделано в ряде статей и в параграфе о Сталине в книге «Россия в стратегическом капкане».

или мнимых жертв этого террора, а также диссидентов, ненавидевших Советский Союз. Например, того же Солженицына, неистового противника СССР и социализма. Они сознательно избегают работ, где эта тема изображается объективно, на основе архивных материалов и подлинных документов. И это опять же естественно, поскольку все их цифры о жертвах миллионов сократятся на порядки и окажутся в пределах тех цифр, в которые входят жертвы развитых капстран. Бросается в глаза, что во всех этих антикоммунистических книгах не упоминаются современные российские ученые, пытающиеся объективно оценить место и роль Сталина в советской истории. Например, нигде нет упоминаний имени В.Н. Земскова[1], Н.И. Капченко[2], Р.И. Косолапова, В. Соймы[3]. Это опять же никого не должно удивлять. И дело не только в идеологической позиции авторов антикоммунистических книг. Это уже своего рода психическая болезнь, напоминающая некоторые формы параноидальной шизофрении. Рассказывают историю, будто бы министр обороны США Джеймс В. Форрестол выпрыгнул из окна со словами «русские идут». Не важно, действительно ли он покончил жизнь из-за русских танков или по другим причинам, важно то, что оголтелые сторонники антисоветизма, антикоммунизма и антисталинизма загоняют себя в железные оковы плоскостного мышления, провоцирующего паранойю. Но с этим уже ничего не поделаешь. Как постоянно говорит мне одна антикоммунистка, «мне так удобнее жить».

---

1. Работы В.Н. Земскова написаны на базе архивных материалов. Справедливости ради следует сказать, что на его статистику сослалась Анна Апльбаум в своей журналистской монографии про ГУЛАГ. См.: *Applebaum*. GULAG. A History of the Soviet Camps.

2. Не могу не выделить среди них фундаментальный труд в трех томах Н. И. Капченко: *Капченко*. Политическая биография Сталина.

3. Книга Соймы «Запрещенный Сталин» базируется на ранее не опубликованных документах, сознательно скрывавшихся в периоды Хрущева и Брежнева.

Причины распада СССР в глазах объективных ученых Запада

Почти все теоретики МО признали свой провал в оценках будущего СССР и в целом соцлагеря. Никто из них не мог представить быстрого и неожиданного разрушения соцсистемы. Как пишет Кэн Бут, все специалисты по международным отношениям были крайне удивлены «революциями 1989 г. в Восточной Европе, как и последовавшим вскоре распадом сверхдержавы»[1]. Хотя, казалось бы, это было бы легко предвидеть, если бы ситуация была действительной такой, как описывают ее международники типа Нестера и ему подобные, т.е. экономическое положение ужасное, все чуть ли не помирают с голода, тоталитаризм душит население и т.д. Проблема как раз заключалась в том, что все было наоборот.

Вот некоторые объективные оценки. Халидэй пишет:

Конечно, система демонстрировала себя не так хорошо, как западная, но по своим собственным стандартам, а также если сравнивать [уровни жизни] поколений, она тем не менее достигла многого, повысив жизненный уровень в СССР вдвое в течение жизни одного поколения (Op. cit., p. 47).

Отвергает Халидэй и объяснения, связанные с якобы происходившим «сопротивлением» низов или с гонкой вооружений, поглощавшей немалое количество ресурсов. Поэтому, естественно, возникает основной вопрос, на который нужно ответить: «Почему руководство СССР утратило источники своей власти и предприняло попытку реформ, перестройку, которая по своей природе была обречена на провал» (ibid.).

Значительно позже, в 2011 г., специалист по России Леон Арон в своей статье с многозначительным названием «Все, что вы, как

---

1. *Booth, Smith* (eds). International Relations Theory Today, p. 329.

вам кажется, знаете о падении Советского Союза, неверно»[1] приводит высказывания «классиков» антисоветизма и действительно крупных специалистов по СССР. В частности, один из крупнейших советологов Адам Улам говорил: «Мы склонны забывать, что в 1985 году правительство ни одного из крупных государств не выглядело столь прочно стоящим у власти, со столь ясно определенным политическим курсом, как правительство СССР» (ibid.). В том же ключе оценивали ситуацию такие асы советологии, как Джордж Кеннан, Ричард Пайпс, Андерс Ослунд и др. Сам Арон делает такое резюме: «Другими словами, это был Советский Союз на пике своего глобального могущества и влияния — как в его собственных глазах, так и в глазах всего остального мира» (ibid.).

В данной части у меня нет намерений анализировать причины распада СССР и соцлагеря. Это будет сделано в другом месте. Здесь важно было подчеркнуть, что даже профессиональные советологи не смогли предсказать распад Советского Союза, что означает простую вещь: ни Советский Союз как государство, ни социализм/коммунизм как идеология не были познаны западной наукой. Их представления о социализме носили ложный характер, но именно на них зиждилась антикоммунистическая идеология, столь широко распространяемая журналистами и международниками класса Вильяма Нестера.

* * *

Антикоммунизм и антисоветизм — обширная тема как в социологии, так и в теориях МО. На эту тему написано множество работ и антикоммунистами, и приверженцами идеологии коммунизма, в основном в советские времена.

Здесь хочу только в тезисной форме выделить следующее.

Первое. Даже симпатизирующие коммунистической идеологии ученые не устают повторять, что коммунизм — это утопия. В

---

1. *Aron.* Everything You Think You Know About the Collapse of the Soviet Union Is Wrong.

этой связи прошу принять во внимание то, что общинный строй, или так называемый первобытный «коммунизм» в его зародышевой форме, существовал на земле 70-80 тыс. лет. Эксплуататорские формы общества — всего несколько тысячелетий. Марксизм исходит из того, что коммунизм в своей высшей стадии исторически неизбежен. Когда человечество подойдет к этой фазе своего развития, ныне гадать бессмысленно. Но если он этой фазы не достигнет, то это будет означать одно: человечество исчезнет с лица Земли.

Второе. Антикоммунизм есть синоним фашизма. У них одна и та же цель: уничтожение всех носителей коммунистической идеологии и даже сторонников социализма, как предтечи коммунистического общества. Гитлер и Сталин — это антагонисты, а Гитлер и Черчилль, а также Трумэн, Аденауэр, братья Даллесы и другие аналогичные фигуры — соратники в борьбе против коммунизма. Их целью было уничтожение Советского Союза.

Третье. Сваливать в одну кучу различные периоды социализма под его начальный, авторитарный вариант — сталинизм, это все равно что сводить различные формы капитализма к фашизму в той же Германии, Испании или Португалии. Или все периоды истории Японии подвязать под 1930-е годы, когда в стране господствовала военщина.

Четвертое. Именовать коммунистическими такие страны, как Северная Корея или Кампучия периода «красных кхмеров» (а Арчи Браун умудряется называть режим маоистов в Непале тоже коммунистическим), значит провоцировать левое крыло ученых подгонять отсталые страны Африки, Азии и Латинской Америки под развитый капитализм.

Пятое. Антисоветизм и антикоммунизм — это не наука, это идеология защиты от идеологии, идущей на смену. В этой связи любой ученый может возразить, что антикапитализм тоже не наука, поскольку базируется на идеологии противников капитализма. Это кардинально не так. Достаточно сравнить любые книги, написанные на Западе об СССР и в Советском Союзе о Западе, чтобы понять разницу. Советские ученые, критикуя Запад, не доходили до фальсификаций, как, например, упомянутая фальсификация Дж. Ная в связи с вводом войск СССР в Чехословакию в 1938 г., не писали, что войну на Тихом океане против Японии выиграл СССР, не упоминая при этом США. Правдиво описывалась и внутренняя жизнь западных стран. В книгах же западных антисоветчиков просто нельзя узнать Советский Союз: факты или фальсифицированы, или искажены. Неслучайно после саморазрушения Советского Союза даже сторонники капитализма в России вынуждены были признать, что все, что писалось в Советском Союзе о Западе, о капитализме, оказалось правдой. Другое дело, что работы, описывающие ситуацию в самом СССР, носили строго контролируемый характер, идеологически выдержанный в духе очередного съезда партии. В объяснении данного явления находится одна из причин развала Советского Союза — тема, которой будет посвящен специальный раздел в последующем.

Хочу подчеркнуть: с точки зрения ТМО в мировых отношениях идеология является не менее важным фактором, чем факторы военной безопасности и экономических интересов. Необходимо помнить, что США неслучайно в любых внешнеполитических доктринах не забывают среди первых стратегических целей упомянуть борьбу за демократию во всем мире. Демократия — это идеология, которая нередко становится более мощным оружием в разрушении противников, чем весь ядерный арсенал США.

Глава 3

Имммануил Валлерстайн и мир-системная теория

Вступление

Идеи и теории Валлерстайна редко разбирались в контексте школ ТМО, поскольку считается, что его воззрения имеют более широкий охват, формируя целое направление в социологии. Уже лет десять, как социологи начали вторгаться в область МО, укоряя специалистов по ТМО в недооценке социологии для понимания событий, происходящих на мировой арене. В результате имя Валлерстайна стало чаще упоминаться в работах по ТМО, правда, не столько американских авторов, сколько зарубежных, в частности англичан и русских. Последние, например, пишут: «...в России пользуется растущим признанием мир-системный подход, связанный с именем американского исследователя Иммануила Валлерстайна»[1]. Валлерстайн даже вошел в учебники по международным отношениям в разделе «неомарксизм»[2].

Еще в 1990-е годы в России А.И. Фурсовым были написаны подробные рецензии на его труды[3], а в начале 2000-х годов издан

---

1. Российская наука международных отношений: новые направления, с. 376.

2. См. : *Лебедева*. Мировая политика, с. 40–41.

3. *Развитие* азиатских обществ XVII– начала XX в.: современные западные теории.

ряд книг Валлерстайна с восторженными отзывами редакторов. В одном из них говорится, что Валлерстайн «безусловно, один из самых известных теоретиков в области общественных наук, светило и мировая знаменитость»[1]. В другом дается высочайшая оценка прогностической теории Валлерстайна, ее прогностическому потенциалу[2].

Это довольно интригующая оценка, которая не может не привлечь внимание любого международника. Безусловно, работы Валлерстайна как уже признанного крупного прогнозиста достойны анализа. Но, помимо этого, он еще считается и неомарксистом. Именно в данной рубрике его идеи анализируются в работах теоретиков МО. В частности, Эндрю Линклейтер в разделе «Марксизм» разбирает значимость Валлерстайна, работы которого являются «как бы вызовом классическому марксизму», поскольку доказывают, вопреки последнему, что капитализм отнюдь не несет индустриальное развитие бедным регионам[3]. Но теория мировой экономики Валлерстайна не направлена против классического марксизма, а как бы наоборот, развивает этот самый марксизм. Впрочем, не все теоретики рассматривают Валлерстайна как представителя неомарксизма. Например, Ричард Литтл, анализируя работы Валлерстайна, не говорит о том, что он марксист или неомарксист, хотя и вынужден отразить его антикапиталистическую позицию[4]. Большинство же исследователей рассматривает его именно в русле неомарксизма. Это дает мне повод для того, чтобы выяснить на примере Валлерстайна, насколько неомарксисты являются марксистами, а также насколько они профессиональные прогнозисты. Именно по этим двум причинам я хочу уделить повышенное внимание идеям Валлерстайна, которые широко распространены не только внутри его школы.

---

1. См.: *Валлерстайн.* Миросистемный анализ: введение, с. 7.

2. См.: *Валлерстайн.* Анализ мировых систем и ситуация в современном мире, с. 10.

3. *Linklater.* Marxism, p. 123.

4. См.: *Little.* International Relations and the Triumph of Capitalism.

Это не значит, что я собираюсь подробно разбирать его идеи. Они достаточно широко представлены в литературе[1]. Более того, идеи Валлерстайна действительно сформировали не только целое направление в социологии, но и довольно влиятельную школу со своим журналом в электронном виде (Journal of World System Research), вокруг которого сгруппировалось довольно обширное научное сообщество, пропагандирующее идеи и теории Валлерстайна. Вот некоторые из имен: Андрэ Гундер Франк, Джовани Ариги, Самир Амин, Уолтер Л. Голдфранк, Джонатан Фридман и др. Прежде всего я хочу затронуть те идеи американского социолога, которые касаются международных отношений. И для начала рассмотрим его прогнозы, поскольку в конечном счете именно они определяют, насколько научна теория того или иного ученого.

Сразу же хочу предупредить читателя. Обычно многие авторы, пишущие об идеях Валлерстайна, пересказывают их содержание, с одной стороны, чтобы избежать большого количества сносок, с другой — чтобы смягчить или, наоборот, обострить ту или иную мысль автора. Я прочитал немало работ такого типа, которые дали мне определенное и весьма положительное представление о мир-системе Валлерстайна. Когда же я прочитал непосредственно его труды, то мое отношение к его теориям кардинально изменилось. Интерпретаторы представили мне искаженный образ. Чтобы избежать этого, мне придется весьма обильно цитировать его работы. Таким образом я сниму с себя упреки в приписывании ему мыслей и идей, которых он не выражал.

---

1. Естественно, наиболее подробно в журнале его последователей, пропагандирующих идеи мир-системы. В частности, Уолтер Голдфранк в обширной статье описывает биографию Валлерстайна и основы теории мир-системы. См.: *Goldfrank*. Paradigm Regained? The Rules of Wallerstein's World-System Method.

Валлерстайн как прогнозист

Тема Советского Союза занимает довольно внушительное место в теориях Валлерстайна, о чем будет сказано подробнее ниже. Здесь же есть смысл обратить внимание на его прогноз относительно СС-СР. Автор предисловия к одной из книг Валлерстайна Г. Дерлугьян приводит такое рассуждение американского ученого:

> Но разговоры про роспуск Советского Союза — фантазии национа-листической интеллигенции плюс торговля местных элит. Лишиться СССР, такой геополитической базы для почетного вхождения в Европу? Провинциализироваться, скатиться на периферию? Нет, не верю, это было бы полным безумием[1].

Такой прогноз был сделан в 1991 г. в дни августовского путча в Москве. Конечно же, в то время мало кто осознавал, что путч приведет к распаду СССР. Не только теоретики-международники Запада, но и российские ученые даже не задумывались о такой возможности[2]. Но ни у кого из них не было такой прогностической базы, какой,

1. См.: *Валлерстайн*. Миросистемный анализ: введение, с. 14.
2. Хотя значительно позже я встречал высказывания некоторых ученых, что, дескать, он/она предвидел/а такой исход. Однако ни один из них не может предъявить письменное свидетельство в печати своего прогноза. Такое свидетельство есть, извините, только у меня, выраженное в статье «Горбачёв-Ельцин», опубликованной во владивостокской газете «Красная звезда» (9 декабря 1990 г., с. 6.). (Московские газеты категорически отказались ее печатать.) В ней было написано: «...переход к рыночной экономике означает формирование саморегулирующейся системы, обходящейся без сильной центральной власти. Эта система зачеркивает "социалистический выбор" со всеми вытекающими отсюда последствиями. Исчезает КПСС как реальная политическая сила, теряют свое значение всякие плановые и контролирующие органы, возрастает реальная самостоятельность республик, вплоть до отделения в самостоятельные государства... Оттяжка с внедрением настоящего рынка будет стимулировать республики к отрыву от Союза. Речь идет уже не только о Прибалтике, но и об Украине, Молдавии».

по мнению многих, обладает теория Валлерстайна. Она, однако, не помогла ученому сделать правильный прогноз. Это было бы извинительным, если бы Валлерстайн ошибся один раз. Причем по такой непредсказуемой стране, как Россия. Но прогнозы в отношении США не лучше.

В статье, опубликованной в феврале 2003 г., Валлерстайн, рассуждая о вероятности США вторгнуться в Ирак, писал, что такое вряд ли может произойти[1]. И это за месяц до вторжения Америки в Ирак! Во многих своих работах он постоянно твердил, что Соединенные Штаты начиная с 1970-х годов начали угасать как «мировая держава», а после 11 сентября 2001 г. этот процесс ускорился. На самом деле именно после 1970-х годов происходило усиление США во всех отношениях. И даже после событий 9/11/2001 лидирующее положение США пока никто не поколебал. А вот аналогичный по качеству прогноз о будущей структуре международных отношений.

Относительно ситуации «на Севере» Валлерстайн прогнозирует:

> Когда начнется следующий длительный подъем мир-экономики, наиболее вероятно, будут существовать два полюса силы: первый полюс — ось Япония–США, к которому можно подключить и Китай, и второй полюс — панъевропейская ось, к которому подключится Россия[2].

Этот прогноз свидетельствует о том, что автор просто не понимает ни характер отношений в треугольнике США–Япония–КНР, ни перспективы России, как и не видит разрушительные процессы внутри Европейского Союза. Дальше — больше. В прогнозе на перспективу Валлерстайн договаривается до следующих умозаключений:

> Мы должны теперь рассмотреть также начинающееся новое соперничество за гегемонию. По мере того как медленно, но заметно разрушаются позиции США, должны начать разминку два следующих

---

1. *Валлерстайн.* Орел пошел на аварийную посадку, с. 11.
2. *Валлерстайн.* После либерализма, с. 227.

претендента. В текущей ситуации ими могут быть лишь Япония и Европейское сообщество. Следуя образцу двух прежних случаев наследования — Великобритания против Франции в борьбе за наследие Голландии и США против Германии за наследие Великобритании, — мы теоретически должны ожидать, не прямо сейчас, но через 50–75 лет, что морская и воздушная держава, Япония, превратит прежнего гегемона, США, в своего младшего партнера и начнет соперничать с державой, базирующейся на суше, — с ЕС. Их борьба должна достичь кульминации в «тридцатилетней (мировой) войне» и предполагаемой победе Японии[1].

Валлерстайн, видимо, предполагает, что «держава, базирующаяся на суше» — ЕС — из нынешнего конгломерата государств превратится в единое государство. Прогноз, безусловно, смелый, но не реализуемый даже исходя из его собственных утверждений о том, что уже где-то через 25 лет должно возникнуть социалистическое сообщество, лишенное атрибутов государственности. (К этому вопросу ниже придется вернуться.) С геостратегической же и геоэкономической точек зрения это — глупость, достойная журналиста провинциальной газеты. Я уже не говорю о возможности превращения США в «младшего партнера» Японии, имея в виду как экономическую «массу» Японии, так и ее стратегическую уязвимость, плюс проблему элементарной выживаемости ее как государства по причинам природных катаклизмов.

Вот еще один пример прогностического потенциала автора. Он пишет:

> Как Россия, так и Китай вряд ли смогут в среднесрочной перспективе достичь уровня ВНП, сравнимого с США/Европейским Союзом/Японией[2].

Это написано в книге, опубликованной в 2001 г. в России. Из такого «прогноза» видно, что Валлерстайн не был знаком с уровнем экономического потенциала России (в 1999 г. Россия находилась на 16-м месте по ВВП). Иначе вряд ли бы он позволил себе такое нелепое

---

1. *Валлерстайн.* Анализ мировых систем и ситуация в современном мире, с. 351.
2. Там же, с. 15.

сравнение. А в отношении Китая автор не учитывал темпы прироста ВВП КНР, которые позволяли другим экспертам прогнозировать сокращение разрыва с США как минимум в два раза и опережение Японии. Что и произошло в 2010 г. Опять осечка.

Такая же осечка с другим прогнозом. Нарисована картина:

> Увидев перед собой этот великий экономический союз (имеется в виду мифический союз США–Япония–Китай. — *А.Б.*), члены ЕС отложат все свои второстепенные раздоры, если еще не сделали этого задолго до того момента. ЕС к тому моменту, очень вероятно, включит в свой состав страны ЕАСТ, но не страны Восточно-Центральной Европы (разве что в виде, может быть, ограниченной зоны свободной торговли, сходной с прогнозируемым отношением Мексики к США в НАФТА)[1].

Конечно, в настоящее время такое предсказание выглядит смешным, но и в начале наступившего века легко просчитывались и неизбежность присоединения стран Восточной Европы к ЕС, и хрупкость самого ЕС, несмотря на введение единой валюты. Другими словами, не было ни одной сферы международных отношений, по которым бы в своих прогнозах Валлерстайн не ошибся.

Принимая во внимание такого типа прогнозы, я мог бы сразу утверждать, даже не вдаваясь в изучение его работ, что теоретические конструкции Валлерстайна абсолютно непригодны для анализа МО. Но мне тут же возразят, что в теориях главное не прогнозы, а «объяснение и понимание» происходящих процессов. Хотя выше я и писал о том, что такая постановка вопроса граничит с глупостью, тем не менее необходимо выяснить, что же объясняет учение Валлерстайна, вокруг которого собралось довольно много весьма уважаемых ученых. Для начала следует пересказать суть мировидения (die Anschauung) Валлерстайна. Поскольку это мировидение изложено детально во множестве

---

1. *Валлерстайн.* Анализ мировых систем и ситуация в современном мире, с. 354.

работ[1], здесь я ограничусь кратким изложением его основных идей, которые в последующем попробую, выражаясь жаргоном К. Поппера, «фальсифицировать» на практическую пригодность. Сразу же хочу предупредить читателя, что поскольку доктрина Валлерстайна складывалась в течение многих лет, ее положения разбросаны в различных книгах и статьях, а не собраны и не систематизированы в одном месте. Поэтому нижеприведённое изложение — это сжатое обобщение идей, опубликованных во многих работах социолога.

Мир-системный подход Валлерстайна

Валлерстайн как ученый, выстраивая новый подход в изучении мировых явлений, вводит либо новые термины, которым пытается придать понятийное содержание, либо переформулирует старые в соответствии со своей новой методологией. В принципе это верно для любого новатора в любой области наук. Рассмотрим ключевые понятия, которые у него становятся инструментами анализа. Вот как он сам определяет базовые термины, представленные в глоссарии одной из его книг.

> Мир-экономика, мир-империя, мир-система. Эти термины взаимосвязаны.
>
> Мир-система — это не мировая система, а система, которая сама есть один из миров и которая может быть, а фактически почти всегда была меньше, чем весь земной шар. Мир-системный анализ доказывает, что единицы социальной реальности, в рамках которой мы действуем, и правила, которые нас сдерживают, большей частью являются такого типа мир-системами (отличными от когда-то существовавших на земле небольших мини-систем).

---

1. Наиболее внятно и структурированно это было сделано в обзорах А.И. Фурсова. См.: *Развитие* азиатских обществ XVII– начала XX в.: современные западные теории.

> Мир-системный анализ различает два варианта мир-систем: мир-э-
> кономика и мир-империя. Мир-империя (например, Римская им-
> перия, китайская династия Хань) — это большая бюрократическая
> структура с единым политическим центром и осевым разделением
> труда, но разными культурами.
>
> В мир-экономике — масштабное осевое разделение труда со мно-
> жествами политических центров и культур[1].

В этих определениях Валлерстайн подчеркивает важность дефиса в употребленных словах на английском языке. Он говорит, что «мировая система» без дефиса означала бы, что в мировой истории существовала бы только одна мир-система, хотя на самом деле их было много. Иначе говоря, мир-система — это не система в мире и не мир в системе, это — единое понятие.

А словосочетание *мировая экономика*, полагает Валлерстайн, служит экономистам для определения торговых отношений между государствами, а не интегрированной системы производства. У него же мир-экономика, так же как и мир-империя, — единое понятие, которое именно в целостности является переменным, не сводимым ни к одному из его элементов.

Далее надо уяснить содержание понятия «мир-экономика», которому американский социолог придает ключевую роль. В теории Валлерстайна мир-экономика вылупилась из европейской экономики еще в XVI в., превратившись в капиталистическую мир-экономику. Она состоит из ядра (core), периферии и полупериферийной зоны.

Эта система капиталистическая, поскольку во главу угла она ставит «бесконечное накопление капитала». Взаимоотношения внутри пространства системы строятся на базе разделения труда: происходит обмен важнейшими товарами, движение труда и капитала. Обмен происходит не на равноправной основе: ядро фактически эксплуатирует периферию (т.е. ядро приобретает прибыль, периферия теряет). Особенность системы заключается в том, что

---

1. См.: *Wallerstein*. World-Systems Analysis. An Introduction, p. 98–9. В данном случае я использовал английское издание книги, поскольку ее русский перевод в некоторых частях не отражает оригинал.

она не связана единой политической структурой. Внутри системы существует множество независимых государств, строящих свои отношения на межгосударственной основе. При всем этом главное в этой системе — рынок. Именно экономика определяет сущность системы.

Для Валлерстайна капитализм — это исторически сложившаяся система, приоритетом которой является бесконечное накопление капитала. Эта система не является более прогрессивной по сравнению с предыдущими историческими системами, которые капитализм разрушил. Это не значит, что история ведет нас по неизбежно нисходящему пути к окончательному разрушению, хотя и такой исход нельзя исключить. Но несмотря на ряд структурных ограничений системы, у нее существует потенциал, который может привести к более справедливому и равноправному миру[1].

В концепции «мир-экономика» Валлерстайна важны два момента. Первый: ядро постоянно грабит периферию, не давая возможности последней развиваться, или индустриализироваться. Второй: внутри ядра постоянно идет борьба за гегемонию. Начиная с XVI в. до мировой революции 1968 г., пишет Валлерстайн, мир-система испытала на себе гегемонию Голландии (1620–1713; пик гегемонии — 1620–1651); Великобритании (1815–1896; пик — 1815–1873); США (1945–1968; пик приходится на эти же годы).

Следует обратить внимание на то, что, несмотря на выделение понятия *гегемония*[2], Валлерстайн тем не менее отвергает понятие *полярные структуры* международных отношений в духе реалистов и неореалистов.

По его мнению, к концу XX в. капиталистическая система, существовавшая на протяжении двух веков, с 1789 по 1989 г., исчерпала все свои возможности развития и наступила эра другой системы, которая должна развиваться на принципах социализма, т.е. подлинной справедливости и равенства. В этой связи он описывает антисистемные силы, которые и должны формировать эту

---

1. См.: *Booth, Smith* (eds). International Relations Theory Today, p. 77.

2. Гегемонии как понятию будет уделено внимание в другом месте.

новую систему, о чем речь впереди.

Здесь сразу же хочу предупредить читателя, что, несмотря на системную терминологию, теория Валлерстайна не имеет отношения к системному подходу. Его подход, точнее методология, называется «идиографическим» (от греческого слова «идио» — особенный, индивидуальный), т.е. относящимся к описанию объекта в его неповторимой уникальности[1]. В этой связи он отмежевывается от «номотетического» подхода позитивистов, которые, по его мнению, тяготеют к познанию объективных, количественных явлений с выходом на выявление общих законов. Ценность его подхода, утверждает Валлерстайн, заключается в «повествовательности» (=наративности). Он пишет:

> … сторонники мир-системного анализа придерживаются той точки зрения, что все формы познавательной деятельности должны обязательно излагаться в повествовательном ключе, другое дело, что одни повествования отражают действительность лучше, другие — хуже[2].

Для научных исследований это действительно необычное утверждение, когда подход, под которым в данном контексте имеется в виду фактически метод, низводится до формы изложения материала, от чего зависит чуть ли не глубина исследования. Но в этой необычности есть определенной резон, вытекающий из представления о науке как процессе «понимания и объяснения», а не поиска истины. Естественно, «понимание и объяснение» удобнее излагать в повествовательном ключе, а не посредством использования научного аппарата с упором на категориально-понятийную четкость. Неслучайно, несмотря на призыв самого Валлерстайна уточнять содержание используемых терминов, его определения последних носят расплывчатый и описательный характер, далеко выходящий за пределы не только гегелевской, но и кантовской логики. С чем нам еще придется столкнуться не раз и не два.

---

1. Не путать со словом *идеографический* (от лат. идео — картина, форма, идея).

2. *Wallerstein.* World-Systems Analysis. An Introduction, p. 21.

Следует признать, что описание Валлерстайном структуры и системы мировых отношений, а также хода исторического развития действительно отличается от подходов основных течений и школ теоретиков МО, точно так же как и от марксистского понимания мировых процессов. Поэтому нет ничего удивительного в том, что его теория, равно как и других адептов мир-системы, подвергается критике со всех сторон.

Наиболее высоко мировидение Валлерстайна было оценено за рубежом, в частности в России. Так, русский ученый А. И. Фурсов, сделавший подробный анализ его работ, полагает, что:

> представители МСА [мир-системного анализа], прежде всего сам Валлерстайн, добились впечатляющих успехов. Будучи эвристически плодотворным, мир-системный подход позволил взглянуть на многие привычные вещи под непривычным углом зрения, а потому прийти к более полному либо к совершенно иному их пониманию. Наибольший успех МСА, на мой взгляд, продемонстрировал в исследовании СМС [современной мир-системы] в целом и ее ядра в частности[1].

Ниже станет ясно, насколько «непривычный угол зрения» помог углубить понимание международных реальностей. Нередко «непривычные углы зрения» только искажают реальность. В какой-то степени и сам Фурсов почувствовал это. Он продолжает:

> Объяснительная сила его, однако, убывает по мере удаления от центра СМС. Чем ближе к периферии или к тем обществам, контакты которых с СМС носят не экономический, а военно-политический и культурный характер, тем сильнее истончается объяснительный потенциал МСА — первая фаза его развития (1976–1990) демонстрирует это довольно хорошо (там же).

Дело в том, что, если теория, претендующая на обобщающий всеохват, искажает какую-то часть реальности, ее «эвристическая плодотворность» становится сомнительной на всех участках исследовательского пространства. Такую теорию не спасают даже некоторые формально верные с научной точки зрения положения и принципы.

---

1. См.: *Развитие* азиатских обществ XVII – начала XX в.: современные западные теории, с. 86.

А теперь проверим «объяснительный потенциал» Валлерстайна на его интерпретациях важнейших событий мировой истории. Начну с его объяснений причин и характера Первой и Второй мировых войн.

Мир-система и мировые войны

В схеме международных событий XIX–XX вв., по Валлерстайну, в зоне ядра после объединения Германии в 1870 г. началась борьба за гегемонию между Германией и США, кульминацией которой были две мировые войны. Совершенно серьезно автор утверждает: «В работах по истории пишут, что Первая мировая война вспыхнула в 1914 году и завершилась в 1918 году, а Вторая мировая война продолжалась с 1939 по 1945 год. Однако разумнее считать их одной непрерывной «тридцатилетней войной» между Соединенными Штатами и Германией с перемириями и локальными конфликтами, происходившими в промежутках между ними»[1]. Эта «глубокая» мысль излагалась Валлерстайном и в других его работах и речах. На одной из конференций в Японии он заявил:

> Именно это нападение (на Перл-Харбор) вовлекло США во Вторую мировую войну в качестве формального участника. Однако на самом деле это не была война в основном между Японией и США. Япония, простите, что я говорю так, была *второразрядным игроком* в этой глобальной драме, и ее нападение было незначительным вмешательством в давно шедшую борьбу. Война была прежде всего войной между Германией и США и, по сути дела, была войной, не прекращавшейся с 1914 г. Это была «тридцатилетняя война» между двумя основными претендентами на наследие Великобритании как державы-гегемона мир-системы. Как мы знаем, США предстояло победить в этой войне, стать гегемоном и с тех пор главенствовать в мире при этом внешнем триумфе идей Просвещения (курсив мой. — *А.Б.*)[2].

---

1. *Валлерстайн*. Орел пошел на аварийную посадку, с. 3–4.

2. *Wallerstein*. After Liberalism, p. 253. Английское издание я использую, когда требуется уточненный перевод русского текста данной книги.

Это действительно «непривычный угол зрения», имея в виду, что и в Первой, и даже во Второй мировой войне США находились на периферии центральных военных баталий. Нелепость подобной интерпретации вытекает хотя бы уже из того, что Германия не рассматривала США (а США — Германию) как стратегического противника, потому что их экономические интересы лежали за пределами их сфер влияния в мире. В Первую мировую войну США вступили в самый последний момент. Япония, нападая на США, полагаю, даже и не подозревала, что вмешивается в американо-германскую войну. Она своим нападением обеспечивала собственные интересы на просторах Восточной Азии и Тихого океана. Как вообще можно притягивать за уши Германию, когда война велась за пределами ее интересов? И как можно «второразрядным игроком» называть Японию, уничтожившую в этой войне больше людей (около 30 млн чел.), чем Германия в Европе?

Причины развязывания Второй мировой войны также не были связаны с противоречиями между США и Германией. В Европе был собственный узел противоречий, завязавшийся после Первой мировой войны между ее участниками, узел, в который вплелся новый фактор — социалистический Советский Союз. При чем здесь США? Надо иметь необузданную фантазию, чтобы объяснять эту войну американо-германскими противоречиями. Другое дело, что США весьма умно и искусно воспользовались этими европейскими противоречиями, вовремя подсоединившись к «застолью».

Но стали ли после этого они гегемоном, как утверждает Валлерстайн? Вот как оценивает этот американский социолог результаты Второй мировой войны:

В 1945 году мир очень сильно изменился, что вызвало серьезные перемены и в общественных науках. Три изменения произошли в это время. Во-первых, бесспорным лидером мир-системы стали Соединенные Штаты Америки, и их университетская система стала доминировать во всем мире. Во-вторых, страны так называемого Третьего мира превратились в средоточие политической нестабильности и геополитического самоутверждения. И в-третьих, благодаря удачному сочетанию экономически растущей мир-экономики и усиливающихся демократических тенденций стала быстро развиваться всемирная университетская система (в смысле количества факультетов, студентов, университетов). Эти три вида изменений в тандеме разрушили стройную систему знания, которую ученые выстраивали на протяжении последних 100, а то и 150 лет[1].

Валлерстайн «не заметил», что после победы над фашистской Германией СССР превратился во вторую сверхдержаву мира, резко ограничив влияние США «во всем мире». А «университетская система США» не была распространена не только в системе социалистических стран, но и в Китае и в других странах Восточной Азии. «Геополитическое самоутверждение» Третьего мира возникло не в результате неоколониальной политики США и других стран Запада, а главным образом вследствие всесторонней помощи, включая военную, оказанной Советским Союзом. Без этой помощи страны Третьего мира продолжали бы свое пассивное служению мировому капиталу. Что же касается «всемирной университетской системы», которая упомянута здесь ни к селу ни к городу, она развивалась без выделенного фактора США. Это объективный процесс, отражающий всеобщее развитие человечества, ускорившееся в XX в. под воздействием прежде всего научно-технической революции, но во многих западных странах, а не только США.

Американский социолог не смог оценить и результаты Первой мировой войны. Победа Антанты над Тройственным союзом кардинально не изменила характер взаимоотношений на мировой арене. Просто один блок империалистов победил другой блок. А вот возникновение впервые в мировой истории совершенно необычного государства — Советского Союза — существенно поменяло правила игры на мировой сцене. Появилось государство, по своей внутренней сути противоположное привычным капиталистическим представлениям. Государство, стоящее на стороне колониальных и полуколониальных стран. Государство, противостоящее всем капиталистическим ценностям. И совершенно естественно, что главной целью всех стран ядра стало уничтожение этого государства. Внутренние противоречия внутри ядра сохранялись,

---

1. *Wallerstein*. World-Systems Analysis. An Introduction, p. 9.

но отошли на второй план. И на протяжении 1918–1941 гг. государства ядра приложили немало усилий, чтобы уничтожить Советское государство. Это и военные интервенции в годы Гражданской войны (1918–1922 гг.), и военные атаки японских милитаристов (у р. Халхин-Гол и оз. Хасан), и всевозможные формы противодействия политического или экономического характера, типа непризнания Советского Союза, и многоходовая игра Франции, Англии и США с целью натравить Германию на СССР.

Любопытно, что сам социолог признает эти очевидные вещи:

> В период 1933–1941 гг. несомненным фактом было, что как Германия, так и западное трио (США, Великобритания, Франция) маневрировали в поисках способов разрушить Советское государство[1].

Редкое признание, крайне неприятное для всех антисоветчиков.

Но если было так, а это действительно так и было, то спрашивается, какое отношение чуть ли не 90% европейской активности против СССР имело к «тридцатилетней войне» между США и Германией? Уверен, что сами немцы и не подозревали, что они воюют с заокеанским соперником. Вряд ли любому человеку, знакомому с историей международных отношений того периода, пришла бы в голову идея о «тридцатилетней войне». Но эта идея легко усваивается в США, тем более среди ученых, плохо знающих мировую историю. Так, уже упоминавшийся Вильям Нестер, автор одного из учебников по международным отношениям, пишет:

> Как и в Первой мировой войне, мобилизация американских громадных экономических и военных сил оказалась решающим фактором во Второй мировой войне. После трех лет разрушительных военных действий альянс во главе с американцами наконец-то сокрушил Германию в мае 1945 г. и Японию в августе 1945 г.[2]

Хотя Нестер и не связывает свой подход с концепцией Валлерстайна, но идея главенства США над союзниками и решающего вкла-

---

1. *Валлерстайн.* Анализ мировых систем и ситуация в современном мире, с. 256.

2. *Nester.* International relations: politics and economics in the 21st century, p. 51.

да вполне соответствует теории двух главных соперников, США и Германии, за мировую гегемонию. В этой маленькой цитате все изложенное есть ложь. В Первую мировую войну три года США придерживались нейтралитета и вступили в нее в последний год войны. Действительно вклад был значительный, но не «решающий», поскольку европейские страны и без США завершили бы войну в свою пользу. И во Второй мировой войне, если иметь в виду европейский театр действий, США, так же как и Англия с Францией, реально вступили в войну за год до ее окончания, в апреле 1944 г. И вместо «трех лет разрушительных действий» США и Англия выжидали исхода реальных военных битв между Германией и СССР. И немецкую военную машину уничтожила именно Советская армия. И когда стало ясно, что СССР сокрушит фашизм и без союзников по альянсу, только тогда англо-американские войска вступили на европейскую территорию. Причем этот альянс США не возглавляли. Формально все члены альянса были равны, фактически же его возглавлял именно Советский Союз как внесший действительно решающий вклад в победу над Германией. Что же касается Японии, в американских учебниках обычно «забывают» упомянуть разгром Советской армией миллионной Квантунской армии Японии, дислоцированной в Маньчжурии. Причем сделано это было за две недели. И японское командование пошло на капитуляцию не после бессмысленных атомных бомбардировок мирных городов Японии, а именно после разгрома Квантунской армии[1].

____

1. Но если американская интерпретация событий, связанных с двумя мировыми войнами, имеет какой-то смысл с точки зрения идеологии суперамериканизма, то подхват идеи противоборства за гегемонию между США и Германией российскими учеными может вызвать только недоумение. Некоторые из них, исходя из конспирологических толкований истории, всерьез пытаются убедить в том, что в результате логики этого противоборства англосаксы сумели не только втянуть СССР в войну с Германией, но и манипулировали советским руководством, включая Сталина и Жукова. Было бы пустой тратой времени развенчивать эту высосанную из пальцев версию. Упоминаю о ней только для того, чтобы показать силу воздействия «непривычного угла зрения» даже на весьма серьезных ученых.

Вынужден констатировать, что теория мир-система Валлерстайна искажает сущность взаимоотношений и стран ядра, и их отношений с «полупериферией», в данном случае СССР.

СССР — часть капиталистической мир-системы?

Относительно СССР и его взаимоотношений с Западом у Валлерстайна существует не менее экзотичная теория. Выше было сказано, что мир-система состоит как бы из двух мини-систем: мир-экономика и мир-империя. Последняя после 1789 г. была подмята первой, как бы растворившись в мир-системе, не оставив даже пространства для мир-политики. Причем, как многократно подчеркивает Валлерстайн, мир-экономика — это капиталистический мир. Внутри этого мира находятся все суверенные государства, независимо от социально-экономической сущности этих государств. Другими словами, и социалистические государства, включая СССР, являются элементами мир-экономики. В этой связи вынужден привести длинную цитату из работы Валлерстайна:

> Мы категорически отвергали широко распространенное как внутри СССР, так и в остальном мире (и среди тех, кто сочувствовал советскому режиму, и среди его яростных противников) представление, что в мире после 1945 г. существовали две «мировые системы», коммунистическая и капиталистическая. Мы настойчиво доказывали, что СССР всегда оставался частью и участником капиталистической мир-экономики и никогда не находился вне ее. Эта точка зрения не пользовалась популярностью ни с той, ни с другой стороны «железного занавеса» и порой даже считалась смешной. Но она позволила нам предсказать, что раньше или позже стоящие у власти коммунистические режимы будут принуждены отказаться от некоторых форм своего «отклоняющегося» поведения и стать более похожими на режимы, существующие повсюду в мир-системе[1].

---

1. *Валлерстайн*. Анализ мировых систем и ситуация в современном мире,
   с. 13–4.

В такой постановке вопроса есть логика, если считать, что все поле мировых отношений пронизывает только капиталистическая экономика без, скажем по-валлерстайновски, мир-политики. Тогда можно смело отбрасывать социалистичность Советского Союза и других стран социалистического экономического содружества (СЭВ) и утверждать, что их отношения с капиталистическим ядром, будь то в сфере экономики или политики, носят капиталистический характер. Другими словами, они отличались от своих «старших братьев» из ядра не по существу, а всего лишь по форме своего «отклоняющегося поведения». И достаточно эту «форму» изменить, чтобы стать как все в мир-системе.

Думаю, что отсутствие популярности у такой теории имеет более чем веские основания. Если бы теория Валлерстайна о схожести социалистических стран с капиталистическими была верна, то было бы просто невозможно объяснить солидарность всех стран ядра в борьбе против социалистического содружества, в борьбе, принимавшей на некоторых участках характер военных столкновений и войн, а нередко и балансирования на грани термоядерной войны, не говоря уже о концентрированных усилиях самих США в борьбе против СССР. Валлерстайн, хотя и в смягченных тонах, говорит об этом сам:

> Более того, существовала и еще одна поддержка извне, о которой мы не должны забывать. Мы все со слишком большой готовностью полагаем, что в политике США по отношению к СССР между дипломатическим признанием при Рузвельте и враждебностью периода «холодной войны» при Трумэне и его преемниках произошел сдвиг. Я не согласен с этим. Мне кажется, что политическая линия США была непрерывной при всех изменениях в риторике. США хотели бы, чтобы сталинский СССР с его мини-империей оставался в основном в границах 1945–1948 гг. (с. 257).

На практике это проявилось в следующих событиях: война на Корейском полуострове в начале 1950-х годов, война во Вьетнаме, Карибский кризис 1962 г., чуть было не приведший к термоядерной войне. Наконец, военно-стратегическое противостояние между двумя блоками, пожиравшее громадную долю финансово-экономических ресурсов и той, и другой стороны. Это противостояние можно объяснить только тем, что социалистический блок по своей сущности был абсолютно противоположным блоку капиталистическому. Противостояние шло не просто между безликими государствами, а противоположными идеологиями, несовместимыми друг с другом. Конечно, когда речь идет о взаимоотношениях между блоками на экономическом поле, учитывая капиталистический характер мировой экономики, страны соцсодружества действительно вынуждены были играть по правилам капитализма. Однако между собой у них был иной характер отношений, вытекавший из их социалистического содержания. В отношении стран Третьего мира соцсистема опять же вела себя кардинально иначе, чем ядро. Трудно представить, чтобы США или другие страны ядра без прибыльной отдачи оказывали экономическую помощь развивающимся странам, в то время как Советский Союз фактически безвозмездно, исходя из тогдашних принципов пролетарского интернационализма, строил промышленные объекты в КНР, в Индии, в Египте и т.д.

В нарисованную Валлерстайном картину мир-экономики не попадали не только Советский Союз и восточноевропейские страны социализма, туда не попадал и Китай. Сторонники мир-экономики могут возразить в том смысле, что-де доля всех этих соцстран в мировой экономике была мизерно мала и поэтому не могла оказывать большого влияния на мировую экономическую ситуацию. Если брать их долю в мировой торговле, то это в какой-то степени верно. Скажем, доля СССР варьировалась вокруг цифры 4% от всей мировой торговли. Но если мы определим долю экономического потенциала стран социализма, то эта цифра хотя и уступает аналогичному удельному весу капиталистического ядра, но не настолько, чтобы быть незаметной (10–12%).

Это экономическая сторона различий. И если по характеру производства экономики двух систем могли еще в какой-то степени совпадать (об этом когда-то писал Джон Гэлбрейт), то в политике их различия были слишком очевидны. Другое дело, что у Валлерстайна в его мир-системе не находится места мир-политике. Он все свел к экономике[1]. Некоторые могут сказать, что в этом и есть суть марксистского подхода. Это не так. Марксизм, придавая громадное значение экономике, прекрасно осознавал ее взаимодействие и с политикой, и с другими явлениями, присущими любому обществу. Главное во взаимоотношениях, скажем, между экономикой и политикой — это их диалектическое взаимодействие и взаимовлияние при сохранении их сущностей. В этой связи А. Фурсов справедливо замечает:

Мир-системники провозгласили целостный подход к обществу. В то же время в центре исследования — всегда экономика… Если главное место занимает анализ экономики, то СМС [современная мир-система] может быть представлена только как сумма различных сфер, включая экономику[2].

Но дело не в «сумме», а в диалектическом взаимодействии. Суммируя идею единой капсистемы, в которую встроены были и социалистические государства, следует признать, что Валлерстайн то ли не понимал разницы между социалистическими и капиталистическими государствами, то ли считал, что Советский Союз и другие страны Варшавского договора не являлись социалистическими. Но как бы ни интерпретировал Валлерстайн сущность этих государств, факты говорят о том, что они в любом случае кардинально отличались от стран ядра, за что и заслужили честь быть на острие их атаки, принимавшей различные формы (экономические санкции, военное давление) на протяжении всего послевоенного периода вплоть до их самоликвидации.

---

1. Любопытно, что другой марксист из СССР, Э.А. Поздняков, умудрился, наоборот, всю экономику свести к политике, о чем будет разговор в соответствующем месте.

2. *Развитие* азиатского обществ XVII–начала XX в.: современные западные теории, с. 88.

О революции, Вудро Вильсоне и Ленине

Валлерстайн поражает одной своей особенностью: то ли в угоду своей системе он не замечает исторических фактов, которые опровергают ее, то ли действительно не знает этих фактов, что и позволило ему выстроить умозрительную систему. Приведу всего лишь два из них, на которых хотел бы остановиться чуть подробнее. Во многих своих работах социолог повторяет, что, дескать, Ленин, совершая революцию в России, был уверен в том, что она спровоцирует революции в Европе. «Мы знаем, — пишет он, — что эти ожидания не оправдались и лет через пять были оставлены»[1]. В другом месте: «Мы знаем, что революция в Германии так и не произошла, и большевикам пришлось думать, что же делать дальше»[2].

«Ожидания» были. Но они строились не на пустом месте. Революция в Германии действительно произошла. Если Валлерстайн не знает, напомню. Революция вспыхнула в начале ноября 1918 г. с восстания матросов в Вильгельмсхафене и Киле. Затем она быстро охватила всю Германию. Кайзер Вильгельм II бежал из страны. 9 ноября 1918 г. в Германии была провозглашена республика. У власти встали лидеры социал-демократической партии Германии (СДПГ). Коммунисты (К. Либкнехт и Р. Люксембург) пытались создать пролетарскую республику. У них это не получилось. Они были убиты. Но в Баварии коммунистам удалось больше. Возникла Баварская Советская Республика (во главе с Эрнстом Толлером). И она продержалась до 11 августа 1919 г.

Приблизительно в это же время произошла социалистическая революция в Венгрии во главе с Бела Куном (Kun Béla), которая провозгласила Венгерскую Социалистическую Республику. Она

---

1. *Валлерстайн.* Анализ мировых систем и ситуация в современном мире, с. 254.

2. *Wallerstein.* After Liberalism, p. 239.

просуществовала недолго: с 21 марта по 6 августа 1919 г.

Есть разница между словами «не произошла» и «произошла, но потерпела поражение»? Да, надежды не оправдались, но они не были беспочвенными. Не замечать этого — значит фальсифицировать историю.

В духе нарисованной для себя схемы Валлерстайн продолжает рассуждать о том, что, не дождавшись германской революции, большевики после Съезда трудящихся Востока, состоявшегося, по мнению Валлерстайна, в Баку в 1921 г., во внутренней политике провозгласили «новую доктрину» о построении социализма в одной стране, а во внешней решили сделать ставку на Восток «под более ярким флагом антиимпериализма», призывая к борьбе за самоопределение наций, провозглашенной Вильсоном[1].

Во-первых, 1-й Съезд народов Востока (так правильно) состоялся 1–8 сентября 1920 г., а не в 1921 г. Во-вторых, как раз на этом съезде представитель большевиков Г.Е. Зиновьев выступил сторонником мировой революции. В-третьих, лозунг «Социализм в одной стране» выдвинул Сталин (под влиянием Бухарина) в 1924 г. (а не в 1921 г., как полагает Валлерстайн). Но эти неточности меркнут на фоне проталкиваемой им идеи, что большевики тезис «право наций на самоопределение» чуть ли не позаимствовали у миротворца Вудро Вильсона. Он это постоянно напоминает, когда говорит о повороте большевиков от мировой революции к поддержке антиимпериалистического движения. Валлерстайн пишет:

Программа, появившаяся в Баку и затем ставшая реальной программой мирового коммунистического движения, была программой антиимпериализма. Но что такое антиимпериализм? Это был перевод вильсоновской программы самоопределения наций на язык большей агрессии и нетерпения… И тогда либералы обратили свое внимание на расширение понятия рационального реформизма до уровня мир-системы в целом. Именно в этом состояло послание Вудро Вильсона с ее упором на «самоопределении наций» — док-

---

1.*Валлерстайн.* Анализ мировых систем и ситуация в современном мире, с. 378, 379.

трина, которая было глобальным эквивалентом всеобщего избирательного права[1].

Напомню, что 8 января 1918 г. Вудро Вильсон, тогдашний президент США, в послании конгрессу выдвинул 14 пунктов мироустройства после войны. В этих 14 пунктах действительно были прописаны идеи, резко контрастировавшие с идеологией правого крыла буржуазии стран Антанты. Тем не менее последние скрепя сердце вынуждены были одобрить эти идеи, впоследствии положенные в основу создания Лиги Наций. Но в пункте 14, в котором Валлерстайн умудрился увидеть «доктрину», — ее нет. Вот этот пункт: «XIV. Путем заключения особых соглашений следует образовать союз государств с целью обеспечения равных взаимных гарантий политической независимости и территориальной целостности как крупным, так и малым странам». Сам Валлерстайн совершенно справедливо указывает на то, что этот «пункт» имел в виду переформатирование тогдашних трех империй: Российской, Австро-Венгерской и Оттоманской (ibid., p. 238).

И при чем здесь «право наций на самоопределение»? Этот лозунг имел совершенно другой контекст, а именно: право выхода наций из, по выражению Ленина, «чуженациональных коллективов»[2]. Большевики и вообще социал-демократическая пресса обсуждали эту тему задолго до «пунктов» Вильсона, особенно в 1913–1914 гг. Достаточно даже бегло просмотреть статьи Ленина в эти годы. И хотя эта тема оставалась актуальной и после революции октября 1917 г., но она обсуждалась абсолютно вне Вильсона, а именно в интерпретации большевиков. Почему Валллерстайн подвязал эту тему к американскому президенту, остается только догадываться.

---

1. *Wallerstein.* After Liberalism, p. 258.
2. *Ленин.* О праве наций на самоопределение, с. 259.

Как США использовали и управляли СССР

Нетривиальный взгляд Валлерстайна обнаруживается и в его «фактах» относительно политики Сталина. По его мнению, оказывается, сталинская политика поддерживалась США, поскольку отвечала их интересам. А интересы заключались в следующем:

> Сталинизм служил для США идеологическим оправданием и цементирующим фактором их гегемонии в мир-системе. Сталинизм оказывал умеряющее, а не радикализирующее влияние на всемирные антисистемные силы. Сталинизм гарантировал порядок в одной трети мира, а СССР после смерти Сталина пошел к упадку. Мы сейчас являемся свидетелями того, какое глубокое беспокойство вызывает в США феномен Горбачева[1].

О «феномене Горбачева» в другом месте. А здесь только один вопрос: если сталинизм был столь выгоден США для оправдания их гегемонии, тогда с какой стати Вашингтон организовывал атаки на сталинский Советский Союз на протяжении всего периода его существования? Тратились миллиарды долларов на политику, пропаганду, военное сдерживание режима, который был так полезен США. Неужели правящие круги США тех времен были настолько безрассудны, чтобы понапрасну расставаться с миллиардами? Думаю, что они были вполне вменяемы и деньги тратили не напрасно. Скорее безрассудной является теория, которая придумывает «нетривиальные объяснения» вполне тривиальным явлениям.

В таком же ключе, судя по всему, следует рассматривать и утверждение о том, что холодная война была основана на договоренности между Вашингтоном и Москвой, причем режиссером этой конструкции были США (по выражению Валлерстайна, «стояли на подаче»), а СССР — исполнителем. Как пишет Валлерстайн, в результате договоренностей между антагонистами «геополитическое

---

1. *Валлерстайн.* Анализ мировых систем и ситуация в современном мире, с. 257–8.

равновесие будет в существенных чертах заморожено, и посколь-ку (несмотря на все публичные заявления о конфликте) это геопо-литическое замораживание никогда всерьез не нарушалось ни од-ним из двух антагонистов, я предпочитаю думать об этом явлении как о хорошо срежиссированном (и потому чрезвычайно ограни-ченном) конфликте»[1].

То есть ученый холодную войну называет «конфликтом», при-чем «чрезвычайно ограниченным». То, что на этот «конфликт» ра-ботало более половины промышленного потенциала СССР и не-малая доля экономики США, видимо, не смущает социолога. И о каком «ненарушении» и «замораживании» идет речь, если сторо-ны только и делали, что нарушали «геополитическое равновесие». Вьетнам, Афганистан, Ангола — это что, «замораживание»?

Валлерстайн сам пишет о двух сверхдержавах. Если это так, то с чего бы это сверхдержава — Советский Союз — начала строить свою внешнюю политику по указке Вашингтона? Обычно так посту-пают или младшие союзники сверхдержав, или слабые противники. Такой взгляд — из серии фантастических басен конспирологов, ко-торые обычно придумывают таинственные центры, управляющие миром. Именно в их духе Валлерстайн умудряется интерпретиро-вать и последующие деяния советского руководства. Читается это как роман политического фантаста. Прошу насладиться:

Строго говоря, «империя» оказалась в той же мере бременем, как и выгодой, но не таким бременем, от которого СССР мог бы легко отречься. После 1968 г. и интервенции в Чехословакию мы стали говорить о доктрине Брежнева, имея в виду неизменность статуса сателлитов. Но не следует ли скорее говорить о доктрине Брежне-ва—Джонсона? Не дал ли Линдон Джонсон необходимых гарантий Брежневу? А если да, то почему? Ответ кажется мне ясным. США хотели, чтобы СССР продолжал нести (и к добру, и к злу) бремя империи, и очевидно не хотели принимать на себя риск беспорядка и экономических издержек помощи успешной десателлитизации. Джонсон отложил неизбежное на 20 лет[2].

1. Там же, с. 355–6.

2. *Валлерстайн*. Анализ мировых систем и ситуация в современном мире, с. 259.

У читателя может сложиться впечатление, что это отрывок из журналистского произведения Валлерстайна, позволяющего ему фантазировать на любые темы. На самом деле подобные суждения вытекают из логики его мир-экономики, которая есть капитализм. И в этих рамках поведение всех акторов происходит по одним и тем же законам, вытекающим из характера капиталистической экономики. США и СССР — были антагонисты не по сущности, а по силе. Первые сильнее, второй слабее. Посему первые и управляли вторым.

В реальности же, если бы хотели дать возможность нести Советскому Союзу «бремя империи», тогда чего ради был поднят всемирный шум и гам в связи с вхождением советских войск в Афганистан? А затем поставки американцами оружия бандформированиям, дислоцированным в Пакистане? И вот же, какой-де глупец Джонсон: не дай он гарантий Брежневу, так СССР развалился бы на 20 лет раньше. После таких мудрствований мне все больше и больше начинают нравиться школы, которые держатся подальше от социологии. Особенно школа политического реализма.

Продолжу, однако, удивлять читателя необычным углом зрения «неомарксиста» Валлерстайна.

Валлерстайн постоянно подчеркивает, что действия СССР на международной арене «с трудом поддаются объяснению в терминах идеологии марксизма-ленинизма, но были вполне объяснимы как политика великой военной державы, действующей в рамках существующей мир-системы»[1].

О марксизме-ленинизме скажу ниже. А здесь еще раз о «контроле» со стороны США. Автор повествует:

После этих четырех поворотов не так много осталось от старого «призрака коммунизма». То, что осталось, было уже совершенно иным. СССР стал фактически второй по значимости военной державой в мире. Он стал достаточно силен, чтобы иметь дело с США, которые были самой сильной державой. США *признали за Россией зону исключительного влияния от Эльбы до Ялу, но не дальше.* Дело в том, что контроль СССР над этой зоной и его

---

1. Там же, с. 379.

право свободно управлять там признавалось США, следящими только за тем, чтобы СССР оставался внутри этой зоны. Такое положение дел получило благословение в Ялте и в сущности соблюдалось западными державами и Советским Союзом вплоть до 1991 г. В этих вопросах Советы выступили как прямой наследник царизма, но сыграли свою геополитическую роль лучше (курсив мой. — *А.Б.*)[1].

Валлерстайн явно не в ладах и с географией. Ялу — это река (по-китайски, Ялуцзян, по-корейски — Амноккан), которая разделяет КНР и КНДР в районе советского Дальнего Востока. «Дальше» — Желтое море. А за ним Япония. СССР для контроля над этой «зоной» не требовалось ни «признание», ни благословение США. Точно так же, как и то, что Советский Союз мог игнорировать «слежение за тем, чтобы СССР оставался внутри этой зоны». СССР без разрешения США вторгался и в Африку, и в Латинскую Америку, и в зону Индийского океана. Валлерстайн, с одной стороны, признает статус сверхдержавы СССР, с другой — по непонятной причине постоянно подчеркивает, что США тем или иным способом контролировали или управляли Советским Союзом.

Столь же предвзято и необъективно Валлерстайн оценивает развитие СССР после Второй мировой войны. Он пишет:

В любом случае, как мы знаем, в 1970-е гг. дела СССР, так же как и стран Восточной и Центральной Европы, в экономическом отношении пошли плохо, а в 1980-х гг. в конце концов наступил коллапс[2].

«Мы» как раз знаем, что именно в эти годы СССР и другие социалистические страны не только опережали капиталистические страны ядра по темпам роста экономики, но и сумели резко сократить разрыв между экономическими потенциалами двух систем. Даже в год прихода к власти Горбачева Советский Союз опережал, скажем, США по темпам роста. Как раз наоборот, именно Запад, прежде всего США, и особенно в 1970-е годы попал в зону экономического кризиса, вызванного «нефтяным шоком» 1973 г., что вынудило

---

1. Там же, с. 380–1.

2. Там же, с. 381.

его отказаться от Бреттон-Вудской системы. Именно таким образом оценивали ситуацию экономисты и футурологи самого Запада. Именно исходя из ситуации в 1970-е годы американский футуролог Г. Кан предполагал, что СССР близок к тому, чтобы догнать США к концу века.

Не могу не привести очередной шедевр аналитика:

Пока Соединенные Штаты занимались своими делами, Советский Союз разрушался. Да, Рональд Рейган окрестил Советский Союз «империей зла» и прибегал к риторической помпезности, призывая разрушить Берлинскую стену, но Соединенные Штаты на самом деле ничего такого в виду не имели и, конечно же, *они не несут ответственность* за крушение Советского Союза (курсив мой. — А.Б.)[1].

Валлерстайн, видимо, ни разу не заглядывал в военный бюджет США периода Рейгана. Он удивился бы, что «риторическая помпезность» американского президента привела к «драматическому» увеличению военных расходов, а также к резкому увеличению военно-материальной помощи бандформированиям в Пакистане, ведущим совместные с афганскими антиправительственными силами бои против войск советского контингента. Конечно, Соединенные Штаты не несут ответственности за крушение СССР. Эта ответственность лежит на советских руководителях того времени, прежде всего Горбачеве с его командой. Но неужели американскому социологу не приходила в голову мысль, что стратегические преступления Горбачева связаны именно со стратегией противоборства с США и их союзниками. Даже не сверхактивная Япония внесла немалый вклад в борьбу против Советского Союза.

«Коллапс» коммунизма и горбачевская политика, хотя и имели косвенное отношение к неблагополучным тенденциям во второй половине 1980-х годов, в большей степени были вызваны причинами геостратегического характера, а также в немалой степени причинами, связанными с личностью самого Горбачева. Валлерстайн прав, когда он характеризует Хрущева и Горбачева. О первом он

---

1. *Валлерстайн.* Орел пошел на аварийную посадку, с. 8.

совершенно справедливо указывает, что «большой ошибкой Хрущева была неосведомленность о том, как на самом деле работает капиталистическая мир-экономика». А о втором: «Главная дилемма Горбачева состоит в том, что у него нет альтернативной идеологии и стратегии, которыми можно было бы заменить скончавшийся марксизм-ленинизм»[1]. Эти деятели действительно не мыслили стратегически и действительно мало знали о мире. Но Валлерстайн неправ, когда пишет, будто бы:

> Мы можем рассматривать перестройку и гласность как конъюнктурный ответ на общую дилемму… Но здесь есть и нечто большее. Под видом возврата к ленинизму это попытка элит перегруппироваться после всемирного провала (марксизма)-ленинизма как идеологии и стратегии (там же, с. 263).

Но ни перестройка, ни гласность отнюдь не являлись ответом на «общую дилемму» хотя бы уже потому, что ее творцы просто не знали об этой дилемме, которая находилась только в голове самого Валлерстайна и его последователей.

Американский социолог восклицает:

> «Призрак коммунизма», который бродил по миру в 1917–1991 гг., стал чудовищной карикатурой призрака, бродившего по Европе с 1848 по 1917 г. Старый призрак излучал оптимизм, справедливость, нравственность — это и были его сильные стороны. Второму призраку были присущи стагнация, предательство и уродливые формы угнетения. Виден ли на горизонте третий призрак? (там же, с. 382).

Неужели по Валлерстайну какой-то «призрак» превратил отсталую царскую Россию во вторую державу мира, а забитый народ стал одним из самых просвещенных народов мира? И не этот ли «призрак» запустил первого человека в космос? И не этот ли «призрак» разгромил германский фашизм и миллионную Квантунскую армию? И не благодаря ли этому «призраку» страны ядра вынуждены были реформировать свои исторически отсталые политические системы, подгоняя их под стандарты социалистического развития? И это несмотря на то, что капиталистическое ядро с само-

---

1. *Валлерстайн.* Анализ мировых систем и ситуация в современном мире, с. 262, 263.

го начала возникновения этого «призрака» львиную долю своих усилий направляло на его уничтожение. Такая оценка этого «призрака» вполне ожидаема от ярых антикоммунистов типа Роберта Конквиста или Зб. Бжезинского, но никак не от человека, который рассматривает себя в качестве представителя левых сил и даже как неомарксиста.

Поведение СССР: мотивы, намерения

Вот как трактует Валлерстайн мотивы и поведение Советского Союза после Второй мировой войны. Он спрашивает и сам отвечает:

> Почему СССР создал свою «империю» после 1945 г.? Давайте внимательно рассмотрим, что он сделал. Не вызывает сомнений, что СССР и *оккупационная* Красная Армия привели к власти коммунистические партии в шести государствах, где иным способом те прийти к власти не смогли бы, будь то путем выборов или в результате вооруженного восстания. Этой шестеркой, конечно, являются Польша, Болгария, Румыния, Венгрия, Чехословакия и Германская Демократическая Республика (там же, с. 258; курсив мой. — *А.Б.*).

Во-первых, аналогичные оккупационные армии США, Великобритании и Франции привели к власти Конрада Аденауэра, представителя буржуазии в послевоенной Германии. То есть эти «оккупационные армии» решали аналогичные задачи в соответствии со своими интересами.

Во-вторых, смогли бы они прийти к власти другими способами или нет, это уже гадание, а не наука. Тем более что в «других способах» просто не было необходимости в силу сложившейся ситуации.

В-третьих, почему СССР создал свою «империю»? Вот ответ. Оказывается:

> Я думаю, что объяснение этих действий очень простое и даже приземленное. Во-первых, СССР боялся возможных военных действий

США и восстановления Германии и хотел укрепить свои военные позиции. На самом деле это было *полностью ошибочным пониманием стратегии США*, но в это верили. Во-вторых, СССР хотел получить военные репарации (и экономически нуждался в них) и чувствовал, что единственным способом гарантированно получить нужное было просто взять его. А в-третьих, СССР на самом деле боялся потенциальной силы (и, следовательно, независимости) местных коммунистических движений и хотел обеспечить, чтобы восточноевропейские партии были бы партиями-сателлитами (там же; курсив мой. — *А.Б.*).

Начну с «во-первых». СССР не «боялся», а резонно предполагал возможность военных действий США, на что намекала не только демонстрация ядерной силы, обрушившейся на мирные японские города Хиросима и Нагасаки, не только попытки Вашингтона договориться с Берлином в заключительной стадии войны, не только Фултонская речь Черчилля, фактически развязавшая холодную войну, но и реальные планы Пентагона, ставшие известными в последующие годы. Как раз СССР «безошибочно» понял стратегию США, что вынуждало Москву поневоле «укреплять свои военные позиции». И было бы крайне безответственно этого не делать, полагаясь на мифическое миролюбие американского империализма. И такие действия нельзя квалифицировать как создание «империи». Это элементарная логика обеспечения национальной безопасности социалистического государства. «Военные же репарации» Советский Союз получил бы при любых вариантах как страна-победительница. Для этого не надо было создавать «империю». Что же касается «потенциальной силы» и «независимости» коммунистического движения, то этой фразой Валлерстайн показывает, что он не понимает отношений, которые строятся на базе коммунистической идеологии: в них нет ни «сателлитов», ни «старших, ни младших», а есть равноправие братских и товарищеских партий. Иначе это были бы партии не коммунистического типа, а буржуазного. В мышление же Валлерстайна такой тип отношений не укладывается, ибо оно типично буржуазное, которое не может допустить даже мысли о возможности равноправного сотрудничества.

Свое незнание американский социолог демонстрирует и в таком умозаключении:

> Напротив, СССР и Красная Армия не участвовали в приходе к власти коммунистических партизанских движений в Югославии, Албании и Китае (там же,).

Валлерстайн не замечает, что этой фразой он как раз и подтверждает, что СССР никому свою «помощь» не навязывал. Там, где коммунисты могли обходиться собственными силами, Советский Союз и не вмешивался в их дела. Наверное, если бы он действительно собирался строить империю, он нашел бы в себе силы вмешаться. Ан нет. Что же касается Китая, то, видимо, Валлерстайн запамятовал, что именно Советский Союз разгромил Квантунскую армию, без чего КПК не смогла бы прийти к власти. То ли американец не знает, то ли сознательно игнорирует и то, что в течение всей войны Москва оказывала всесторонннюю помощь руководству КПК, обосновавшемуся в Яньани, и что она передала оружие японцев армии Мао Цзэдуна, без которого вряд ли китайские коммунисты смогли бы сбросить режим Чан Кайши. И уж совсем неприлично не упомянуть колоссальную военно-экономическую помощь, предоставленную СССР КНР в первое десятилетие ее существования.

На этом месте прерву анализ международных реальностей в интерпретации Валлерстайна и хотел бы обратить внимание на него как на марксиста, за которого его выдают некоторые сторонники его теорий. Название нижеследующего параграфа я решил позаимствовать из одной из его книг.

Маркс, марксизм-ленинизм и социалистические эксперименты в современном мире

Многие исследователи творчества Валлерстайна постоянно подчеркивают, что одним из истоков его теории является марксизм. Действительно, он сам довольно часто обращается к имени Маркса и нередко высоко оценивает наследие великого ученого и революционера. Так, в одной их своих книг он пишет:

> Маркс и его идеи процветают, они стоят на ногах крепче, чем идеи любого другого аналитика XIX в., и обещают оставаться в центре социальной жизни в миросистеме XXI в.[1]

Сказавший такие слова о Марксе не обязательно является марксистом. К примеру, о том же Марксе, который крайне высоко ценил Гегеля, нельзя сказать, что он гегельянец. Поскольку, отдавая должное гегелевской диалектике, он отнюдь не разделял, скажем, политических воззрений гениального философа. Надо иметь в виду, что от марксизма отпочковались различные ответвления, большинство из которых не развивают марксизм, а наоборот, выхолащивают из него тело и душу. Вот некоторые из этих ответвлений: ортодоксальный марксизм, «современный» марксизм, аналитический марксизм, неомарксизм и т.д. Некоторые социологи умудряются раздробить и само учение Маркса: «гуманный» марксизм, научный марксизм, теоретический марксизм, практический марксизм и т.д.[2]. В таком дроблении нет ничего удивительного. Чтобы уничтожить целое, надо раздробить его на части.

---

1. *Валлерстайн.* Анализ мировых систем и ситуация в современном мире, с. 250.

2. См.: *Scruton.* The Palgrave Macmillan Dictionary of Political Thought, p. 424–6.

Чтобы читатель понял, как это делается, приведу цитату из Валлерстайна:

> Умер марксизм как теория современности, как теория, развивавшаяся вместе с теорией современного либерализма, в действительности во многом вдохновлявшаяся ею. Еще не умер марксизм как критика современности и ее исторического проявления — капиталистической мир-экономики. Умер марксизм-ленинизм как реформистская стратегия. Еще не умер антисистемный напор — народный и «марксовский» (Marxian) в своем языковом выражении, — который вдохновляет реальные силы общества[1].

Переводчики этой книги на русский язык заметили необычное слово — Marxian, а не Marxist. И хотя в Интернете до сих пор любознательные читатели пытаются разобраться, в чем разница между этими словами, русские переводчики нашли объяснение у Роджера Скратона в «Словаре политической мысли». Там в сжатой форме дано такое объяснение (даю по русскому переводу).

Два термина (Marxist и Marxian) теперь, в общем, не являются синонимами. Marxian (здесь переданное как «марксовский») означает «относящийся к той или иной теории, излагавшейся Марксом: к примеру, к теории эксплуатации и прибавочной стоимости или к теории исторического материализма». Marxist (традиционно переведенное как «марксистский») означает «относящийся к теории или (что более обычно) практике марксизма: т.е. образующее некоторую часть сложного революционного движения, черпающего свое первоначальное вдохновение из трудов Маркса. Как следствие, замечает Скратон: «Марксовский экономист вполне может не быть экономистом-марксистом — он даже может быть противником всякой революционной деятельности. Кажется, есть даже марксовские консерваторы, так же как есть марксисты, верящие очень немногим теориям Маркса»[2].

Приведенное деление — одна из форм уничтожения марксизма. И Валлерстайн, скорее всего неосознанно, в этом участвует. Уже

---

1. *Wallerstein*. After Liberalism, p. 220.

2. *Валлерстайн*. После либерализма, с. 205 (в сноске). В оригинале см.: *Scruton*. The Palgrave Macmillan Dictionary of Political Thought, p. 425.

его деление на «теоретический марксизм» и «критический марксизм» говорит о том, что он или не понял марксизма, или просто его не знает. Скорее всего, второе. После чтения его работ у меня возникло твердое убеждение, что он не изучал «Капитала». Исхожу не только из содержания его работ, а даже из такой формальности. Он делает ссылку на «Капитал» издания 1859 г., в то время как первый том «Капитала» был опубликован в 1867 г. А в названном им году была опубликована работа «К критике политической экономии». Столь же поверхностно он прочитал некоторые популярные работы Маркса, игнорируя Энгельса. А основными источниками марксизма для него, похоже, были Грамши, Лукач, а также французские переработчики Маркса и другие товарищи из левого лагеря.

Неомарксизм же Валлерстайна проявляется не только в искусственной конструкции его мир-системы, но и в понимании многих важных проблем, на которых строятся научные теории.

Для начала следует обратиться к терминологии мир-системы. Одним из ключевых терминов этой системы является современность — слово, которое русские предпочитают использовать в его англоязовском варианте как «модернити». Эта «модернити», истоком которой для Валлерстайна было «структурное время», придуманное одним из его учителей Фернаном Броделем (или «длительная протяженность» — longue duree), охватывает период от 1789 г. (Французская революция) до 1989 г., когда, считает Валлерстайн, произошло крушение либерализма. И вот как определяет это слово социолог:

> Под современностью мы понимаем восприятие нового как чего-то хорошего и желаемого, потому что мы живем в мире, на каждом уровне нашего существования пронизанном прогрессом. Если говорить конкретно о политической арене, современность означает признание перемен «нормой» в противовес восприятию их чем-то «ненормальным» и преходящим, случайным[1].

Бросается сразу в глаза, что термин *современность* у него никак не определен. Изложено восприятие, т.е. элементарное чувство-

---

1. *Wallerstein.* After Liberalism, p. 233.

вание на уровне здравого рассудка. Но этот же рассудок на политическом уровне не обязательно будет воспринимать современность как необходимость перемен. Наоборот, здравый рассудок, а это обычно рассудок обывателя, противится переменам. В данном контексте слово современность — в лучшем случае термин, указывающий просто на временну́ю протяженность. Он не имеет социального понятийного содержания. Этот термин предполагает обозначение периода уже после 1989 г. как постмодернити и т.д. Специалисты по искусству уже замучились, не зная, как обозначать период после модернити: «поздняя современность», «постсовременность», «текущая современность» (contemporary). В марксистской терминологии период после 1789 г. обозначен как эпоха капитализма, из чего сразу видны его суть и характер. Причем сама эпоха капитализма делится на периоды при сохранении ее главной сути — частной собственности на средства производства и накопления капитала как механизма работы всей системы. Менялись только формы накопления капитала и его реализация в интересах капиталистических собственников. Отсюда довольно четкая классификация периодов капитализма: период первоначального накопления капитала (после Французской буржуазной революции, иногда после Английской буржуазной революции до конца XIX в.), далее — империалистическая стадия со своими специфическими чертами, в том числе в виде неоколониальной внешней политики (до левобуржуазных выступлений 1968 г.), наконец — зрелая стадия капитализма с его социально ориентированной спецификой (государства всеобщего благосостояния) — до крушения социалистической системы в 1989–1991 гг. С этого момента начинается новая стадия капитализма, которая не получила устойчивого названия, если не считать таковым термин «посткапитализм». Капитализм ныне переживает кризис с пока неизвестным результатом. В данном случае не важно, соглашается кто-то с моей периодизацией или нет. Важно, что предложенное деление — не просто какой-то временной интервал, что такая периодизация сразу же дает представление о характере периода или эпохи.

Из этого же ряда. Предшествующие капитализму эпохи почти все буржуазные историки называют Античностью и Средними веками (иногда Темными веками). Такие названия — всего лишь отсылка во времени. Но совершенно по-иному воспринимается марксистская маркировка этих эпох через понятие формация: эпоха рабовладельчества, феодализм. Сразу же становится ясно, в чем главная суть этих формаций — в формах и средствах производства.

Даже такая, казалось бы, нейтральная процедура, как периодизация, дает ответ на вопрос, кто же упрощает мировую историю: буржуазные историки, которые ограничиваются просто «протяженностью времени», или марксистские, показывающие, в какое социально-временное пространство встроена та или иная эпоха? И то, что Валлерстайн выбрал первый вариант, говорит только о том, что к марксизму он не имеет отношения. И создается впечатление, что он сознательно игнорирует марксистскую терминологию, отказывается от марксистского понятийно-категориального аппарата. Вот еще одно обобщающее утверждение Валлерстайна:

> Если у вас сложилось впечатление, что позитивисты номотетического толка признают лишь набор строгих безрадостных ограничений, будьте уверены, ортодоксальные марксисты легко дадут им фору. Ортодоксальный марксизм погряз в постулатах общественной науки XIX в., как, впрочем, и классический либерализм. Постулаты следующие: капитализм является неминуемым этапом после феодализма; фабричная организация производства — основа капиталистического производства; социальные процессы линейны; экономическая база определяет менее существенную политическую и культурную надстройку[1].

При этом Валлерстайн указал на «ортодоксального марксиста» Роберта Бреннера, американского историка и социолога левого направления. Хотя у меня у самого есть немало претензий к «ортодоксальным марксистам», однако приведенные обвинения не имеют научного содержания, поскольку они просто неверны.

---

1. *Wallerstein*. World-Systems Analysis. An Introduction, p. 20.

Во-первых, разве мировая история, а не только история Европы, не подтвердила тезис марксистов о неминуемом переходе феодализма в капитализм? В настоящее время сторонники капитализма не нарадуются на «торжество капитализма во всем мире». Не через «античность» же они проскочили в царство свободы? Причем уже стало заметно, что там, где сохранились дофеодальные отношения в виде племен и т.п., капитализм «не восторжествовал». «Ортодоксальные марксисты» в этом вопросе оказались на сто процентов правы.

Во-вторых, разве не фабричное производство стало основой зарождения и развития капитализма? Именно на базе этого самого производства Маркс раскрыл тайную пружину эксплуатации наемных рабочих капиталистами, «загадку» прибавочной стоимости. Если же говорить о современности, то действительно это фабричное производство перестало быть основным в ядре капстран, но, как утверждает сам Валлерстайн, капгосударства нельзя рассматривать в отрыве от мировой экономики. А в мировой экономике фабричное производство, между прочим, занимает доминирующее положение, о чем писали в журнале «Мир-системный подход» соратники Валлерстайна. В любом случае, по своей значимости оно остается ядром для всех других форм и видов капиталистического производства. Если убрать из мировой экономики сталелитейные, цементные, машиностроительные, алюминиевые и другие аналогичные виды производства в Южной Корее, Индонезии и в других государствах Второго и Третьего миров, любопытно было бы посмотреть, что останется от «софтизированного» остального производства и даже банковской деятельности ядра. Такая ситуация сразу бы уничтожила теорию Валлерстайна о торговле с ее «максимизацией прибыли». Не понимать этого, значит, находиться за пределами даже здравого смысла.

В-третьих, какой марксист говорил или писал, что «социальные процессы линейны»? Во времена Маркса такого термина вообще не существовало. Но Маркс и Энгельс, Ленин и советские марксисты в тысячах работ писали о сложных взаимоотношениях в обществе. Подобные утверждения просто говорят о том, что их авторы элементарно не читали работ классиков марксизма, так же как не читали они и работ советских марксистов. Иначе как можно было написать такое:

> Представление о том, что внутри капитализма единственным фундаментальным конфликтом является конфликт между трудом и капиталом и что все прочие конфликты, в основе которых лежат различия по полу, расе, этнической принадлежности, сексуальной ориентации и т. п., вторичны, производны или атавистичны, более не разделяется большинством[1].

В ответ можно было бы привести тысячи работ марксистов, в которых анализируются «конфликты» на расовой, этнической и половой основе. К сожалению, утверждающие такую нелепицу обычно не знают русского языка. А если не понимать, что эти конфликты «вторичны» относительно фундаментального противоречия между трудом и капиталом, тогда надо доказать, что, скажем, именно различия между мужчиной и женщиной породили все социальные конфликты, включая классовые. Или пересмотреть причинно-следственные связи в обществе. А еще лучше вообще от них отказаться, чтобы «нелинейно» рассуждать о «равноправии» конфликтов любого уровня и любого масштаба, включая конфликты между мужем и женой относительно того, кому сегодня мыть посуду.

В-четвертых, из этой же серии старая ложь о том, что марксизм утверждает приоритет базиса над «менее существенной» политической и культурной надстройкой. Никогда классики марксизма так не выражались. Постоянно писали об их взаимодействии и взаимосвязи. И в том, что, скажем, культуре они уделяли меньше внимания, чем экономике и политике, нет ничего особенного. Они занимались не культурологическими проблемами (хотя иногда писали и об этом). А справедливость их утверждения, что базис первичен, а надстройка вторична (это не означает что последняя менее важна), подтверждает даже простой пример с тем же Валлерстайном. Прежде чем написать свои политические труды, в том числе и вышеприведенное утверждение, поначалу ему надо было

---

1. *Wallerstein*. After Liberalism, p. 215.

воспроизвести свое существование путем поглощения еды и обеспечения крыши над головой. А эта проза относится к экономике, а не к политике или культуре. И только реализовав ее, ученый получил возможность атаковать приведенный постулат марксизма, а это уже политика и идеология. Пример с Валлерстайном работает и в отношении обществ и государств. Эту простую истину могут не понять только те, кто умудряется каким-то образом питаться энергией солнца (оказывается, есть такие) или, как некоторые йоги, обходиться вообще без пищи.

В духе непонимания марксизма Валлерстайн выдал и такую сентенцию:

> События 1989–1991 гг. оказались таким потрясением, особенно для марксистов-ленинцев, именно потому, что эти события *камня на камне не оставили от концепции необратимой исторической трансформации*. Это было больше, чем глубокое разочарование, эти события означали ниспровержение базовых посылок политического действия (ibid., p. 221; курсив мой. — *А.Б.*).

Валлерстайн имеет в виду утверждение марксизма о том, что после капитализма следует социализм, а тот «коллапснулся». Действительно, в 1989–1991 гг. произошла историческая трагедия, реставрация капитализма в восточноевропейских странах и в СССР. Но Валлерстайн должен знать, что и в его любимой Франции после падения Наполеона к власти пришли монархические силы в лице Людовика XVIII, пытавшиеся восстановить феодальные формы правления. Исторически это называется «откат». В Англии такой же процесс наблюдался после революции Кромвеля. Энгельс писал об исторических зигзагах и о том, что история это не прямая дорога в светлое будущее.

Да, поражение социализма в СССР и восточноевропейских странах — это исторический откат от продвижения вперед. Но социализм, хотя и в своей первой стадии, успешно и динамично развивается в Китае. В своеобразной форме он существует и во Вьетнаме. На Кубе, наконец. (Но ни в коем случае не в Северной Корее. Там классическая ранняя форма государственного феодализма.) Следовательно, кое-какие «камни» все-таки от социализма осталесь, включая такой «камешек», как вторая экономическая держава мира — КНР.

Парадокс заключается в том, что приведенное утверждение Валлерстайна противоречит его собственной теории. В ней, как мы убедились, нет никаких формаций, все происходит внутри капиталистической либеральной системы, которая потерпела поражение в 1989 г. То есть после 1989 г., по его мнению, камня на камне не осталось не только от взглядов марксизма, но и от всех идеологий, среди которых, полагает Валлерстайн, главная — либерализм. Марксисты-ленинцы могут утешиться хотя бы этим.

Самое любопытное вытекает из такой фразы американского профессора: «Несмотря на весь отрицательный опыт марксистско-ленинских движений и государств в XX в., эти идеи по-прежнему высвечивают тот политический выбор, который нам надо сделать»[1].

Интересно, что «достижения» могут быть «отрицательными». «Положительных» достижений социолог не заметил. И несмотря на это, идеи марксизма-ленинизма «высвечивают» путь вперед. Действительно трудно понять человека, который раскритиковал социализм со всеми его достижениями. Более того, который не признает социализм как особый этап коммунистической формации и вместе с тем призывает людей вступить на путь социализма. Действительно, оригинальная теория.

Капитализм

Лакмусовой бумажкой для выявления марксиста и отличия его от немарксиста является трактовка понятия *капитализм*. Валлер-

---

1. Ibid., p. 226.

стайн полагает, что этот термин в научном мире непопулярен[1], поскольку ассоциируется с марксизмом, хотя и признает, что это исторически неверно. Возможно, действительно, в какой-то исторический момент термин находился в тени, однако после кризиса 2008 г. два слова — капитализм и марксизм — вновь зазвучали в полную силу даже в таком авторитетном журнале, как сверхлиберальный «Экономист», ни один номер которого не обходится без упоминания этих слов. Но тут важно другое — как американский социолог формулирует термин капитализм, который является ключевым в его теории мир-экономики. Валлерстайн очевидно не согласен со всеми, заявляя:

> У меня свое понимание капитализма: для меня это историческая система, приоритетом которой является бесконечное накопление капитала[2].

Разве это определение капитализма? Это не только не марксистское определение, так плоско не определяют капитализм даже буржуазные ученые, по крайней мере экономисты. В известном учебнике экономики Пола Э. Самуэльсона и Вильяма Д. Нордхауса в двух строчках говорится больше:

> Возможность людей владеть капиталом и получать прибыль от его использования дала капитализму его название[3].

По крайней мере здесь ясно, что капитал нужен не сам по себе, а чтобы получать прибыль. Марксист, естественно, поправил бы: не прибыль, а прибавочную стоимость, в которую как раз и заложен механизм эксплуатации. Более развернуто фиксирует суть капитализма беспристрастный «Словарь бизнес-терминов»:

---

1. Данное утверждение не является обоснованным. Я мог бы привести сотни работ на тему капитализма даже тех авторов, которых нельзя отнести к экономистам левого течения. В частности: *Thurow*. The Future of Capitalism. Если иметь в виду «левых» экономистов, то для примера см.: Kurz. Schwarz Buch Kapitalismus. Ein Abgesang auf die Marktwirtschaft; *De Soto*. The Mystery of Capital; *Anti-Capitalism. A Guide to the Movement*.

2. *Wallerstein*. World-Systems Analysis. An Introduction, p. 92.

3. *Самуэльсон, Нордхаус*. Экономика, с. 97.

> Капитализм есть экономическая система, в которой 1) существует
> частная собственность на имущество, 2) индивидуумы или фирмы
> получают доход от собственности или капитала, которыми они вла-
> деют, 3) индивидуумы или фирмы относительно свободны в конку-
> ренции друг с другом ради собственных экономических прибылей,
> 4) мотив получения прибыли является основой жизни[1].

Понятно, что марксисты упор сделают на способе производства,
основанном на частнокапиталистической собственности на средства производства и эксплуатации наемного труда. И хотя идея
эксплуатации стран периферии у Валлерстайна постоянно присутствует, но она у него связана с несправедливой системой обмена, а не производства. Здесь не место углубляться в понимание
сущности капитализма, имеющего разнообразные исторические и
национальные формы. Просто следует зафиксировать, что термин
капитализм Валлерстайн действительно понимает по-своему, не
так, как даже его коллеги из сферы экономики, не говоря уже о
марксистах.

Вот еще одно спорное утверждение Валлерстайна, на основе
которого строится его теория. Он заявляет:

> В этой книге я доказываю, что МИР-ЭКОНОМИКА обязательно
> должна быть капиталистической и что капитализм может суще-
> ствовать только в рамках мир-экономики. Следовательно, совре-
> менная мир-система есть капиталистическая мир-экономика[2].

Вряд ли это утверждение вызвало бы возражение, если бы социолог имел в виду современную мировую экономику. Однако его
уточнения понятия «мир-экономика» в других работах дают повод
иначе интерпретировать важный постулат. Вот как, например, его
понял российский ученый Б.Ю. Кагарлицкий, редактор издания
одной из книг американского автора. В Предисловии к его книге
он пишет:

> Американский исследователь приходит к выводу, что капитализм
> сначала сложился именно как мировая система и лишь затем по-
> лучил развитие в отдельных странах. Эти мысли сформулированы

---

1. *Friedman*. Dictionary of business terms, p. 76.
2. *Wallerstein*. World-Systems Analysis. An Introduction, p. 92.

в трехтомном историческом исследовании «Современная миросистема», а также в книге «Капиталистическая мироэкономика»[1].

Кагарлицкий верно понял его мысль. И эта мысль экстремально необычна. Понять ее — никакой Гегель не поможет. Это приблизительно так: поначалу сложилась система международных отношений, а уже затем появились государства. Но у Валлерстайна хитрее: сначала сложилась капиталистическая мир-система и лишь затем капитализм возник в отдельных странах. Получается, капитализма еще не было, но капсистема сложилась. Скажем, в XVI в. уже существовала капсистема, а сам капитализм стал развиваться в некоторых странах, например в Нидерландах, Англии, Франции, с конца XVI в. и вовсю в XVII в. Уникально. Явления еще нет, а система, отражающая еще не проявившееся явление, уже есть. Утверждение на зависть библейским сказочникам.

Из такой постановки вопроса действительно непонятно: признает ли Валлерстайн историческую последовательность развития капитализма, поначалу появившегося как очаги в «некоторых странах»? Ведь только после определенного этапа развития эти страны вышли на мировую арену, превратив международные отношения в мировые капиталистические отношения. Создается впечатление, что в его социологической логике явления порождают сущность, а не наоборот. Отсюда — полшага до Самого Всевышнего.

Пафосом всех работ Валлерстайна является утверждение: «Мы живем в капиталистической мир-системе, которая характеризуется глубоким неравенством и угнетением»[2]. И в рамках своей схемы «ядро-периферия» он показывает грабительский характер взаимоотношений стран ядра со странами периферии. Прекрасно!

Но сейчас я даже не касаюсь чисто политэкономической темы, в соответствии с которой, по Валлерстайну, происходит «максимизация прибыли» за счет неэквивалентного обмена на рынке. (У него прибыль проистекает из процесса обмена, он делает упор

---

1. Цит. по: *Валлерстайн.* Анализ мировых систем и ситуация в современном мире, с. 8.

2. *Wallerstein.* After Liberalism, p. 213.

на условия оплаты труда в странах периферии, при этом упуская из виду сложные взаимоотношения между меновой и потребительской стоимостями, стоимостью вообще и прибавочной стоимостью в частности.) В данном случае я хочу поставить вопрос: что прибавляет к пониманию процесса эксплуатации ядром периферии его метод ядро-периферия? Чем этот метод превосходит, скажем, исторический метод анализа в контексте колониальной или неоколониальной политики развитых стран капитализма? Некоторые считают, что подход Валлерстайна давал возможность уйти от «идеологизированности леворадикальных теорий, возможность существенной деидеологизации их».

Действительно, настоящий системный подход деидеологизирован, в нем нет «ни хороших, ни плохих», в нем существуют бездушные структуры и система со своими закономерностями. Но в данном случае как раз налицо идеология и праведный гнев в связи с эксплуатацией «бедных и сирых». Однако предложенный подход не углубляет познание сущностных взаимоотношений центра и колоний или полуколоний. Значительно глубже он объяснен именно марксистскими учеными, которые показывают реальный характер колониальной и неоколониальной политики развитых стран капитализма, их динамику, причины и следствия. Сошлюсь всего на две масштабные работы по этой теме, написанные двумя крупными советскими востоковедами: одна принадлежит академику Н.А. Симония (Страны Востока: пути развития. М.: Наука, 1975), другая — В.Н. Никифорову (Восток и всемирная история. М.: Наука, 1977). Сравнительный анализ этих работ с анализом по схеме «ядро-периферия» однозначно будет не в пользу последнего.

Подход Валлерстайна явно не похож на марксистский еще и потому, что марксизм в колониальной политике стран Запада видел не только негативные качества, не только ограбление стран Востока, но и положительные моменты, которые четко были изложены в статьях Маркса об Индии[1]. Судя по всему, американский социолог этого не усмотрел.

Революция или реформа?

В понятийно-категориальном аппарате марксистов слово *революция* является одним из ключевых наряду со словами *капитализм* и *социализм.* Совершенно иное отношение к этому слову у Валлерстайна. Хотя он и видит будущее в социалистических тонах, но дойти до него он рассчитывает без революций. Речь идет не только о социалистической революции, но и революции вообще. А. Фурсов в одной из его работ нашел сюжет, в котором Валлерстайн отрицает буржуазную революцию, или что «прогрессивная буржуазия свергла феодалов». По мнению Валлерстайна, пишет Фурсов, «переход к капитализму был осуществлен прежними господствующими классами Европы с целью приостановить процесс социально-экономических изменений в пользу крестьянства и избежать "кулацкого" (крестьянского) рая»[2].

Если исходить из этого, следует признать, что взятие Бастилии, массовые выступления в Париже, гильотины, кардинальную смену структуры власти и т.д. осуществили «прежние господствующие классы» или все это является плодом воображения тогдашних писателей. Чтобы спасти мировидение Валлерстайна, Робеспьера, Дантона, Мирабо следует обозначить не революционерами, а радикальными реформаторами. Как раз против такой интерпретации Французской революции в свое время, судя по всему, и выступил Роберт Бреннер, за что и не взлюбил его наш мыслитель.

---

1. Напоминаю о них еще раз: *Маркс.* Британское владычество в Индии; Будущие результаты британского владычества в Индии.

2. См.: *Развитие* азиатских обществ XVII – начала XX в.: современной западной теории, с. 10. При этом А. Фурсов сослался на работу: *Wallerstein.* Economic theory and history, p. 22.

Но дело в том, что Валлерстайн не признает революций не потому, что они ему не нравятся, а потому, что само слово вызывает у него массу вопросов. В книге «После либерализма» он посвятил целую главу разбору этого понятия, которому он не смог дать четкого определения, поскольку оно-де «амбивалентно». Вот как он понимает это слово:

Революция — странное слово. Изначально оно употреблялось в своем этимологическом смысле и означало круговое движение, возвращающееся в исходную точку. И до сих пор оно может употребляться в таком значении. Но вскоре значение слова подверглось расширению, в результате которого оно стало обозначать просто поворот, а затем — переворот. Уже в 1600 г. Оксфордский энциклопедический словарь фиксирует его употребление в смысле свержения правительства подчиненными ему лицами. Но, конечно же, свержение правительства необязательно противоречит понятию возвращения в исходную точку. Уж сколько раз бывало так, что политическое событие, его протагонистами называвшееся «революцией», ими же провозглашалось восстановлением попранных прав и оттого — возвращением к более ранней и лучшей системе.

В марксистской традиции, однако, революция прочно водворилась в линейную теорию прогресса. Виктор Кирнан лучше всех улавливает этот момент, как мне кажется, когда утверждает, что она означает «катастрофический скачок» от одного способа производства к другому. И все же только лишь определить революцию, подобно большинству понятий, недостаточно, надо поставить ее в оппозицию к какой-то альтернативе. И как мы знаем, опять же в марксистской традиции (но не только) альтернативой «революции» является «реформа»[1].

Слово *революция* (так же как и слово *ренессанс*), скорее всего, в словаре ученых-обществоведов и политиков (в астрономии значительно раньше) появилось в начальный период эпохи Просвещения и действительно буквально означало «поворот назад». Но Валлерстайн должен был бы знать, что в то время «поворот назад» означал возврат к античности, которая воспринималась как более прогрессивная эпоха, чем существующая, феодальная. Слово *ренессанс* имеет тот же контекст: дословно «возврат к рождению», т.е. к ан-

---

1. *Wallerstein.* After Liberalism, p. 210.

тичности. Позже (в начале XVII в.) во Франции и частично в Англии это «революционное» движение назад приняло характер спора между модернистами и классиками. Главное в том, что слово *революция* уже в те времена среди немалой части мыслителей имело позитивный оттенок и означало продвижение вперед, а не употреблялось в прежнем, буквальном значении.

Насчет «линейной теории прогресса» марксистов уже было сказано выше. Непосредственно прогрессу будет посвящена специальная глава во второй книге. Британский марксист Виктор Кирнан по сути правильно выразил марксистское содержание этого термина (в английском варианте «cataclysmic leap»), но этого абсолютно недостаточно. Уж для того чтобы разобраться с этим термином по сути, Валлерстайну надо было бы все-таки изучить (а не пролистать) работу Ленина «Государство и революция». Именно в ней дана подлинная марксистская трактовка этого слова.

На самом деле она проста. В марксистском варианте слово революция может употребляться во многих вариациях, на что указывает и сам Валлерстайн. Это и промышленная революция, и научно-техническая, и культурная революция. Нас же интересует политический контекст. С этой точки зрения используются два понятия — *социальная революция* и *политическая революция*. Последнее понятие по своему объему у́же первого, оно означает фактически только смену власти, смену режима, т.е. надстроечной части общественной формации. Скажем, в рамках капиталистической системы Испании и Португалии фашистские режимы были заменены на либеральные, но базовая суть осталась прежней — частная собственность на средства производства. Социальная революция — это смена формации: как верно выразился Кирнан, смена одного способа производства другим. В частности, смена феодализма капитализмом — то, что и сделали Английская, а затем Французская буржуазные революции.

Валлерстайн поднимает вопрос: с какого момента отсчитывать свершение революции? С момента взятия Бастилии, с иронией спрашивает он, или с момента прихода к власти якобинцев? Так же он шутит и в отношении Октябрьской революции, которую, как известно, и сами большевики поначалу называли «переворотом». А раз нельзя четко обозначить время, то какая же это революция? Он почему-то буквально подходит к моменту «взрыва». Переход от одного состояния общества к другому происходит не так, как скачки в природе. Иногда требуется несколько революций, чтобы свершилось главное: смена формации. Для того чтобы Франция вступила в полную силу в свою буржуазную стадию, ей понадобилась не одна, а цепь революций (1789, 1830, 1848 гг., и даже 1871 г. — Парижская коммуна). Октябрьская же революция (как ее ни называй) сменила формацию за весьма короткое историческое время. Буквалистский подход к «моменту», продемонстрированный Валлерстайном, обычно нужен для того, чтобы дискредитировать сам термин *революция*, чтобы показать, будто бы на самом деле нет никакой разницы между революцией и реформой. Из рассуждений о многозначности слова революция никак не рождается целостное содержание этого слова. Так сказать, сдавшись на милость многозначной этимологии, Валлерстайн пишет: «Еще больше можно ломать голову над тем, насколько велико было различие между революционной и реформистской деятельностью»[1]. Для него различий нет. Но поскольку слово революция звучит более торжественно и весомо, чем слово реформа, он часто отдает предпочтение первому слову. И особенно оно нравится ему, когда речь заходит о выступлениях европейских студентов: по его словам, это была «Всемирная революция 1968 г.», которая «повсюду оказала огромное воздействие на силы, осмыслявшие себя как антисистемные» (ibid, p. 214).

Любопытно, что такого названия не удосужились ни Французская революция, ни тем более Октябрьская социалистическая революция. А тут «Всемирная»? Именно от этой «Всемирной» отсчитывает Валлерстайн важный этап исторического развития человечества, о чем было сказано выше. Здесь только отмечу, что она не была замечена ни в Китае, ни в Индии, немного коснулась Японии и была проигнорирована и в СССР (поскольку ее лидеры Анри Лефевр, Даниель Кон-Бендит и Руди Дучке не скупились и на

---

1. Ibid., p. 212.

антисоветские высказывания).

Тем не менее это была действительно политическая революция (студентов позже поддержали рабочие и другие левые силы), которая вынудила правящие круги многих стран Западной Европы перейти к реформам политической надстройки, придавшим этим странам формы социально ориентированных обществ, которые позже получили название «государства всеобщего благосостояния». При всем этом, хотя зажигательным факелом были студенты, на реформы правящие круги пошли только при выступлении рабочего класса. Именно рабочий класс Германии, руководимый социал-демократической партией, в свое время вынудил даже правительство Бисмарка пойти на политические и экономические реформы. Валлерстайн же мечтает изменить нынешнюю мир-систему с опорой на некие группы совершенно неорганизованного типа.

Любопытно, что Валлерстайн много раз озвучивает вот такую идею:

> Первым и наиболее фундаментальным следствием является то, что «революция» — как это слово употреблялось марксистско-ленинскими движениями — более не является жизнеспособной концепцией. Она более не имеет никакого смысла (ibid., p. 215).

Тут очевидно, что американский социолог не знает сути марксистско-ленинской теории революции, поэтому подобное утверждение действительно не имеет никакого смысла. Тем более что революции начала XXI в., как антифеодального, так и социалистического содержания, на практике доказывают «жизнеспособность» этой «концепции».

Идеология

Прежде чем говорить о будущем по Валлерстайну, необходимо разобраться с его пониманием идеологии, поскольку именно на сломе либеральной идеологии держится вся его концепция будущего. Неслучайно этой теме он посвятил одну из немногих более или менее целостных книг — «После либерализма». Для начала нужно посмотреть, что он вообще понимает под этим словом и как он определяет различные идеологии.

В одной из своих работ словарно он так определяет этот термин:

> Идеология. Обычно последовательный набор идей, призванный отстоять определенную точку зрения. Термин может звучать вполне нейтрально (у каждого — своя идеология) или иметь негативную окраску (у них — своя идеология, отличная от идеологии нашего научного исследования). Мир-системный анализ понимает этот термин более конкретно; для нас идеология — это четкая стратегия, существующая на социальной арене, из которой можно сделать определенные политические выводы. Из этой трактовки следует, что идеологии появились только после Французской революции, когда возникла необходимость в четкой стратегии в ответ на потребность в постоянных политических переменах, и было их всего три: **консерватизм, либерализм и радикализм**[1].

Подкованный читатель сразу же определит, что такое понимание термина *идеология* далеко от марксистской трактовки хотя бы уже потому, что в нем не фиксируется ее общественный характер. Индивид, например, может иметь «определенную точку зрения», но это не идеология, а именно точка зрения относительно той или иной идеи. Идеология не может быть и стратегией, поскольку данный термин применяется в сфере политики, а не идеологии. И хотя термин *идеология* действительно появился после Французской революции 1789 г. (его ввел французский философ и экономист А.Л.К. Дестют де Траси в начале XIX в.), но сама идеология по своей сущности зародилась с момента появления классовых обществ. *Идеология — это система взглядов и идей, отражающих формы, средства и методы организации общества в соответствии с интересами того или иного класса, а также социально значимых общественных слоев.* Реализация той или иной идеологии происходит в различных формах: политических, экономических, правовых, религиозных, этических и т.д. Следовательно, идеологий не может

---

1. *Wallerstein*. World-Systems Analysis. An Introduction, p. 94.

быть только три, как утверждает Валлерстайн. Их может быть много, в том числе и в среде одного класса. Например, внутри буржуазного класса могут существовать не только названные выше идеологии консерватизма, либерализма, радикализма, но и фашизма (Германия, Испания, Португалия), и социал-демократии. Это касается и идеологии коммунизма. Это естественно, поскольку в недрах любого класса могут существовать различные подходы к организации и функционированию общества, ведь сам класс не есть некий каменный монолит, а скорее многослойный пирог, каждая часть которого может преследовать собственные интересы, противоречащие интересам всего класса. К примеру, в классе буржуазии существуют крупная буржуазия, средняя буржуазия, мелкая буржуазия. Их взгляды и идеи могут совпадать в общем, но отличаться в частностях.

Политика и идеология различаются по своему месту в обществе. В их взаимоотношениях идеология первична, политика вторична, поскольку политика строится на основе идеологии. Скажем, экономическая политика буржуазии строится на основе идеологии частного предпринимательства, а политика рабочего класса в социалистическом государстве — на основе идеологии общественной собственности.

Рассмотрим теперь, что Валлерстайн понимает под тремя обозначенными им идеологиями. Начинает он с консерватизма, которому не дает определения, а просто указывает его принципы.

Основные принципы консерватизма, — пишет Валлерстайн, — всегда включают чрезвычайно скептичное отношение к законодательным переменам, акцентируя внимание на мудрости традиционных источников власти (ibid., p. 92–3).

Главная функция консерватизма, уточняет автор в другом месте, что от изменений следует воздерживаться как можно дольше, а их размах необходимо сдерживать как можно энергичнее.

Как бы в ответ на такой консерватизм появилась идеология либерализма. Сразу следует сказать, что этот термин, появившийся также в начале XIX в., по-разному понимался после своего появления не только в различных странах, но и в одной и той же стране. Валлерстайн, исходя из мир-системного анализа, понимает содержание этого термина следующим образом:

> *Либерализм* — идеология центра, предпочитающая устойчивую (но относительно) медленную эволюцию социальной системы, расширения образования как фундамента гражданства, МЕРИТОКРАТИЮ, а при формировании государственной политики отдает ведущие позиции специально обученным профессионалам (ibid., p. 95).

Наконец, третьей «великой» идеологией, по Валлерстайну, является радикализм. Ее суть — в подталкивании социальных перемен теми, кто рассчитывает получить от них «выигрыш». Понятно, что «марксизм во множестве своих вариаций — идеология радикальная, но далеко не единственная. Был еще анархизм» (ibid., p. 97).

Правда, в другой работе Валлерстайн вспомнил о еще одной идеологии:

> Последней появилась идеология «социализма», которая отвергала индивидуалистические презумпции либеральной идеологии и настаивала на том, что общественная гармония не придет просто в результате освобождения индивидов от всех ограничений, навязываемых традицией. Скорее общественная гармония должна быть социально сконструирована, и для некоторых социалистов она могла быть сконструирована лишь в результате длительного исторического развития и великой социальной битвы, «революции»[1].

Обращает на себя внимание то, что во всех трех «великих» идеологиях отсутствуют родовые отличительные признаки явлений, обозначенных как идеологии. Консерватизм — просто умеренность, осторожность, неторопливость, отказ от реформ. Либерализм — реформирование, но неспешное. И с опорой на образованное население и профессионалов. Радикализм — торопливость, ускорение. Вот еще:

> Иногда мы называем это политикой правых, центра и левых (ibid.).

Это что? Идеологии? Система идей? Это беззубая констатация психологической реакции различных групп общества на реформы или

---

1. *Wallerstein*. After Liberalism, p. 234.

темпы их реализации. Такого типа «идеологии» присущи любой реальной идеологии, которая отражает фундаментальные интересы классов или крупных социальных слоев. И что поразительно, сам Валлерстайн подтверждает это суждение, противоречащее его пониманию идеологий.

К примеру, политику Дизраэли, Бисмарка и даже Наполеона III, считавшихся консервативными политиками, Валлерстайн представляет в качестве примера новой версии консерватизма, который можно определить как «либеральный консерватизм». А политиков типа социал-демократов Германии, преследующих «либеральные ценности» (сокращение рабочего дня, справедливые выборы, пенсионное обеспечение и т.д.), считает он, можно назвать «либеральными социалистами» (ibid., p. 236, 237).

Дальше — больше. Оказывается, после Второй мировой войны лидеры национально-освободительного движения, придя к власти, выдвигали программы национального (экономического) развития, переименованного в социалистическое развитие. Ленинизм, великий оппонент либерал-социализма на национальном уровне, стал подозрительно напоминать либерал-социализм на всемирном уровне (ibid., p. 240).

Во-первых, здесь Валлерстайн смешал идеологию с политикой, что для него естественно. Во-вторых, получается, что если политика преследует цели, совпадающие с целями либерализма (всеобщее избирательное право, улучшение положения трудящихся и т.д.), она попадает в русло либерализма. По этой логике, если социалисты требуют введения восьмичасового рабочего дня и того же самого требуют в силу неких конъюнктурных причин консерваторы и либеральные демократы, то это будет называться идеологией либерализма. Именно так утверждает социолог:

> В период 1848–1914 гг. либеральная программа состояла в приручении трудящихся классов центральных зон посредством всеобщего избирательного права и государства благосостояния. Она была осуществлена путем комбинации социалистической воинственности и изощренной консервативной хитрости. В период 1917–1989 гг. либеральная программа на всемирном уровне состояла в приручении Юга (ibid.).

Оказывается, и социалистическая воинственность и консервативная хитрость преследовали цель реализации *либеральных ценностей*. И именно либералы, судя по всему, в сверхконспирологической манере управляли мозгами советских руководителей и вождей национально-освободительного движения, чтобы они внедрили эти самые либеральные ценности «на Юге».

И совершенно естественно следует такой вывод:

> Но самой большой аномалией было то, что спустя 120 лет после 1848 г. ,т.е. по крайней мере до 1968 г., под видом трех конфликтующих идеологий мы на самом деле имели лишь одну, безоговорочно господствующую идеологию либерализма (ibid., p. 236).

И самое парадоксальное, что если иметь в виду формулировки Валлерстайном ключевых терминов — *идеология, консерватизм, либерализм* и *радикализм*, то он прав. Любые идеологии можно подвести под любую из названных им трех идеологий. Это большое искусство сформулировать какое-либо понятие, под которое подпадает практически все[1]. В этот либерализм Валлерстайн, понятно, втиснул и коммунистическую идеологию. И, естественно, он делает такой глобальный вывод:

> Разрушение Берлинской стены и последующий развал СССР были с радостью встречены как падение коммунистических режимов и крах марксизма-ленинизма — одной из идеологических сил современного мира. Без сомнения, это так. Эти события также отмечались как окончательная победа идеологии либерализма. Такое утверждение означает совершенно неверное восприятие действительности. Совсем наоборот, именно эти события в еще большей степени свидетельствовали о крахе либерализма и решительном вступлении мира в эпоху «после либерализма» (ibid., p. 1).

Так что антикоммунисты зря радовались. Капут пришел и либерализму, т.е. системе ценностей, на которой долго держался весь капитализм. Для Валлерстайна конец либерализма представляется

---

1. Классический пример: искатели разума во Вселенной безумно радуются, если где-то находят метан, азот, углерод, не говоря уже о воде, поскольку, полагают они, это свидетельствует о том, что там есть жизнь, а значит — и разумное существо.

естественным. Он исчерпал свои положительные качества в силу следующих причин. Вот они:

> Есть еще одна вещь, которую мы должны сказать о либерализме. Мы уже заявили, что в основе своей он не был антигосударственной идеологией, так как его реальным приоритетом являлся рациональный реформизм. Но, не будучи антигосударственной идеологией, либерализм в основе своей был *антидемократичен.* Либерализм всегда был аристократическим учением — он проповедовал «власть лучших». Будем справедливы — либералы определяли «лучших» не в зависимости от рождения, а скорее по уровню образования. Лучшими, таким образом, считалась не наследственная знать, а лучшие представители меритократии. Но лучшие — всегда группа меньшая, чем все остальные. Либералы хотели власти лучших, аристократии, именно для того, чтобы не допустить власти всего народа, демократии (ibid., p. 257).

Конечно, для марксиста подобные сопоставления либерализма с демократией были бы странны хотя бы уже потому, что первое — это название одной из идеологий, вторая — одна из форм власти. И политологи никогда не противопоставляли эти два явления, а утверждали, что чем больше демократии, тем больше либерализма и наоборот. Аристократическому же «учению» скорее соответствует консерватизм (примеры Франции и Англии периода буржуазных революций). Но в любом случае Валлерстайн пагубность либерализма видит в антидемократичности, а также «в свободе большинства над свободой меньшинства» (у него демократия и свобода синонимы). Вот такие противоречия система капитализма не выдержала, что и привело к хаосу после 1989 г.

Кризис современного мира, бифуркация

Пора возвратиться к Валлерстайну как к теоретику международных отношений и прогнозисту будущего. Он справедливо критикует буржуазные общества, что делает его работы привлекательными, по крайней мере для людей левых убеждений. Похоронив либерализм вместе с капитализмом и «коммунизмом» как его составной части, Валлерстайн провозглашает:

> Мы сейчас вступаем в новую эпоху, эпоху, которую я описал бы
> как период дезинтеграции капиталистической мир-экономики. Все
> разговоры о создании «нового мирового порядка» — всего лишь
> пустые заклинания, которым почти никто не верит и которые, во
> всяком случае, маловероятно осуществить[1].

Но в этот мир, утверждает Валлерстайн, мы вступаем не постепенно, так сказать, эволюционным путем, а через хаос и бифуркацию.
Последние два слова Валлерстайн употребляет неслучайно. Он, как
и многие другие социологи, стал поклонником синергетики Ильи
Пригожина, включив терминологию последнего в свою теорию
мир-система. Выше уже приходилось говорить о том, что к приго-
жинским идеям применительно к общественным наукам необходимо относиться с осторожностью (к чему он и сам призывал). И следует отметить, что Валлерстайн, кажется, внял этому совету, хотя
трактует теорию Пригожина весьма своеобразно. Он пишет:

> Наконец, приходит момент, когда противоречия становятся на-
> столько острыми, что ведут ко все большим и большим флуктуаци-
> ям, что на языке новой науки означает наступление хаоса (резкое
> сокращение того, что может быть объяснено детерминистскими
> уравнениями), а это в свою очередь ведет к бифуркациям, насту-
> пление которых несомненно, но направление *непредсказуемо* и из
> которых происходит новый системный порядок (курсив мой. —
> *А.Б.*)[2].

Непредсказуемое направление — утверждение неверное хотя бы
уже потому, что у исторического развития человечества не так уж
много альтернатив. В любом случае их число не бесконечно, как
утверждают слепые поклонники Пригожина. И их нетрудно вычис-
лить, если исходить из тенденций, которые с очевидностью обозначены в мировой системе. Это вынужден констатировать и сам Валлерстайн в другой книге, видимо, забыв, что писал в предыдущей.
Вот его «другое мнение»:

---

1. *Wallerstein*. After Liberalism, p. 246.

2. *Валлерстайн*. Анализ мировых систем и ситуация в современном мире,
   с. 350.

НО ИЗ ХАОСА ПРОИЗОЙДЕТ НОВЫЙ ПОРЯДОК, И ЭТО ПОД-
ВОДИТ НАС к последней проблеме: какие выборы стоят перед
нами — сейчас и вскоре. Тот факт, что это время хаоса, вовсе не
означает, что в следующие 25–50 лет мы не увидим в действии основных процессов капиталистической мир-экономики[1].

Из такого утверждения вытекает, что по крайней мере в ближай-
шие четверть и даже полвека мир будет двигаться по капиталистическим законам и правилам. То есть процесс, несмотря на хаос,
пока предсказуем. Тогда находится ли система в состоянии хаоса?
Мир-системник считает, что да. Допустим.

Этот хаос, по его мнению, породил два вида событий. Один
связан с концом «так называемых коммунистических режимов»
(1989–1991 гг.), другой — с войной в Персидском заливе (1990–
1991 гг.). Валлерстайн пишет :

Эти два события, теснейшим образом связанные, вместе с тем совершенно различны по характеру. *Конец коммунистических режимов обозначил окончание эпохи. Война в Заливе — начало эпохи.*
Одно событие закрывается, другое открывается. Одно взывает к пе-
реоценке, другое к оценке (ibid., p. 234; курсив мой. — *А.Б.*).

Оставляя пока проблему «коммунистических режимов», которая
была рассмотрена в контексте анализа откровенных антикоммунистов, перейдем к событиям, которыми заполнена мировая арена,
позволяющим Валлерстайну называть ее хаотичной.

Будущее по Валлерстайну

В 2000–2025 гг., утверждает Валлерстайн, в социальной мировой
системе вместо «деколонизации» произойдет ухудшение экономического положения стран периферии, что вынудит часть населения
Юга «бежать на Север». Произойдет упадок либерализма и подъем
демократизации. Валлерстайн прогнозирует:

---

1. *Wallerstein.* After Liberalism, p. 268 (выделено автором).

> Распространение ядерного оружия сейчас столь же неизбежно и будет столь же быстрым, как растущая миграция Юг–Север. Само по себе это не катастрофа[1].

То есть и проблема ядерного оружия, и миграция для Валлерстайна не катастрофа, видимо, даже если это оружие попадет в руки террористов.

Он продолжает:

> Результаты уже ясны. Чрезвычайно трудно сдерживать эскалацию локального насилия (Босния, Руанда и Бурунди и т.д.). В ближайшие 25 лет станет действительно невозможно сдерживать распространение оружия, и мы должны ожидать существенного роста количества государств, имеющих в своем распоряжении ядерное, так же как и биологическое и химическое, оружие (там же, с. 383).

Такова оценка «второго временнóго периода хаоса» (первый период относится ко второй половине XX в.). Но есть и третий период — с 2025 по 2050 г. Его он не описал, но сделал важное умозаключение.

Вот оно:

> Здесь (в третьем периоде) можно быть максимально кратким, потому что здесь больше всего неопределенности. Ситуация хаоса — это может показаться парадоксом — наиболее чувствительна к сознательному человеческому вмешательству. Именно во время периодов хаоса, в противовес периодам относительного порядка (относительно детерминированного порядка), человеческое вмешательство производит существенные изменения. Есть ли потенциальные силы вмешательства в пользу конструктивного, системного видения? Я вижу их две. Есть визионеры воссозданной иерархии и привилегий, хранители вечного огня аристократии (там же, с. 369).

Для начала обращаю внимание читателя на связку «хаос–вмешательство». Если допускается вмешательство, следовательно, хаос поддается управлению. И если это так, то он легко предсказуем, поскольку зависит от идеологических и политических позиций управленцев. Отсюда вытекает также, что и бифуркация может не успеть сыграть свою непредсказуемую роль. Даже если в действие вступа-

---

1. *Валлерстайн*. Анализ мировых систем и ситуация в современном мире, с. 366.

ют два рода «управленцев» с различными политическими целями (например, в периоды революций), то и тогда результат процесса весьма предсказуем, поскольку его легко определить по интересам победителя. Об этом же пишет и Валлерстайн в другой книге, говоря о системных кризисах, которые нельзя преодолеть в рамках данной исторической системы:

> На языке естественных наук такая ситуация называется бифуркацией, когда основные системные уравнения имеют два совершенно разных решения. А проще говоря, у системы есть два взаимоисключающих варианта выхода из кризиса, и оба, по существу, совершенно реальны. И все живущие в этой системе должны сделать исторический выбор, по какой из дорог идти дальше, какую новую систему строить[1].

То есть опять же, не непредсказуемость и не бесконечное множество, а «два варианта», хотя и взаимоисключающих. И уже от ученого, глубины его анализа зависит точность предсказания, какой из вариантов окажется в победителях.

На этом я остановился только для того, чтобы показать, что так называемые «недетерминированные» общественные процессы, о чем любят говорить и писать приверженцы синергетики, весьма детерминированы и весьма предсказуемы. Что, возможно и неосознанно, подтверждает Валлерстайн своим умозаключением.

А теперь насчет «визионеров». Переводчик текста на русский язык почему-то оставил это слово в первозданном английском виде. Предполагаю потому, что ему неудобно было употребить любое значение этого слова в русском переводе. Оно означает: мечтатель, фантазер, мистик, духовидец, провидец, прорицатель и пророк.

Употребление любого из этих слов как бы снижает серьезность рассуждений Валлерстайна о прошлом и будущем. Ну что такое «мечтатели привилегий» или «фантазеры демократии»? Несерьезно. «Визионеры» хотя и звучит как «визитеры», но потаинственнее, по-научнее. Тем более что русские вообще обожают иностранные слова, особенно те, которые не понимают.

---

1. *Wallerstein*. World-Systems Analysis. An Introduction, p. 76.

Но кто внимательно читал картину будущего, нарисованную Валлерстайном, тот должен согласиться со мной: для слова «визионер» подходят именно слова «мечтатель» или «фантазер». Чтобы никому не было обидно, назовем сторонников либерализма (и аристократизма) мечтателями, а сторонников демократии — фантазерами. И вот против визионеров-мечтателей, оказывается, выступили фантазеры «демократии-равенства» (пара, по убеждению Валлерстайна, нерасторжимая). «Они появились в период 1789–1989 гг. в форме антисистемных движений (трех разновидностей "старых левых")»[1].

Для чего же нужны эти фантазеры? Вот для чего:

После бифуркации, после, скажем, 2050 или 2075 г., мы можем быть уверены в очень немногом. Мы больше не будем жить в капиталистической мир-экономике. Вместо нее мы будем жить в каком-то новом строе или новых строях, в какой-то новой исторической системе или системах. И тогда мы, вероятно, познаем вновь относительные мир, стабильность и легитимность, которые мы уже знали, или же худшие? Это и неизвестно нам, и зависит от нас (там же, с. 370).

И еще:

Мы ничего не сможем внести в желаемое разрешение этого конечного хаоса нашей мир-системы, пока не покажем очень ясно, что желательной является только относительно эгалитарная, полностью демократическая историческая система[2].

И вот какие задачи, придется решать фантазерам. Извините, вновь длинная цитата:

Мы, кроме того, должны взять понятие «права человека» и основательно поработать с ним, чтобы сделать его равно применимым к «нам» и к «ним», к гражданам и к чужакам. Право общностей на защиту своего культурного наследия не означает право на защиту своих привилегий. Одним из основных полей битвы станут права мигрантов. Если и вправду, как я предвижу для следующих 25–50 лет, большое количество жителей Северной Америки и Европы и даже Японии будет состоять из недавних мигрантов или детей та-

---

1. *Валлерстайн.* Анализ мировых систем и ситуация в современном мире, с. 369.

2. *Wallerstein.* After Liberalism, p. 279.

ких мигрантов (независимо от того, была ли миграция легальной), тогда нам всем нужна будет борьба за обеспечение таким мигрантам подлинно равного доступа к экономическим, социальным и — обязательно! — политическим правам в той зоне, куда они мигрировали (ibid., p. 270).

Рассуждение выглядит действительно фантазерским хотя бы уже потому, что в Японии вообще проблема миграции не стоит и стоять не будет (там она запрещена) и что миграция в западные страны ядра уже поставила вопрос о существовании самого ядра как развитого и цивилизованного анклава, и выпячивание этой проблемы вместе с «правами человека» как чуть ли не самой главной для будущего говорит не о смене эпох, а просто об «улучшении», исправлении предыдущей эпохи.

Допустим, я соглашаюсь с такой постановкой вопроса о будущем. Но все равно встают вопросы, что приходит на место капиталистической мир-экономики и главное — кто исполнители этого нового мира? Кто же они, эти исполнители-фантазеры? Выше Валлерстайн указал — это «антисистемные силы». И тут нам всем надо приготовиться к большим неожиданностям.

Такой движущей силой «конструирования нового универсализма» должны быть «бесчисленные группы», а не «мифические, атомизированные индивидуумы».

«Бесчисленные группы» — это уже что-то новое. Чтобы понять, что это такое, придется вновь дать большую цитату. Теоретик пишет:

Наш выбор как субъектов может состоять лишь в формировании групп, достаточно больших, чтобы заполнить пространство для проявления силы. Поэтому неслучайно тема «групповой идентичности» выдвинулась на передний план в масштабах, неизвестных прежде современной мир-системе. Если субъектами являются группы, на практике они многочисленны и пересекаются самым замысловатым образом. Все мы — члены (даже очень активные члены) множества групп. Но определить тему групп как субъектов — недостаточно. ... Мы должны, в дополнение к этому, выдвинуть идеологию (т.е. политическую платформу), основанную на приоритетности групп как акторов (ibid., p. 246).

Таким образом, в качестве акторов, которыми обозначались классы, точнее, выступающие от их имени партии, Валлерстайн выдвигает «группы», которые надо «формировать». (Тема «приоритетности» в данном случае вообще ни к месту.) На какой основе надо их формировать? Каждая группа, а их множество, теоретически может иметь свои интересы. Если же их общей основой является неприятие либерализма, тогда в чем смысл «множества» этих групп?

Объяснения Валлерстайна выходят не только за рамки науки, но и элементарного здравого смысла. Он, например, говорит об идеологии приоритета групп в эпоху распада. Приоритета над кем или чем? Если все общества разбиваются на группы, то нет ни классов, ни подклассов. Могут быть группы по интересам. Одна группа — наблюдатели птиц, другая — любители йоги, третья — поклонники группы «Битлз» или самой леди Гаги и т.д. Правда, у Валлерстайна они более экзотичны. Он пишет:

> Сеть групп замысловато переплетена. Часть чернокожих, но не все чернокожие, являются женщинами; некоторые мусульмане, но не все мусульмане — чернокожие; некоторые интеллектуалы — мусульмане, и так до бесконечности (ibid., p. 247).

Пусть будут и такие группы. За ними безболезненно можно признать равные права и что ни одна из них не имеет «исключительного характера». И что? А то, что именно на этой базе требуется создание «новой левой идеологии». «Задача, — говорит Валлерстайн, — непростая и не такая, которую можно решить с сегодня на завтра» (ibid., p. 247–8).

Я уверен, что ее невозможно решить в принципе, так как эти группы не должны стремиться брать власть, поскольку достижение государственной власти «не ведет к преобразованиям».

Валлерстайн не только не любит государство, но и сам принцип «управления на любом уровне». Как без управления будет функционировать общество, он не сообщает. Но для него, видимо, это и не важно. Вместо этого антисистемные группы должны сосредоточиться на расширении влияния на различных уровнях и в разных видах общественной жизни. И далее в том же духе (ibid., p. 249).

Но автор — социолог-оптимист. Он предлагает такую стратегию борьбы:

> Стратегия борьбы на многих фронтах множеством групп, каждая из которых сложна по составу и внутренне демократична, будет располагать одним тактическим оружием, которое может оказаться неотразимым для защитников статус-кво; это оружие — принимать старую либеральную идеологию буквально и требовать ее полного осуществления. Например, имея дело с ситуацией массовой нелегальной миграции с Юга на Север, разве не будет подходящей тактикой требовать принципа неограниченно свободного рынка — открытых границ для всех, кто хочет приехать? (ibid., p. 249–50).

Видимо, Валлерстайн даже не представляет, что случится, если его план по нелегальной миграции осуществится. Уверен, что все захотят обратно в небуквальный «либеральный капитализм», а то и вообще потребуют какой-нибудь диктатуры.

Вообще-то он сам не уверен, что такая тактика и стратегия достаточны для достижения целей. Более того, он весь процесс такого движения даже называет «утопистикой» в хорошем смысле. Потому что:

> Утопистика — это не утопические мечтания, а трезвое предвидение трудностей и открытое придумывание альтернативных институциональных структур. Про утопистику думали, что она сеет рознь. Но если антисистемным силам надо быть неунифицированными и сложными по структуре, тогда альтернативные версии будущего — часть Процесса (ibid., p. 250).

Последнее предложение я не понял. Видимо, оно написано для самых продвинутых читателей. В общем-то, я правильно выбрал перевод слова для «визионеров» — фантазеры. Они как-то естественно стыкуются с утопистикой социалистического романтика. И в этом парадокс.

В связи с различными группами и прочими «визионерами» Валлерстайна не могу не привести один фрагмент из книги Райта Милса о белых воротничках, представляющих, так сказать, средний класс Америки. Еще в 1956 г. Милс о них писал так: «Внутренне они расколоты и разобщены, внешне они зависят от больших сил (имеются в виду государственные институты. — А.Б.). Даже если у них возникнет воля к действиям, их действия, будучи неорганизованными, вряд ли будут похожи на [подлинные] движения. Скорее они будут напоминать путаные и не скоординированные столкновения. Как группа они не угрожают никому, как у индивидуумов у них просто нет практики независимого образа жизни»[1].

Конечно, же Валлерстайна умозаключения этой книги не убеждают. Уверен, что вряд ли изменили его точку зрения и хаотичное движение «Occupy Wall Street» (сентябрь 2011 г.), а также так называемые антиглобалистские движения, результаты которых «не угрожают никому». Поэтому пока существуют такие теоретики «социализма», как Валлерстайн, капиталист может спокойно продолжать трудиться на увеличение своих доходов и благосостояния.

Социализм и «отмирание государства» по-валлерстайновски

Самое удивительное, что будущее, по теоретику Валлерстайну, является социалистическим, по крайней мере именно выбор в пользу социализма должны сделать группы, состоящие из фантазеров. Правда, социализм у него особенный:

Строительство социализма в этом мире, если ему предстоит осуществиться, впереди нас — как выбор, вряд ли как неизбежность. Опыт так называемого реального социализма может быть поучителен для нас в основном с негативной стороны и лишь в малой степени как позитивный опыт. Важно помнить, что в конце своего существования марксизм-ленинизм функционировал скорее как идеология национального развития, чем как идеология социалистического строительства. Национальное же развитие является в рамках капиталистической мироэкономики во многом иллюзорным понятием. Оно никогда не будет осуществлено, даже частично, в большинстве стран. Причина, по которой марксизм-ленинизм

---

1. *Mills*. White Collar: The American Middle Classes, p. ix.

умирает сегодня как идеология, в том, что умирают все идеологии, основанные на идее развития[1].

Итак, социалист Валлерстайн отвергает идею развития, заменяя ее идеей реальной демократии, прав человека и особенно иммигрантов. Все последние атрибуты у него пребывают вне развития. Так сказать, в первозданном виде. Национальное развитие и социалистическое строительство у него противоположные явления, поскольку в социализме не должно быть развития, а в национальном развитии — социализма (этим занимается капитализм). Если социалист не приемлет понятие *развитие*, то скорее всего его надо отнести к консерваторам, которые, по представлениям Валлерстайна, даже хуже либералов.

Но верхом фантазии следует признать, что социалистическое валлерстайновское будущее предполагает отсутствие государств. То есть социалистическое сообщество, в котором никаких государств не существует.

Не могу не сослаться на оригинал, поскольку в нем заодно указываются и основные акторы мировых отношений:

Основные линии напряжения во всемирной классовой борьбе, таким образом, начинают выражаться в противоречиях между логикой, ориентированной на государство, и глобальной логикой. Мировая политика может прийти к состоянию, когда будет разыгрываться тремя основными группами акторов: значительные общественные силы, стоящие у власти в государствах центра, вместе с менее значительными, но существенными силами, стоящими у власти в государствах периферии и полупериферии; узкая, но, несмотря на это, очень могущественная группа «частных глобализованных» предпринимателей; новые «глобализованные» антисистемные движения, которые будут представлять и фактически включать в себя большинство мирового населения. Если последние две группы окажутся более сильными, чем первая, а я думаю, что в конце концов так и окажется, мы увидим завершение перехода *от капитализма к социализму с «отмиранием» государств и межгосударственной системы*. Формы социалистического мирового порядка — как будет политически координи-

---

1. *Валлерстайн.* Анализ мировых систем и ситуация в современном мире, с. 264–5.

роваться экономика и какие культурные формы выражения она найдет — совершенно не ясны, и мне кажется, что совершенно бесполезно пытаться их предсказывать (там же, с. 397–8; курсив мой. — А.Б.).

Переведя все это на нормальный язык, обнаруживаем, что основными акторами на международной арене будут те же, что и нынешние, т.е. государства ядра, государства Второго и Третьего миров и ТНК. К ним добавятся «антистемные силы», которые пока невидимы на мировой арене. Валлерстайн полагает, что если последние две группы победят, а это ТНК и фантазеры-антисистемники, то мы поимеем мировой социализм. Почему ТНК должны желать социализма, Валлерстайн не объяснил. Предполагаю потому, что хищники мирового капитала, начитавшись его творений, попадут под их чарующее влияние и откажутся заниматься своим обычным делом, а именно грабить «периферию». Но в любом случае мы видим социализм без государства. Чтобы не было никаких сомнений, главу про государство Валлерстайн завершает таким аккордом:

Обратите внимание, что именно я предлагал в новом взгляде на эту пренебрегаемую ныне концепцию. *Социалистическая революция,* которую мы переживаем, — это не Армагеддон. На самом деле она может быть единственной альтернативой Армагеддону. *Ядерная война между великими державами,* ведущая к грандиозным разрушениям и потерям населения и производительных сил, *вполне возможна.* Но столь же возможно, что государство, то есть *государства, может отмереть в ходе создания социалистического мирового порядка* (там же, с. 398; курсив мой. — А.Б.).

Надо запомнить, что, оказывается, нынешний хаос называется социалистической революцией, о чем, подозреваю, никто и не догадывается. Ядерная война вполне возможна. И мировой социализм без государств тоже возможен. Думаю, что Валлерстайн, кажется, неслучайно для антисистемных сил выбрал слово «визионеры», повторю, это — мечтатели и фантазеры.

Такая фантазия в принципе соответствует теории мир-система. И хотя социолог на многих страницах своего творения обрушивался на государство как институт власти и управления, но в данном случае он подкрепляет свою «научную» теорию ссылками на

Энгельса и Ленина, которые, дескать, писали об отмирании государства при социализме. Поначалу я собирался тему государства разобрать в другом месте, но фантазер Валлерстайн вынуждает меня остановиться на этой теме именно в данном разделе, поскольку именно здесь можно, выражаясь лексиконом Поппера, «сфальсифицировать» социолога и на его прогностические качества, и на понимание марксизма.

Проблема не только Валлерстайна, но и всех «знатоков» марксизма заключается в том, что они не различают понятия *коммунизм* и *социализм*. Иногда это делается сознательно, иногда бессознательно. В любом случае они постоянно пишут о коллапсе «коммунизма», общественного строя, который нигде и никогда не существовал и который фиксировался как стратегическая цель коммунистических партий, в частности Советского Союза. И переход к нему мыслился только через громадный переходный исторический этап — социализм, который сам по себе также имеет различные стадии своего развития. Отмирание же государства возможно только в высшей стадии, именно при коммунизме, но отнюдь не на социалистической стадии.

Валлерстайн, говоря об отмирании государства при социализме, ссылается на работу Энгельса «Развитие социализма от утопии к науке», которая как бы подтверждает его мысль. Исходя из этого он делает вывод:

> Это известное высказывание Энгельса суммирует отношение к государству социалистов XIX в. Не имеет значения, кто контролирует государство, в любом случае оно — враг трудящихся классов. Оно существует, чтобы подавлять их; и оно их подавляет. Социализм должен быть его антитезисом: таким образом, *социализм предполагает отсутствие государства* (там же, с. 387; курсив мой. — А.Б.).

Однако у Энгельса в данной работе нет утверждения об отмирании государства при социализме. Он пишет о том, что государство станет излишним «когда не будет ни одного общественного класса»[1], т.е. при коммунистической формации. Но буквоед-марксист,

---

1. *МЭ*, т. 19, с. 224.

покопавшись в многочисленных работах Маркса и Энгельса, конечно, может найти нужную цитату именно об отмирании государства при социализме. Валлерстайну в данном случае уместнее было бы сослаться на письмо Энгельса А. Бебелю (от 18–28 марта 1875 г.), в котором есть слова Энгельса о том, «что с введением социалистического общественного строя государство само собой распускается [sich auflöst] и исчезает» (там же, с. 5). Но Валлерстайну и многим другим знатокам марксизма надо было бы знать, что в те времена коммунисты и социал-демократы употребляли слова социализм и коммунизм действительно как синонимы. Предполагаю, что начиная только с «Критики Готской программы» Маркс стал акцентировать внимание на более четком употреблении этих слов, увидев в программе Социал-демократической рабочей партии (Германии), какую путаницу вносит их неразличение. Именно поэтому в «Критике Готской программы» Маркс четко указывал:

> Между капиталистическим и коммунистическим обществом лежит период революционного превращения первого во второе. Этому периоду соответствует и политический переходный период, и государство этого периода не может быть не чем иным, кроме как *революционной диктатурой пролетариата* (там же, с. 27).

Валлерстайн обращается к известной работе Ленина «Государство и революция» опять же для подтверждения прежде всего идеи «отмирания государства». Естественно, такое утверждение у Ленина есть. Но в этой же работе неоднократно говорилось:

> Только в коммунистическом обществе… когда капиталисты исчезли, когда нет классов… только тогда «исчезает государство и можно говорить о свободе»[1].

Еще:

> Экономической основой полного отмирания государства является такое высокое развитие коммунизма, при котором исчезает противоположность умственного и физического труда, исчезает, следовательно, один из важнейших источников современного *общественного* неравенства и притом такой источник, которого одним переходом средств производства в общественную собственность,

---

1. *Ленин.* Государство и революция, с. 89.

одной экспроприацией капиталистов сразу устранить никак нельзя (там же, с. 96).

В этой же работе Ленин начал говорить о «фазности» коммунизма, подробно растолковывая специфику первой фазы (= социализма) и второй — непосредственно коммунизма. Советские марксисты в дальнейшем в деталях обосновали двухфазность коммунистической формации, выдвигая ряд принципиальных положений, отличающих социализм от коммунизма. Впрочем, западные знатоки марксизма, понятно, советских марксистов не читали из-за «ортодоксальности» последних, а также, уверен, из-за незнания русского языка. Предполагаю, что внимательно они не читали и «Государство и революция», книгу, переведенную на большинство языков мира. Иначе Валлерстайн очень удивился бы, прочитав в этой работе такое:

> В первой своей фазе, на первой своей ступени коммунизм не может еще быть экономически вполне зрелым, вполне свободным от традиций или следов капитализма. Отсюда такое интересное явление, как сохранение «узкого горизонта *буржуазного* права» — при коммунизме в его первой фазе. Буржуазное право по отношению к распределению продуктов *потребления* предполагает, конечно, неизбежно и *буржуазное государство*, ибо право есть ничто без аппарата, способного *принуждать* к соблюдению норм права. Выходит, что не только при коммунизме остается в течение известного времени буржуазное право, но даже и буржуазное государство — без буржуазии!

> Это может показаться парадоксом или просто диалектической игрой ума, в которой часто обвиняют марксизм люди, не потрудившиеся ни капельки над тем, чтобы изучить его чрезвычайно глубокое содержание (там же, с. 98–9).

Чтобы Валлерстайн не удивлялся, подскажу: в данном контексте первая стадия и есть социализм в его начальной фазе. И в этой связи совершенно нелепой звучит ирония Валлерстайна по поводу социализма в СССР. Он пишет:

> Прошло немного времени, прежде чем критики начали отмечать, что государственный аппарат в СССР, вместо того чтобы отмирать, казалось, на деле становится сильнее, чем он был в имперской России… В свете советского опыта концепция «отмирания государ-

ства» ушла в подполье, перестала даже упоминаться, за исключением разве что жестких критиков, которые ссылались на нее, чтобы осмеять марксизм в целом[1].

Фразу насчет «подполья» и отсутствия «упоминаний» оставим на совести автора. Вновь приходится подчеркивать, что отличие марксистской науки от буржуазной заключается в том, что ко всем явлениям необходимо подходить исторически и диалектически. Во-первых, усиление государства на первой стадии (социализма), помимо неизбежности, вытекающей из теории марксизма-ленинизма, стимулировали сами западные державы своими попытками уничтожить советское государство на протяжении всего периода его существования. Это — историческая сторона. Диалектическая же сторона состоит в том, что каждой фазе построения коммунизма (а этот процесс, как уже указывалось, имеет многофазный характер) соответствуют специфика государственных функций и подчас не всегда заметный переход функций государства к общественным организациям.

Валлерстайн, конечно, в такие «тонкости» не вдавался, что становится особо зримым, если вспомнить его мечту о демократии в социалистическом обществе без государства. Подозреваю, он вновь удивился бы, прочитав такое:

> В обычных рассуждениях о государстве постоянно делается та ошибка, от которой здесь предостерегает Энгельс и которую мы отмечали мимоходом в предыдущем изложении. Именно: постоянно забывают, что уничтожение государства есть уничтожение также и демократии, что отмирание государств есть *отмирание демократии*[2].

И это у Ленина написано в работе «Государство и революция», в работе, на которую ссылался Валлерстайн, почему-то не заметив такую «крамолу». Хотя, возможно, он просто недочитал до этих страниц.

---

1. *Валлерстайн.* Анализ мировых систем и ситуация в современном мире, с. 388.

2. *Ленин.* Государство и революция, с. 82.

Заключение

В связи со всем вышесказанным возникает вопрос: какое отношение мир-системник Валлерстайн имеет к марксизму? Или к неомарксизму? Эндрю Линклейтер полагал, что воззрения Валлерстайна — это вызов «классическому марксизму». И в чем же выразился этот «вызов»? В отказе от утверждения классовой борьбы? Прекрасно. Но на этой позиции стоят и все буржуазные социологи, а при чем здесь марксизм? В отказе от марксистского лексикона? В замене его новой терминологией? Хорошо, но, опять же, при чем здесь марксизм? Многие теоретические школы работают и без марксистской терминологии. В неприятии капиталистической системы? Глобалисты тоже ее не принимают, хотя к марксизму или к неомарксизму не имеют никакого отношения. В уважительном отношении к наследию Маркса и некоторым его социально-политическим идеям? Это так, но с уважением к творчеству Маркса относились и относятся многие буржуазные экономисты, например Джон Гэлбрейт, Йозеф Шумпетер. Но, опять же, при чем здесь вызов?

На самом деле Валлерстайн работает на левом поле буржуазной социологии, той самой, на которой разместились теоретики Критической теории и структуралисты. Не более того. Никакого вызова он, как и все неомарксисты, марксизму не сделал. Его критика классического марксизма, по существу, ничем не отличается от критики профессиональных антимарксистов, разве что стилистикой и некоторым поощрительным похлопыванием за кое-какие «правильные догадки». Поэтому Валлерстайна нельзя обвинять ни в ревизионизме, ни в оппортунизме, как в свое время была оценена Лениным деятельность Эдуарда Бернштейна или Карла Каутского. Нет, Валлерстайн не отступал от марксизма, поскольку он никогда в нем и не пребывал.

Что же касается научности его теории «мир-система», то следует признать ее крайне неудачной. Это со всей наглядностью подтверждают его провальные и нелепые прогнозы, которые не сбываются уже через месяц. А его объяснения и толкования событий — из разряда опусов писателя-фантаста, хотя фантаста весьма эрудированного и талантливого на фоне массы серых политологов и социологов. Валлерстайн изобрел немало новых слов для своей теории, но ни одно из них не стало операбельным понятием, в лучшем случае они остались на уровне терминов. Понятия, как оказалось, он вообще не сформулировал. А использование его терминов или их связок, к примеру, «ядро-периферия», не углубляет анализ. Они просто указывают на поле исследования, которое анализируется в привычной «повествовательной форме», или, используя англояз, «нарративно».

Новое определение устоявшихся понятий, таких как революция или государство, не только не уточняет или углубляет анализ явлений, стоящих за ними, а наоборот, уничтожает эти понятия, точнее, растворяет их в противоположных понятиях. В результате объем понятия революция растворяется в объеме понятия реформа, а объем понятия государство — в объеме понятия община. Как следствие, и те и другие понятия становятся нефункциональными. Теряются инструменты анализа, и начинается поток сознания.

Будущее, которое описывают фантазеры и мечтатели, прекрасно соответствует ожиданиям правящих классов ядра. Они и сами на досуге не отказываются помечтать.

Как уже говорилось выше, социология стала активно вторгаться в ТМО. Возможно, по каким-то проблемам она и внесла свой научный вклад в понимание мировых отношений. Таким вкладом я бы назвал идею о мировой экономике как экономике единой капиталистической системы, позволяющую использовать марксовский политэкономический анализ на глобальном уровне. То есть рассматривать противоречие между «трудом и капиталом» на мировом уровне, а не только на страноведческом. Такие работы последователей Валлерстайна мне действительно попадались. В этой идее главное — нужно изучать мир не фрагментарно, а как целое, состоящее из государств. И уже хотя бы за нее следует поблагодарить Валлерстайна. Правда, таким образом он рассматривался уже со времен Маркса. Что же касается методологии, предложенной Валлерстайном, меня она не убеждает. Наоборот. Она еще раз подтвердила мое мнение о том, что лучше марксистской методологии пока никто не предложил.

Правда, есть одно, что объединяет меня с американским социологом, — это уверенность в неизбежности краха капитализма. Разъединяет — все остальное.

Глава IV

Изучение теорий международных отношений в отдельных странах

1. Немецкая «школа» ТМО

Хотя в названии параграфа фигурирует слово школа, на самом деле такой четко оформленной немецкой школы не существует, а есть ученые, в основном выходцы из социологии и политологии, которые пишут в рамках теории международных отношений, главным образом реагируя на концепции и теории, созданные учеными из англо-американского ареала. И только на рубеже веков наметились признаки «германизации» ТМО.

Становление ТМО в Германии

После Второй мировой войны ФРГ находилась на острие холодной войны Запада против стран социалистического содружества и ученые в те годы главным образом занимались проблемами мира и войны в Европе, а в сфере политической науки — проблемами демократизации самой Германии. Еще одной популярной темой, отражавшей расширение торговых связей Западной Германии со остальным миром, была проблема конфликтов в Третьем мире наряду с темой «зависимости/независимости» в рамках отношений

Север–Юг. Этим темам в те годы посвящал свои труды набиравший академический вес Дитер Зенхас. Тогда же были заметны публикации Э. Криппендорфа, который в одной из своих работ писал:

> Изучение закономерностей системы международных отношений должно свести к минимуму случаи насильственного разрешения конфликтов и способствовать превращению этой системы в систему конструктивного обеспечения мира[1].

Следует сказать, что работы немецких авторов в те годы были не столько теоретическими, как, например, работы норвежца Йохана Галтунга или американизировавшегося немца Карла Дойча, сколько прикладными, служившими своего рода руководством для лидеров Западной Германии. Это было связано и с тем, что, как утверждает Ульрих Альбрехт, «первое поколение преподавателей политической науки составляли в основном известные журналисты (например, Рихард Лёвенталь, Ойген Когон) или специалисты из сферы гражданского права и истории»[2]. Он также отмечает, что в 1970-е годы группа политологов под руководством Питера С. Лудца инициировала исследования в рамках нового направления, которое в последующем получило название *сравнительное страноведение*. Сами немцы главным образом «сравнивали» развитие Западной и Восточной Германии.

Несмотря на указанные подвижки, для тех лет вряд ли можно выделить некие теоретические школы и направления, если не считать таковыми, скажем, школу пишущих на международные темы политиков-практиков, таких как В. Брандт, Г. Шмидт, Ф.-Й. Штраус.

Подобное состояние фактически длилось до начала 1990-х годов, когда на исследовательскую арену ТМО вступило поколение, родившееся уже после Второй мировой войны и прошедшее школы и университеты США и Англии. Как выразился один из немецких теоретиков, в Германии наконец появился «рынок ТМО». В

---

1. Цит. по: *Современные* буржуазные теории международных отношений, с. 90.

2. *Albrecht*. The Study of International Relations in the Federal Republic of Germany, p. 299.

какой-то степени это отразил английский исследователь Джерард Холден в своей рецензии на коллективную монографию группы немецких теоретиков под названием «Новые международные отношения. Состояние исследований и перспективы в Германии», редакторами которой были Гюнтер Хельман, Клаус Дитер Вольф и Михаэль Цюрн[1]. Делая обзор помещенных в эту монографию работ, Холден называет имена теоретиков и области их исследований. Поскольку эти имена не столь популярны и известны, я полагаю, что есть смысл повторить их и здесь.

> 1) В рамках темы теоретического и концептуального развития осуществляют свои исследования Питер Майер (эпистемология и Третьи дебаты), Томас Риссе (конструктивизм и рационализм), Антье Винер (конструктивизм).

> 2) Классические темы международных отношений: Кристофер Даазе (проблемы мира и политическое насилие), Харальд Мюллер (концепции мира), Детлеф Ф. Шпринц (международные режимы и институты), Йоахим Бетц (теория развития), Себастьян Харниш (анализ внешней политики).

> 3) Новые темы международных отношений: Мартин Лист и Бернхард Цангл (юридические проблемы), Франк Шиммельфениг (международная социализация), Филипп Геншель (глобализация), Кристоф Шерер (критика международной политэкономии), Маркус Яхтенфукс (управление вне государств), Андреас Нольке (транснационализм и междисциплинарные проблемы), Матиас Альберт (разграничивание МО и примыкающих к этой теме проблем)[2].

Среди всех названных ученых Холден не без основания выделяет упомянутого у меня в первом томе Матиаса Альберта не только как наиболее плодовитого автора, но и ученого, стремящегося превратить исследования в области международных отношений во «всемирную науку» (Science of Global, Wissenschaft vom Globalen). По замыслу Альберта, это возможно на основе соединения таких направлений теоретических изысканий, как юрисдикция, европейская интеграция, мировое общество и глобальное управление, с си-

---

1. *Die neuen Internationalen Beziehungen.* Forschungsstand und Perspektiven in Deutschland.

2. *Holden.* The state of the art in German IR, p. 452.

стемной теорией Никласа Лумана (о чем ниже). В результате, полагает Альберт, «это поле могло бы быть отграничено от социологии глобальной системы: международные отношения сохранили бы ответственность за ареал, в котором границы все еще играют роль, даже если их природа и функции изменились, в то время как ареалы, где границы больше не имеют значения, попали бы за пределы рамок международных отношений», т.е. как раз в новую науку — «всемирную науку» (p. 453). И хотя к этой идее теоретики, скажем из Англии, относятся довольно скептически, Альберт настойчиво продолжал развивать ее в последующем, о чем подробнее будет сказано ниже.

Холден в своем обозрении выделил также Кристофа Шерера, работающего в духе критической политэкономии. Но здесь нюанс. Когда употребляется слово *критический*, то обычно это говорит о приверженности автора к постструктуралистским направлениям. В Германии же это означает бóльшую приверженность к марксистской политэкономии, некоторые идеи которой Шерер использует в анализе политических проблем международных отношений (ibid., p. 454).

Холден обращает внимание и на такую интересную деталь. Вначале он сам совершенно справедливо утверждает: «Академическое сообщество… является местом, где люди не соглашаются друг с другом» (ibid., p. 455). И вроде бы аналогичный намек содержится и в главе, написанной Томасом Риссом. В частности, Рисс писал: «Сообщество исследователей — в Германии или где бы то ни было — должно осознавать, что теоретические дискуссии бессмысленны, если они не связаны с конкретными эмпирическими вопросами» (ibid.). Но, замечает Холден, нет никаких свидетельств того, что немцы думают по-разному, если исходить из рецензируемого тома, поэтому ремарка Риссе остается «мистерией». Для тех, кто впервые столкнулся с немецкими учеными, удивительна идея «спокойствия» (la serenissima) в сообществе ученых-международников, полагает Холден.

Он указал и на иные особенности немецких исследований МО. В частности, тема государства и его действий занимает в них не столь важное место, как в англосаксонских странах, особенно в США. Нет в них и противостояния между конструктивизмом и рационализмом из-за слабости последних. По мнению Холдена, немецкие ученые не проявляют также особого интереса к вопросам, имеющим отношение к социологии науки или эпистемологии, а также к истории самого предмета эпистемологии.

Холден одергивает Цюрна, считавшего, что немецкоязычная литература по международным отношениям имеет глобальные позиции. Это не так, утверждает англичанин. Если и повышается доля работ немецких теоретиков на рынке ТМО, то только благодаря тому, что немецкоязычные авторы публикуются в англоязычных изданиях. Тем более что англоязычный мир практически не читает материалы на немецком языке (ibid., p. 456).

Надо особенно подчеркнуть, что немецкие теоретики-международники не просто питались идеями главным образом американских школ и направлений, многие из них чуть ли не всю жизнь работают в США, в связи с чем возникает проблема государственной идентификации того или иного ученого. Например, мне трудно определить, представителем какой страны является упоминавшийся Карл Дойч, немец, рожденный в Чехии, но большую часть жизни проработавший в США. Другой немец, Александр Вендт, работает в США и явно застрял там надолго, если не насовсем. В эпоху «глобализации» это как бы нормальное явление, осложняющее только такой пустяк, как классификация ученых по странам.

Возвращаясь к Холдену. Он описал ситуацию, которая была характерна до начала 2000-х годов. В последующем она стала меняться в пользу «германизации» исследований в области теорий МО. В определенной степени это связано с усилиями Матиаса Альберта, который настойчиво «объединяет» Лумана с ТМО. Причем объединение это происходит на базе конструктивизма, ставшего модным с конца 1990-х годов. Выше тема конструктивизма была проанализирована главным образом на работах исследователей англоязычных стран (Австралии, Канады, США). В данном разделе уместно предоставить слово немцам, которые внесли свой достойный теоретический вклад в развитие идеализма в ТМО. Для начала рассмотрим взгляды умеренного конструктивиста — Александра Вендта, а затем перейдем к радикальному — Матиасу Альберту.

Александр Вендт — философствующий политолог

Александр Вендт, ныне просвещающий американских студентов, считается своего рода классиком конструктивизма, о чем свидетельствуют непременные ссылки на его работы при упоминании данного направления в ТМО. В 1999 г. он опубликовал книгу «Социальная теория международной политики»[1], сразу сделавшую ее автора знаменитым. Вот некоторые ключевые положения из этой монографии.

Уже на первой странице своего произведения Вендт, не смущаясь, обозначает базовую суть конструктивизма как *идеализм*, варианты которого разнятся в нюансах. Один из вариантов основан на подходе, при котором структуры человеческих обществ определяются прежде всего *общими идеями*, а не материальными силами. В другом варианте подчеркивается, что сущности и интересы акторов скорее сконструированы общими идеями, чем даны природой. Разница между ними в том, что первый, идеалистический, подход выступает против «материалистического взгляда». Второй, который Вендт называет «целостным», или «структуралистским», подходом, выступает против сведения социальной структуры к сумме «индивидуумов». На самом деле эта структура формируется на основе ее социализации. Именно этот вариант и называется «структурным идеализмом» (p. 1). Версия, которую «защищает» Вендт, является «умеренной: она обращает особое внимание на социологию

---

1. *Wendt*. Social Theory of International Politics.

структурного и символического взаимодействия» (ibid.)[1].

Любопытно, как четко Вендт проводит грань между школами: неореалисты рассматривают международную систему через распределение материальных возможностей, поскольку они подходят к предмету через «материалистическую призму»[2]. Неолибералы добавляют к такого типа распределению еще институциональную надстройку, а конструктивисты рассматривают МО как «распределение идей, поскольку они опираются на идеалистическую онтологию» (p. 5).

Такая онтология позволяет Вендту отмежеваться от неореалистов и в отношении системного подхода в духе Уолца. Дескать, Уолц, хотя тоже структуралист, но его структура «индивидуалистична», поскольку его система по аналогии с теорией микроэкономики состоит из фирм-государств (p.15–6). А система Вендта целостная, не индивидуалистичная и оплодотворяется идеями.

Вендт большое значение придает интуиции, говоря, что характер международной жизни определяется «верой и ожиданиями», которые испытывают государства в отношении друг друга. А они образуются прежде всего социальной структурой, а не на материальной основе. Это не значит, что конструктивисты вообще не признают материальных факторов, они хотят только подчеркнуть, что сами материальные факторы зависят от социальной структуры

---

1. В оригинале это звучит таким образом: «The version of constructivism that I defend is a moderate one that draws especially on structurationist and symbolic interactionist sociology.» Признаюсь, я не смог уловить оттенка слова structurationist (в отличие от structuralist). Этого слова нет даже в философских словарях. Думаю, оно выдумано Вендтом, чтобы оттенить мысль о том, что социология формируется не только идеями, но и активными, именно активными, носителями идей. Отсюда и необычное interactionist.

2. Хочу обратить внимание читателя на то, что слово *материализм* или выражение *материалистический подход* западные ученые интерпретируют не в марксистском понимании этих терминов, а в негативно-бытовом смысле, как утрирование материальных факторов развития при игнорировании духовных явлений типа идей, морали и всяческих религиозных «эманаций».

системы, в частности, от трех «культур» анархии: культура гоббсианская, локкианская или кантианская (в неореализме три типа международной структуры) (p. 20).

Поскольку «материализм» не дает конструктивистам покоя, Вендт подробно объясняет, что он для них значит.

Он признает, что материалисты не отрицают роль идей, но, по его мнению, они придают им недостаточно важное значение. Материалисты, пишет он, верят, что самым фундаментальным фактором существования общества являются природа и организация материальных сил. По меньшей мере пять материальных факторов фигурируют в материалистических представлениях: 1) человеческая природа, 2) природные ресурсы, 3) география, 4) производительные силы, 5) разрушительные силы (p. 23). (Любопытно, у кого Вендт обнаружил «пятый фактор»?) Идеи они тоже не исключают, но рассматривают их (нематериальные силы) как вторичные.

Даже отвлекаясь от марксистского подхода, для которого вышеприведенное является полным бредом, и оставаясь на почве здравого смысла, можно ли всерьез утверждать, что идеи предшествовали «человеческой природе»? Идеи первичны, человек — вторичен? Это только в Библии сначала было Слово (неизвестно, кем произнесенное), а потом все остальное. А здесь предлагается как бы наука, которая утверждает, что на базе «социальных форм» возникают материальные силы (p. 24). Кажется, конструктивисты переплюнули самого Беркли, хотя и критикуют «идеалистов», правда, с другого угла.

Что касается идеалистов, то они, пишет Вендт, верят, что наиболее фундаментальными факторами в функционировании общества являются природа и структура социального сознания. Не отрицая роли материальных сил, конструктивисты утверждают, что их роль вторична. Например, материальная полярность международной системы имеет значение, но оно зависит от того, являются ли полюса врагами или друзьями, а это есть функция общих идей. В отличие от материалистов, которые рассматривают идеи строго в причинно-следственных взаимосвязях, идеалисты подчеркивают то, что Вендт называет «организованным эффектом идей» (ibid.).

Вроде бы этот подход совпадает с идеями конструктивистов, но тем не менее между ними есть разница. И возникает она в связи с пониманием слова идеализм. Оказывается, идеализм в социальной теории отнюдь не адекватен идеализму в теории МО. Вендт объясняет эту разницу от противного: чем не является идеализм в социальной теории. 1) Он **не** является нормативной оценкой, каким должен быть мир, а является научным взглядом, каков он есть. То есть цель идеализма так же реалистична, как у материализма. 2) Он **не** предполагает, что человеческая природа изначальна хороша или социальная жизнь изначальна направлено на сотрудничество. 3) Он **не** предполагает, что общие идеи не имеют объективной реальности. Социальные структуры не менее реальны, чем материальные. 4) Он **не** предполагает, что социальные изменения легки и даже возможны в определенном социально сконструированном контексте. Изменения в социальной структуре более трудны, чем в материальной. 5) Наконец, он **не** отрицает того, что сила и интересы также важны, но их значение и последствия зависят от идей акторов. Военная сила означает одно для Канады, другое для коммунистической Кубы (p. 24–5)[1].

Хочу в этой связи заметить: какими бы идеями ни были обуреваемы акторы, руководители Канады и Кубы, военная сила США для них означает одно и то же, причем оцененное по стандартам неореалистов: она значительно превосходит военные силы всех государств мира, не говоря уже о силе Канады и Кубы.

Идеалистическая социальная теория, пишет Вендт, предъявляет минимальные требования к анализу: «глубокая структура общества конструируется идеями, а не материальными силами. Большинство течений в МО являются материалистическими, тогда как

---

1. Уникально, но один из конструктивистов, Дж. Сэмуэл Баркин, значительно короче и понятнее разъяснил трактовку слова *идеализм* в теории Вендта, чем сам Вендт. Баркин пишет, что у «идеализма» Вендта два значения: одно происходит от слова *идея*, другое — от *идеальное*. В результате возникают два различных понятия. Первое относится к социологии, второе к ТМО. См.: *Barkin.* Realist constructivism, p. 592.

большинство современных социальных теорий — идеалистически-ми» (p. 25). Хотя Вендт и не называет это «большинство» социаль-ных теорий, но ему можно поверить, если иметь в виду буржуаз-ную социологию, выстроенную на «бихевиористских» и «психоло-гических» подходах. Другое дело, имеют ли они отношение к реаль-ности? Но это другая тема.

Как философ, Вендт предпочитает онтологический подход в отличие от материалистов-позитивистов, которые упор делают на эпистемологию. Он отстаивает «идеологическую, или социальную онтологию» (p. 371). А ученым в области МО рекомендует подхо-дить к проблемам с позиции структурных антропологистов, а не экономистов и психологов (p. 372). Логично было бы завершить данный совет: а антропологию изучать экономистам и теоретикам МО. Эффект был бы действительно неожиданный.

В одном месте Вендт признался, что он — политолог, но дан-ную книгу написал «с философской точки зрения» (p. 32). (Это все равно что сказать: я обучался химии, но эту книгу я пишу с физи-ческой точки зрения.) Подозреваю, он сильно ошибается, посколь-ку явно не отличает эпистемологию (сфера познания явлений) от онтологии (сфера познания сущностей бытия), о чем говорит и его заключительное утверждение, в котором он сообщает следующее:

> Онтология международной жизни, чему я привержен, есть «соци-альное»: в конце концов, именно на основе идей государства строят отношения между собой, что и есть «конструктивизм», поскольку эти идеи помогают определить, каким является то или иное госу-дарство (p. 372).

Один только пример с Горбачевым свидетельствует о том, сколь «глубоко» проникает конструктивизм в тайные дебри МО. Вендт пишет, что новое мышление было глубоким концептуальным пере-осмыслением американо-советских отношений. И делает такие вы-воды:

> Это было конструктивным теоретизированием, доступным даже не-профессионалам (at the lay level), и на его основе Советы в односто-роннем порядке и почти за одну ночь оказались способны закон-чить конфликт, который, казалось, был высечен в камне. Возможно,

были объективные условия, которые «заставили» Советы изменить свое понимание холодной войны, но важно отметить, что это не меняет того факта, что прежние идеи означали холодную войну, а в результате их изменения изменилась и сама реальность (p. 375).

Этот пример с наглядностью показывает, насколько философия конструктивистов далека от реальности. Вендт, видимо, действительно не понимает: чтобы возникли идеи нового политического мышления, первоначально надо было узреть, как истощаются материальные ресурсы страны, осознать степень отставания СССР от других государств, увидеть ухудшение материальных условий жизни населения, т.е. поначалу проанализировать состояние «материальных факторов», которые и породили идею о необходимости срочно прекращать холодную войну. Плачевное состояние материальных сил подтолкнуло на формулирование идеи нового политического мышления. Но это — одна сторона проблемы. Другая — искусная игра американской администрации, подкинувшей мифическую программу СОИ, парализовала Горбачева и его команду именно с материальной точки зрения. Руководство решило, что СССР не в состоянии противостоять этой программе. Таким образом, куда ни кинь, везде чистый «материализм». Этот пример в корне противоречит всему тому, о чем пишет Вендт — один из рьяных поборников конструктивизма. В результате его писания только усиливают подозрения в том, что данная теория не годится даже в качестве «схемы» анализа МО.

Современная теория систем Лумана и ТМО

А теперь вернусь к Матиасу Альберту, главному внедрителю идей Никласа Лумана в ТМО. Посмотрим, что у него с этим получилось.

Никлас Луман был крупнейшим немецким социологом XX в., хотя в сферу его научного внимания, помимо социологии, входили политика, религия, СМИ, экология и некоторые другие дисциплины, что было отражено в более 70 написанных им книг. Однако за пределами Германии он был малоизвестен, как полагают, главным образом из-за трудности переводов его текстов[1]. Теоретики ТМО не обращали на него внимания, поскольку, несмотря на обширность исследуемой им тематики, проблемы международных отношений Луман не затрагивал.

Однако после его смерти именно немецкие международники, в первую очередь Матиас Альберт, обнаружили в его работах множество «плодотворных идей», способных обогатить исследования по ТМО[2]. Каким образом и в каких сферах ТМО можно использовать идеи Лумана, его сторонники изложили в специальной коллективной монографии «Международные отношения: Никлас Луман и мировая политика», опубликованной в 2004 г. под редакцией Матиаса Альберта и Лены Хилькермайер[3].

Для начала нужно рассмотреть, что именно привлекло внимание немецких теоретиков МО в идеях Лумана. Альберт и его сподвижники считают, что так называемая Вестфальская международная система уже не отражает реальности и поэтому настала пора вводить такие понятия, как «международное общество» или «мировое общество»[4]. Данные понятия относятся к понятию *общество* за пределами понятия *государство*, следовательно, они имеют прямую связь с социологической теорией. И эта теория (мирового общества) чрезвычайно сложна. Так же как и теория общества, она состоит из трех различных пластов, связанных между собой: теория социальных систем, теория социальных различий и теория социальной эволюции. А поскольку именно в эти области Луман

---

1. Русский читатель в этом может убедиться на примере перевода его работы «Власть», которая просто не поддается пониманию из-за множества непереведенных слов, таких как «контингенция», «самосубститутивный» и прочие «референции» с «релевантностями».

2. В осторожной форме немецкие теоретики начали обращаться к теориям Лумана, видимо, в конце 1990-х годов, в чем можно убедиться на примере коллективной монографии: *Civilizing* world politics: society and community beyond the state.

3. *Observing* international relations: Niklas Luhmann and world politics.

4. Матиас Альберт сознательно употребляет в этих словосочетаниях слово *общество* (society), а не *сообщество* (community).

внес большой вклад, то авторы монографии решили попробовать применить его теорию для изучения «дисциплины "международные отношения"» (p. 2). Особенно их заинтересовала стратегическая идея Лумана о власти как средстве коммуникации в традициях Т. Парсонса – идея, которую Луман излагал во множестве своих работ. Здесь ключевое слово *коммуникация*, которую Луман превратил в базисную категорию (не в понятие, а именно в категорию) всех своих исследований, каких бы тем они ни касались. Замечу, что «коммуникационный» (сеть социальных связей) подход отстаивал в свое время Карл Дойч и тоже на основе конструкций Парсонса плюс кибернетических представлений Н. Винера[1]. Но Карл Дойч, хотя и немец по рождению, скорее представлял в ТМО американский подход, поскольку практически вся его научная деятельность приходилась на период его проживания в США. Луман в этом смысле настоящий немец, поэтому он больше подходит для некой базисной парадигмы, на которой могла бы развиваться именно немецкая школа без чужестранных примесей.

Итак, Никлас Луман в рамках социологии создал Современную теорию систем (СТС), которая была в свое время обойдена вниманием теоретиков-международников. Но сейчас, считает Альберт, времена изменились и его теория становится востребованной как минимум по двум причинам. С одной стороны, бо́льшую роль в ТМО стало играть понятие общество, с другой — СТС является наиболее развитой современной теорией общества, которая не связана с системой «нация-государство» как его первоначальной посылкой, а с самого начала рассматривает общество в качестве «мирового общества» (p.13).

В такой посылке сразу же закладывается подход, направленный против реалистов и, соответственно, против всей Вестфальской системы, состоящей из системы государств. И СТС, приложимая к теории «мирового общества», обещает Альберт, «может внести вклад для дальнейшего понимания ключевых проблем ТМО» (ibid.).

---

1. См.: *Современные* буржуазные теории международных отно-шений, с. 272–8.

Прежде чем продолжить, рекомендую читателю психологически приготовиться к необычным мыслительным конструкциям немецкого социолога.

Итак, суть СТС заключается в том, что все социальные системы основываются на различии между системой и окружающей средой и являются коммуникативными системами. Коммуникация же, как комбинация информации и понимания, формирует базовый мотор социальной системы (p. 17).

В таком подходе выражено четкое стремление представить термин коммуникация как всеобщее понятие (=категория), охватывающее все сферы общества, наподобие понятий *информация* или *материя*. Альберт как раз и пишет, что «коммуникация осмысливается как такое понятие, которое производится и воспроизводится в постоянно возобновляющейся сети коммуникаций. А возобновляющая сеть определяется как единица системы» (ibid.).

Далее более детально поясняется идея Лумана о коммуникации. Она сводится к тому, что коммуникация не входит в систему, ее нельзя наблюдать или выделить, иначе говоря, коммуникация «производится» внутри самой системы. «Действие» и «причина» в таком подходе не формируют базовые некоммуникационные процессы в обществе, а скорее являются просто формой наблюдения и их коммуникативной атрибуции внутри социальных систем. И если социальные системы образовываются благодаря коммуникации и только благодаря коммуникации, только тогда общество является социальной системой высшего порядка, которая включает в себя все коммуникации. (Я пока пересказываю теорию Лумана в интерпретации Альберта.) Вне общества или между обществом и системами в их окружающей среде нет коммуникаций. В этой коммуникационной системе не может быть никаких форм членства, населения, географических реалий, другими словами, «любых внешностей» (any externality), которые бы не были созданы коммуникацией. Понятие *общество* в Современной теории систем, по словам Лумана, является «радикально конструктивистским». «Полное открытие земного шара как закрытой сферы значимых коммуникаций», т.е. общая возможность всех коммуникаций, адресованных другим коммуникациям, что в конечном счете означает, что может быть только одно общество, а именно мировое общество (p. 17–8). Так Луман через коммуникацию «конструирует» мир-общество вообще.

А вот его конструкция мира в частном случае. Речь идет о мире *политическом*. Политическая коммуникация отличается от других форм коммуникаций в обществе, она является «специфическим средством, специфической функцией и специфическим кодом: специфическим средством политической коммуникации является власть (power/Macht)» (p. 19)[1]. В контексте СТС определение власти должно отличаться от традиционных теорий причинности или намеренности. По контрасту власть есть *кодовая* коммуникация. В этом смысле власть формирует символически обобщенное *средство коммуникации* для политической системы. Как таковая политическая власть, конечно, есть влияние, но «влияние есть и остается зависимым от социальной коммуникации. Не может быть подчинения тому, что не вовлечено в коммуникации… Но влияние реализуется через символическую возможность использования действий, а не через фактическое их применение» (Luhmann, ibid.). Имеется в виду, что власть полагается на неприменение санкций. Она функционирует только при конструкции «присутствия отсутствия». Иначе говоря, и общество, и власть понимают, что для обеих сторон предпочтительнее избежать использования негативных санкций. «Средство “власть”, таким образом, есть присутствие исключенного». Власть должна быть символичной… Она обнаруживает себя только в моменты, когда подвергается вызову или не может не реагировать надлежащим способом. Например: «Типично, когда минимальные события могут воспламенить революции» (Luhmann). Другими словами, власть не использует физическую силу, но ясно обнаруживает угрозу ее использования (Luhmann, p. 19). Так Альберт пересказывал идеи Лумана о политике и власти, интерпретируя

---

1. Читатель должен обратить внимание на то, что Луман, когда пишет о власти, употребляет не слово *Autorität*, а именно *Macht*, которое на английский перевели многозначным словом *power*.

его работу «Политика общества»[1].

Власть, продолжает излагать Альберт Лумана, не является политической властью сама по себе, но может быть обозначена таковой только на основе ее проявления и оперативного прикрытия политической системы. И чтобы понять, что позволяет производить именно политическую коммуникацию и осознавать другие коммуникации как политическую коммуникацию, Луман предлагает различать функцию политической власти и код средств власти. Касаясь функции, важно заметить, что:

> как функция системы она свидетельствует, что вся политика есть *решение* (в смысле решать или не решать). Но как политическая коммуникация связана с другими коммуникациями именно как политическая коммуникация. Для этого «необходимо, чтобы власть была закодирована в специфической форме, а именно в разделении ее на позитивные и негативные позиции превосходства и униженности соответственно» (Luhmann)… Код власти *превосходство/униженность* в политической системе в наше время выражается в коде *правительство/оппозиция*. Но такое деление может давать и позитивные решения. Например, оппозиция может быть против правительства в отношении чего-то, но по другим вопросом их позиции могут совпадать. «Позитивная ценность 'правительства' есть определяющая (designative) ценность системы, негативная ценность 'оппозиции' есть рефлексивная ценность» (Luhmann) (p. 20).

Для читателей, незнакомых со спецификой мышления конструктивистов, попытаюсь вышеприведенные рассуждения Лумана в пересказе Альберта перевести на нормальный язык на примере явления бога. Политическую власть, ее проявление и ее функцию, по Луману, можно представить в образе бога. Этот бог, хотя и невидимый, но учитывается паствой, которая понимает, что если она будет вести себя не так, как требует бог, то он тут же проявит-

---

1. См.: *Luhmann.* Die Politik der Gesellschaft. Мне пришлось пересказ Альберта перепроверить по немецкому оригиналу. Оказалось, что тексты как на немецком, так и на английском языках действительно трудно поддаются пониманию, но не столько из-за языка, сколько из-за «содержания», которое мне почему-то напоминает «творения» конструктивистов/концептуалистов в искусстве.

ся и накажет. Но именно зная это, паства старается не раздражать всемогущего, в результате чего и всемогущему нет причин проявляться. Так и власть. Она должна быть невидимой, как бог, но все должны знать, что она существует, и поэтому покоряться ей, чтобы, не дай бог, она не проявилась[1]. И так же как в Библии, у Лумана зафиксированы всяческие коды поведения, которые позволяют «пастве» распознавать правильное поведение (когда бог/власть не проявляется) и неправильное (может проявиться). В его политической системе тоже существуют бинарные коды: плохо/хорошо, правительство/оппозиция и т.д. Таким образом, власть не есть нечто материальное (как и бог), это чисто функциональное явление, которое являет и воспроизводит себя только в политической коммуникации.

Но какое отношение все это имеет к международным отношениям? Луман таких вопросов себе не задавал, зато Матиас Альберт дает на них ответы.

Международные отношения и политика мирового общества

Прежде всего Альберт сразу же оговаривает, что Современная теория систем (СТС) и большинство теорий МО не являются отдельными исследовательскими нишами. Они различаются по методикам или типам исследования, которые сразу же обнаруживаются при ответе на вопросы: *что* исследуется и как исследуется?

Радикально конструктивистский подход заключается в том, что СТС изучает общества, включая мировое общество,

---

1. Пример из жизни: ребенок ведет себя «как надо» только потому, что знает об отцовском ремне, хотя он и не будет востребован именно потому, что ребенок, зная о нем, будет вести себя «как надо». Из политики: ядерные державы ведут себя «как надо», поскольку существуют ядерные бомбы, которые не будут использованы.

сформированные на базе коммуникации, а не личностями, т.е. акторами. Эта теория также антирегионалистская в том смысле, что объект изучения она разделяет не по региональному принципу, а по функциональному. Кроме того, если традиционные теории большое значение придают анализу причинности происходящих процессов, то СТС, хотя ее совсем и не отвергает, но изучает в контексте самой коммуникации, а не на онтологическом уровне. (То есть СТС не интересует источник причинности, а только ее проявление в общественной системе.) Естественно, такое «что» порождает и инструментарий «как».

Обычно ТМО, исследуя международные отношения, сами являются частью этих отношений. СТС же находится как бы над исследуемым объектом, не сливаясь с ним. Это объясняется на таком примере. Существуют правовая теория (legal theory) и теория права (theory of law). Правовая теория формирует часть правовой системы, конструируя основы юридических норм, таким образом являясь частью этой системы, которую сама и изучает. Теория же права изучает функционирование правовой системы внутри общества, в том числе и саму правовую теорию, внедренную в общество, ставшую ее частью. Другими словами, если правовая теория является определенным элементом общественной системы в рамках всеобщей коммуникации, то теория права находится над ними, представляя своего рода некий глаз божий, созерцающий происходящее внизу. И по мнению Альберта, то же самое можно сказать о различиях между политической теорией и теорией политики, экономической теорией и теорией экономики. Он считает, что теории реалистов работают по первому принципу, растворяясь в международных отношениях как их часть. Точнее, являются частью политической системы мирового общества, которая «изучает саму себя. То есть они создают ежедневно "фундаментальные теории" о том, как международная политика работает внутри политической системы» (p. 22).

В среде традиционалистов, по мнению Альберта, существуют «бифуркационные» дебаты (имеются в виду дебаты между двумя лагерями). Один лагерь просто изучает международные отношения, другой вместе с этим обращает внимание на то, как они изучаются. Альберт имеет в виду споры между школами. На самом деле, полагает он, эти споры бессмысленны, поскольку, говоря теоретически, "международные отношения" вообще не формируют систему, т.к. (здесь Альберт цитирует Лумана):

> Понятие международной системы является… неясным, поскольку никто точно не знает, что такое нация (государство), и никто не может объяснить, как «между» (inter) может быть системой (p. 22).

И поскольку Луман решил, а Альберт ему поверил, что никто не знает названных азбучных вещей, то на помощь должна прийти СТС, которая решает эти проблемы простым способом: убирает их из лексикона международников. Испытанный способ решить «проблему». Посмотрим, как она это делает.

Альберт фиксирует, что обычно политическая система делится на субсистемы, которые «функционально» отличаются от других субсистем. (Так делят системы на субсистемы только структуралисты.) В отличие от других функциональных систем внутренне политическая система мирового общества исследуется как разделенная по территориальному принципу на государства. Хотя это деление СТС и вынуждена принимать, но в процессе изучения политической системы она не особенно обращает внимание на «международную политику», а главным образом исследует политику внутри современных индустриальных государств (ibid.). Этой туманной фразой Альберт хочет подчеркнуть, что сторонников СТС не интересует внешняя политика государств, а только политика внутренняя. Прекрасно. Но тогда какое отношение их исследования имеют к международным отношениям? Внутренней политикой занимается политология. Если в этой связи сразу же будет сказано, что внутренняя и внешняя политика взаимосвязаны, что действительно так, тогда надо объяснить, в каких узлах они взаимосвязаны и какие внутриполитические мотивы являются определяющими для формирования внешней политики. Вместо этого Альберт начинает рассуждать о различии между территорией (=регионом), где действуют «некие онтологические атрибуты», и «пространством», где властвует функциональность. При этом он чуть ли не гордо заявляет: «Пространство формирует средство коммуникации, которое тем не менее не очерчивает границы социальной системы» (р. 23). Это «тем не менее» абсолютно бессмысленно хотя бы уже потому, что «средства» не обладают функцией «вычерчивания» чего бы то ни было. Так что же тогда анализируется в «пространстве»?

В социальной системе, продолжает объяснять Альберт:

> «Пространственные границы» заменяются правилами «включения и исключения», которые не обязательно определяются пространством. Например, в качестве «исключения» в экономической системе можно рассматривать тех, кто находится в бедности. Их трудно «исключить» даже пространственно, и они не обязательно даже привязаны к «политическим исключениям» (ibid.).

После такого примера наконец становится ясно, что анализируемые «проблемы» не формируют «территорий», тем более «регионов», и даже трудно вписываются в пространство. Но хотелось бы знать, кому может прийти в голову, вписывать проблемы или темы в пространство? Это же «в огороде бузина, а в Киеве дядька». О каком «плодотворном обмене» между ТМО и СТС может идти речь, когда сторонники первого и второго совершенно расходятся в том, что и как исследовать. Сам Альберт, чувствуя явные нестыковки, указывает на «недостатки» СТС, проявляющиеся в несоответствии эмпирическим и теоретическим исследованиям.

Видимо, не только он, но и Хельмут Вильке чувствует это и пытается выйти из тупика СТС, предложив особое «пространство», а именно вместо изучения «мирового общества» изучать «боковую ветвь мировой системы» (lateral world system) (р. 24). В какой-то степени резон в таком предложении есть, если иметь в виду, что пусть, дескать, ТМО занимается именно международными отношениями, т.е. взаимодействиями между государствами и полями, которые они создают, а СТС — пространством за пределами международных отношений. Тем более, как полагают структуралисты, значение государства в современном мире чуть ли не сведено к нулю и главными, боязно даже употребить это слово, «акторами» в мировом обществе являются ТНК, международные организации, негосударственные организации (НГО), отдельные личности, движения и т.д. Видимо, в этом смысле и формируют сторонники СТС *die Wissenschaft vom Globalen* («всемирную науку»). Но приверженцы Лумана подпиливают даже эту «боковую ветвь», предложенную Вильке. Поскольку «с точки зрения Лумана, который рассматривает мировое общество в первую очередь как функционально дифференцированные в оперативно закрытые функциональные системы, не существует никаких международных отношений в любом смысле этого термина»[1]. Раз международных отношений не существует, а есть только мировое общество, то СТС — это главное теоретическое орудие познания мира. Ну а сторонники ТМО, коль они существуют, могли бы вписать в свой актив идеи СТС, рассматривая политическую систему государств плюс систему функциональных международных институтов. И вот то, что оказывается главным в этой самой СТС:

> Она позволяет «избегать теоретических идей о 'противоречивых' тенденциях и понятиях диалектики как стимулирующих социальные изменения» (p. 26).

Иначе говоря, убрать из познавательного процесса диалектическую методологию с ее противоречиями, заменив ее на нейтральные «коммуникации», в которых происходит мирное функционирование неких процессов, столь же невидимых, как благостные деяния всевышнего. Аминь!

* * *

На этом, уважаемый читатель, мы не прощаемся с теориями Лумана и его адептов, поскольку они немало сказали и по такой важной для исследования теме, как власть. Причем представление о власти у них тоже «немецкое», которое выражено также и в другой коллективной монографии «Власть и господство. К ревизии двух социоло-

---

1. На всякий случай даю оригинал этой цитаты: «From the Luhmannian perspective which sees world society as primarily differentiated functionally into operatively closed function systems, there are no international relations in any meaningful sense of the term» (p. 24).

гических ключевых понятий»[1]. Эта тема разбирается авторами на базе теорий Макса Вебера и других крупных социологов Германии. Поскольку в «Мирологии» запланирован специальный раздел о силе и власти, то позиция немецких авторов будет подробно рассмотрена там.

---

1. *Macht und Herrschaft. Zur Revision zweier soziologischer Grundbegriffe.*

2. Теории международных отношений с китайской спецификой

Западные ученые с недавних пор стали задавать себе вопрос: почему на Востоке, имея в виду прежде всего Восточную Азию, нет теорий международных отношений (ТМО)? И в некоторых работах пытаются объяснить этот феномен.

Вопрос поставлен в чисто западном стиле, поскольку он подразумевает теорию именно в форме западных парадигм, т.е. тех терминов, понятий и категорий, к которым привык Запад. При этом упускается из виду то, что сам Запад начал создавать ТМО фактически только после Второй мировой войны, да и то не сразу, если вспомнить аналогичный вопрос, поставленный английским теоретиком Мартином Вайтом в 1960 г. как раз применительно к самому Западу: «Почему нет теории международных отношений?»[1].

Здесь и Вайт, и те, кто ставит этот вопрос в отношении незападных стран, путают два понятия: наука и теория. Выше я уже говорил о различии между данными понятиями. Наука объективна и универсальна, не имеет гражданства и национальности. Теория же, как форма научного обобщения, в общественных дисциплинах может быть ошибочной, национальной и идеологичной. Исходя из этого можно сказать, что науки о МО действительно нет ни на Западе, ни на Востоке, а теорий существует великое множество и там и здесь.

* * *

---

1. *Wight*. Why is there no International Theory?

Не является исключением в этом смысле и КНР. В Китае как в древности, так и после 1949 г. существовало множество теорий с китайской спецификой ви́дения мира, которые не похожи на западные варианты. Очевидно, что мировидение китайцев базируется на традиционной философии, которая с начала XX в. стала разбавляться различными течениями с Запада, включая ее марксистское направление в его советском исполнении. Как утверждает Цинь Яцин[1] (из Китайского университета внешней политики, Пекин), в китайском контексте слово теория имеет два значения: одно — руководство к действию, другое — сумма знаний и идей, объясняющих мир в духе теорий Кеннета Уолца и Хедли Булла[2]. К первому типу, очевидно, относятся теории «Трех миров» Мао Цзэдуна и «Стратегические теории» Дэн Сяопина. К ним же можно без большой натяжки отнести и знаменитую военную теорию (даже целое учение) Сунь Цзы, воплощенную в трактате «Искусство войны»[3], который до сих пор является настольной книгой для современных военных. Ко второму типу — теории с философским наполнением ви́дения мира. Здесь будет рассмотрен второй, теоретизированный, вариант, испытавший на себе воздействие западных образцов за последние два десятилетия[4].

Общее представление китайцев о мире

Сразу же следует признать, что китайская политическая мысль до определенного времени действительно не обременяла себя специальными теориями международных отношений. Для этого бы-

---

1. Вначале указывается фамилия, затем имя.

2. *Qin Yaqing.* Why is there no Chinese international relations theory? // Non-Western International Theory, p. 27.

3. *Sun Tsu.* The Art of War.

4. Первый вариант теорий будет проанализирован в разделе о современной внешней политике КНР.

ли исторические причины. Они заключались в том, что в китайском лексиконе не могло быть даже слова между-народный (international), поскольку в традиционном представлении китайцев в мире существовал Китай в качестве центра, от которого как бы кругами расходились различные народы-данники, управляемые китайским императором. Само название страны — Чжунго — означает Центральное, или Срединное государство. То есть структура такой международной системы была проста: в центре Китай, на периферии подчиненные государства, платившие дань центру. Эта система, видимо, сложилась уже в эпоху династии Чжоу (1046–771 гг. до н.э.), но наибольшее развитие получила после объединения страны в эпоху династии Цинь (с 221 г. до н.э.) и сохранялась до начала XIX в. Описанная система предполагала не взаимодействие между центром и некими самостоятельными внешними госообразованиями, а взаимоотношения внутри одной системы с четкой иерархической соподчиненностью. Естественно, ни о каком суверенитете подданных речи быть не могло. Такой подход в принципе исключал саму идею международности (internationness) и, соответственно, какие-либо теории МО даже практического характера.

Традиционное китайское мировидение описывается термином *тянься* (Tianxia), означающим «пространство под небом». В философском смысле термин вбирает в себя абсолютную целостность, внутри которого нет Я, отделенного от других. Этот подход китайский ученый Цянь Му называет «интровертным»: «когда все вокруг внутри меня». Для китайского мышления это означает, что нечто может быть далеко от тебя во времени и пространстве, но это нечто никогда не будет в оппозиции к тебе или таковым, которое необходимо завоевать. Быть вдалеке, если говорить о времени, — это как прадед отстоит от правнука. Если же речь идет о пространстве, то система центр–периферия напоминает круги воды, непрестанно разбегающиеся от центра. Этот целостный подход отличается от западного представления о противоположностях, которые неизбежно должны вступить в конфликт[1].

Вторая составляющая «тянься» — это идея датун (Datong), т.е. «великой гармонии». В дуалистической философии такая гармония невозможна в принципе. В философии «тянься» она не только возможна, но и неизбежна, поскольку кажущиеся противоположными элементы всегда дополняют друг друга. Такое взаимодополнение хорошо объясняется философией «инь-ян»[2], которая визуально представляет даже его символ. Концепция «тянься» охватывает весь мир и ставит своей целью его гармонизацию. Она как бы представляет такое пространство, где встречаются человек и природа, материальное и идеальное, физическое и духовное. Как уверяют многие китайские теоретики, современные идеи о гармонизации мира, внедренные во внешнеполитическую доктрину КНР в 2006 г. в виде принципа «уважения национальных интересов других стран», вытекают именно из идеи «датун»[3].

Третья составляющая «тянься» — идея порядка. В конфуцианской философии, как известно, идея порядка в обществе является центральной. Хотя на первый взгляд в налогово-даннической системе вроде бы заложена идея неравных отношений, но в глазах конфуцианцев эти неравные отношения не воспроизводят мир джунглей ни в каком его варианте: ни по Гоббсу (на основе равенства, но враждебности), ни по Локку (на основе равенства и соперничества), ни даже по Канту (на основе равенства и дружественности). В конфуцианском смысле эти отношения определяются по аналогии с отношениями между отцом и сыном — как милосердное неравенство. Именно так строилась семья в Китае, именно так

---

1. Как выражается китайский философ Фан Тунмэй (Fang Tung-mei), западный дуализм, построенный на гегелевской диалектике, зиждется на «идеологии фатального противоречия», а китайская диалектика – на основе «диалектической гармонии». См.: *Dellios*. International relations theory and Chinese philosophy, p. 74.

2. Инь-ян (тьма-свет) — в древнекитайской философии полярные силы (женское и мужское, темное и светлое, пассивное и активное начала), составляющие основу и гармонию мира.

3. См.: *Dellios*. International relations theory and Chinese philosophy, p. 83.

строились и отношения в «тянься». Понятно, чтобы такая система закрепилась, нужны были некие принципы и правила, которые бы превратились в норму жития. И хотя многим они известны из философии Конфуция, есть смысл их еще раз напомнить. Их основой являются пять типов отношений: между отцом и сыном, императором и министрами, мужем и женой, между старшим и младшим братьями, между друзьями. Скрепляющим социальным клеем служили четыре принципа: правильное поведение, справедливость, честность и чувство стыда. Правление на базе этих правил обозначалось термином *личжи* (Lizhi), означающим правление на основе этического кода и/или морали.

Надо иметь в виду, что западные авторы по-разному толкуют философию «тянься». В интерпретациях одних, например австралийского китаиста Розиты Делиос, эта философия, как и весь набор философских течений (даосизм, конфуцианство, буддизм, моизм), представляет собой «гармонизацию на Земле»[1]. В толковании других, по ее же словам, — это «философия преднаучного мистицизма» (p. 65). В интерпретации третьих, концепция «тянься» представляет собой китаецентристский взгляд на мир, в соответствии с которым в центре его находится единственная цивилизация, Срединное царство, которое окружают варвары. Они не заслуживают даже названия. Их роль и значимость зависят от степени усвоения ими китайской культуры. Естественно, взаимоотношения с ними не могли строиться на базе европейских представлений как между суверенными государствами, но только как господина и подчиненных[2].

Таким образом, на протяжении долгого исторического периода Китаю не было надобности создавать отдельные теории МО из-за отсутствия их необходимости. Они не формировались и в период с середины XIX в., когда Китай попал в объятия Запада, вплоть до возникновения КНР в 1949 г.

---

1. Ibid., p. 81.

2. Подр. см.: *Jacques*. When China Rules the World, p. 240–4.

Общие теории и принципы внешней политики КНР

Именно с момента возникновения КНР в стране стали появляться теории международных отношений, выраженные в официальных государственных доктринах внешнеполитического свойства. Эти теории были и остаются важнейшим компонентом, точнее, стержнем процесса формирования и реализации внешней политики. Они призваны убедить население в обоснованности тех или иных шагов китайской политики на международной арене. Обоснование построено на теории, которая, в свою очередь, призвана отражать объективную реальность. В соответствии со стандартами китайских определений теория (лилунь) есть «система концепций и принципов, или систематизированное рациональное знание; научная теория устанавливается на основе общественной практики, доказывается и проверяется ею и правильно отражает суть и законы объективной реальности. Значение научной теории определяется ее способностью управлять человеческим поведением»[1].

В Китае к теории исторически относились с глубоким уважением. Если она казалась убедительной, отражала практику большинства китайцев, тогда проведение политики на основе теории становилось нетрудной задачей с точки зрения ее поддержки внутри страны. Причем китайцев не смущает частая смена теорий. Напротив, большую настороженность вызвала бы «вечная» теория. В сознании это фиксируется тем, что поскольку жизнь, мировая обстановка, да и сам Китай постоянно меняются, значит, теория, отражая эти изменения, также должна меняться, иначе она превращается в догму.

В китайских документах часто присутствует термин *лин-хо син* (гибкость), который как бы аккумулирует и отражает

---

1. *Ci hai* (Shanghai: Shanghai Dictionary Publishing House, 1979, 2766). Цит. по: *Wang Jisi*. International Relations. Theory and the Study of Chinese Foreign Policy: A Chinese Perspective, p. 482.

явления, требующие постоянных изменений. Одновременно есть некие постоянные ценности, которые нельзя изменить, или по крайней мере они не подлежат изменению. Это своего рода фундаментальные принципы, касающиеся жизненных национальных интересов. Такие бескомпромиссные ценности обозначаются термином *юаньдзэ син* (принципы), под который подпадают национальные интересы, суверенитет и социалистический путь развития КНР. Среди национальных интересов четко фиксируется принцип воссоединения с Тайванем, и этот принцип не подлежит ни компромиссам, ни даже обсуждению. В разряд аналогичных принципов входят чжунсюэ вэйти (китайские ценности), которыми нельзя поступаться при взаимодействии с Западом. В то же время принцип сисюэ вэйюн (западные ценности) предполагает использование западных ценностей в технических и практических целях[1].

Без знания такого типа нюансов часто бывает сложно понять «непоследовательность» китайских теорий и поведение Пекина на международной арене. И хотя названные принципы находили свое воплощение в практических теориях и доктринах внешней политики КНР, которые будут разобраны в соответствующем разделе, они не могли не сказаться и на восприятии западных теорий, которые стали проникать в КНР с начала 1990-х годов.

Освоение западных теорий МО

Как уже указывалось, предыдущие китайские теории МО и внешней политики еще не были теориями в буквальном смысле слова, тем более в западном смысле. Естественно, на них наложил отпечаток новый строй в Китае, новая идеологическая основа и тесная связь с Советским Союзом. Причем, если в начальный период ста-

---

1. Подр. см.: *Zhao Quansheng*. Chinese Foreign Policy Toward Northeast Asia and Sino-Korean Relations: Domestic and International Dimensions.

новления КНР его внешнеполитические теории обильно обрамлялись марксистской и социалистической терминологией, то в последующем, особенно с конца XX в., в них, с одной стороны, активнее стали внедряться элементы традиционной китайской философии, с другой — достижения западной мысли.

Уже упоминавшийся Цинь Яцин, сам теоретик и исследователь становления теорий МО в Китае, пишет, что период после 1949 г. можно разделить на три этапа. Первый этап начинается с 1953 г., когда в Пекине впервые был учрежден Департамент дипломатических исследований при Народном университете Китая, через два года реорганизованный в Институт внешней политики. Этот этап длился до 1964 г. Функции этой организации в основном сводились к подготовке дипломатических кадров. В ходе второго этапа (1964–1979) были созданы три департамента международной политики в трех главных университетах страны: Пекинском, Народном и Фуданьском. В первом изучались освободительные движения в Третьем мире, во втором — коммунистическое движение, в третьем — международные отношения на Западе. Главной задачей была интерпретация мировой политики в духе классиков — К. Маркса, В.И. Ленина и Мао Цзэдуна. Формировались и теории прикладного назначения (теории для действий) типа различных вариантов теорий «Трех миров».

Третий этап начался с 1979 г. и длится по настоящее время[1]. Именно в это время в Китае начинается углубленное освоение западной мысли. Количественное нарастание этого освоения демонстрирует таблица, в которой показана идеологическая структура (в процентах) публикаций статей основных теоретических школ КНР[2].

---

1. *Qin Yaqing.* Why is there no Chinese international relations theory? P. 28.

2. Количественный подсчет велся автором на основе анализа пяти основных журналов, специализирующихся на международной тематике: World Economics and Politics, European Studies, Foreign Affairs Review, International Review and Contemporary International Relations. — См.: *Qin Yaqing.* Development of International Relations Theory in China, p. 193, 194.

Годы	Марксизм	Реализм	Либерализм	Конструктивизм	Китайская парадигма*	Другие
1978–1990	32	26	16	0	6	20
1991–2000	5	34	37	6	9	9
2001–2007	4	24	32	25	5	10

* Школа китайской парадигмы на основе китайской философской мысли.

Приведенные цифры красноречиво свидетельствуют о резком падении в 1978–2007 гг. публикаций марксистской школы и стагнационного состояния традиционной китайской школы. В то же время если высокий процент публикаций школ политического реализма и либерализма объясним тем, что именно работы авторов данных направлений переводились в Китае в первую очередь, то популярность конструктивизма, оказывается, была вызвана тем, что, по словам профессора Циня, эта школа в своей сути совпадает с интерпретацией в китайской философии понятия и син (изменение). Кроме того, другим ключевым словом в конструктивизме является самовосприятие (идентичность), которое для нового Китая также стало важным из-за определения себя в качестве возвышающейся державы. Взаимодействие пары «идентичность» и «поведение», широко обсуждаемое в Китае в рамках конструктивизма, и сделало эту школу популярной среди китайских ученых.

Объясняя падение влияние марксистской школы, Цинь указывает, что она не смогла развить парадигму, объясняющую уникальность Китая, прежде всего специфический характер китайского социализма и его поведения на мировой арене. В то же время некоторые ученые «теорию зависимости» рассматривают как отдельное направление именно марксистской традиции. Но опять же это не китайское «открытие». Точно так же эта теория рассматривается и на Западе.

Несмотря на усиленное распространение теорий западных школ, в первую очередь американских, китайские ученые осознают, что они не могут объяснить явления, характерные для поведения Китая и других стран Восточной Азии. Например, существующий процесс интеграционных связей в этой зоне, несмотря на отсутствие доверия между многими странами региона. Кроме того, китайские ученые понимают, что нельзя слепо следовать западным теориям, а необходимо вырабатывать собственные ТМО, исходя из китайской практики и перспективы своей страны. Именно этого, как полагает автор, ждет от Китая и «остальной мир», отношения с которым расширяются и уплотняются с каждым годом. Несмотря на подобное осознание, Цинь констатирует, что до сих пор в Китае так и не создана хорошо структурированная китайская теория МО (p. 195).

Китаизированные варианты западных ТМО

Как уже говорилось, с начала 1990-х годов в КНР стали изучаться западные теории МО, и некоторые их идеи китайские ученые начали брать на вооружение для формирования собственных теорий[1]. Их переработка на китайский лад, видимо, и дала повод для многих несколько иронично называть эти теории — «с китайской спецификой». Наиболее популярными, ставшими элементами официальных внешнеполитических доктрин, стали три теории, построенные на идеях а) глобализации, б) силовой теории неореалистов (теория комплексной мощи государства) и в) идее Джозефа Ная-мл. о «мягкой силе». Остановимся здесь на последних двух.

---

1. Познавательная информация о трех подходах в отношении китаизации западных теорий международных отношений представлена в статье российского исследователя А. Королева и китайского теоретика Чжан Жуйчжуана «Теория международных отношений с китайской спецификой: современное состояние и тенденции развития».

Концепция Комплексной мощи государства (КМГ)

Сразу же следует сказать, что эта концепция на китайском языке называется дзунхэ голи (zōnghé guólì 综合国力). Русские переводят это словосочетание так, как указано в подзаголовке, американцы — как Комплексная национальная сила (Comprehensive National Power). Надо заметить, что китайский иероглиф ли означает именно силу, поскольку мощь они передают другими иероглифами — кэнен (kěnéng 可能) и цянгуань (qiángquán 强權). В результате в таких переводах исчезает разница между мощью и силой, содержание которых весьма различно, что будет объяснено в соответствующей главе. Но поскольку ни китайские, ни американские теоретики этой разницы не видят, а воспринимают этот термин именно как мощь, пока будем говорить об этой концепции в их толковании.

Эта концепция была разработана в конце 1990-х годов в недрах Китайской академии социальных наук, Военной академии Народно-освободительной армии Китая (НОАК) и Китайского института современных международных отношений. Точнее, ученые указанных учреждений не столько разрабатывали, сколько перерабатывали идеи американских ученых Эшли Телиса, Майкла Портера, Рэя Клайна, Клауса Норра, Клифорда Германа и др., тяготеющих к количественному измерению силы.

В принципе показатели, которые использовали китайцы, по существу ничем не отличаются от американских вариантов, за исключением их количества. Так, Китайская академия социальных наук использовала восемь «аспектов» и 64 индикатора.

Что же китайские исследователи понимают под комплексной мощью государства?

Шанхайский ученый Цю Минчжэнь (Qiu Mingzhen) дает такое определение КМГ (в английском тексте переведено как Комплексная национальная сила /КНС/):

> Национальная мощь (power) — это своего рода объединенная сила (force), равно как и интегрированная и комплексная система сил (strengths). Она включает в себя экономическую, политическую, военную и дипломатическую силы (powers) определенной нации и также аккумуляцию [возможно, имеется в виду информация], потенциал, силу (vigor) и уровень развития культуры… Культура является не только постоянной существенной частью КНС, но также и важным индексом КНС[1].

Читателю следует обратить внимание на то, что мощь определяется через некие другие силы (force, strength, power and vigor), которые сами понятийно не определены. Вместе с тем сама мощь как power в других случаях определяется аналогичными powers. Это означает, что субъект определяется через неопределенный предикат, причем предикат и субъект терминологически обозначаются одним и тем же словом. По Гегелю, это пустое тождество. Такие определения — нарушение правил даже формальной логики. Правда, в Википедии дается такое различие: военные факторы — это «жесткая сила» (hard power), а экономические и культурные факторы — «мягкая сила» (soft power). Однако такое различие ничего не решает, поскольку сам военный фактор состоит из «жесткой силы» (обычно ее обозначают словом *force*), т.е. военного потенциала, и «мягкой силы»: управление, командование и т.д. Китайские теоретики, идя за американцами, со словом *power* попадают в ловушку. В Википедии же утверждается, что введение в КМГ индикатора ВНП является чисто китайской инновацией, не вытекающей ни из западной политической мысли, ни из марксистско-ленинской, ни традиционно китайской.

Это утверждение неверно. На начальной стадии формирования данной концепции ее авторы, перечисляя «жесткие» составляющие КМГ (экономика, территория, население, военная сила и т.д.), большое внимание уделяли ее «мягким» компонентам именно в марксистском смысле и на базе марксистской терминологии. Так, Цю Минчжэнь, подчеркивая, что Китай является социалистическим государством, рассматривает КМГ как отражение

---

1. *Qiu Mingzhen.* On Development of Culture and Comprehensive National Power, p. 314.

соответствия социалистической надстройки социалистическому экономическому базису и социалистическим производительным силам. Он пишет:

> Чтобы усилить КМГ Китая, мы должны консолидировать и развивать экономическую систему на начальной стадии социализма, энергично развивая социалистические производительные силы, строить материальную и институциональную цивилизацию социализма, так же как и развивать надстройку и социалистическую идеологию, адаптированную к социалистическому базису. И на этой основе строить духовную цивилизацию, всесторонне продвигаясь к прогрессу. Это — базовые условия для усиления КМГ социалистического Китая и историческая задача социалистической культурной работы в Китае. В целом же социалистическая культура Китая включает в себя материальную и духовную культуры (p. 318–9).

Из этой длинной цитаты, в которой постоянно употребляется слово *социалистический*, весьма явно видна «китайская характеристика», вследствие которой понимание КМГ в КНР отличается от западных интерпретаций. Элемент культуры становится чуть ли не ядром всей КМГ, от степени развития которой зависят все остальные, в том числе и материальные ее компоненты. И по большому счету шанхайский ученый прав. Его правота становится наглядной, когда он объясняет, что такое культура:

> Китайская социалистическая духовная культура включает в себя идеологию, мораль, образование, науку, технологию, литературу, искусство, санитарную и физическую культуру. При этом наука и технология, особенно их наиболее развитые формы, являются «первичными производительными силами» (p. 319).

Читатель не найдет ни одного автора среди буржуазных теоретиков МО, которые информировали бы о социалистической интерпретации КМГ китайскими учеными. В какой-то степени их оправдывает то, что и сами китайские ученые с течением времени перестали педалировать социалистический характер КМГ, с одной стороны, видимо, поняв, что надстроечные факторы в этой мощи невозможно подсчитать, с другой — просто сконцентрировавшись на ее «жестких» компонентах. Однако и здесь все оказалось не так просто.

Два китайских автора из Университета Цинхуа Ху Аньган и Мен Хонгуа приводят результаты анализа КМГ по формуле, разработанной Хуан Софэном (Huang Suofeng, 1996, 1999. Военная академия НОАК)[1]:

$$P = K \times H \times S$$

где P обозначает КМГ данного года, K — координационная система, включающая такой фактор, как способность национального руководства к координации и объединению, H — материальное обеспечение, включающее все физические факторы, S — интеллектуальное обеспечение, включающее совокупность императивов мышления, интеллектуальные и другие факторы.

К материальному обеспечению авторами отнесены экономические ресурсы, человеческий капитал, ресурсы природные и финансовые, области знаний и технологий, управление (=финансовые расходы центрального управления), военные и интернациональные расходы (объемы экспорта и импорта, прибыль и лицензионный сбор). В итоге — восемь параметров, состоящих из более дробных индикаторов.

Интересно, что, хотя эта статья была написана в 2007 г., обобщающие данные были даны только за 1998 г. Как бы то ни было, в результате подсчета КМГ по данной методике пять государств в 1998 г. расположились в следующем порядке: США, Япония, Россия, Китай и Индия. Ненаучность подобной оценки заключается уже в том, что по одному из главных индикаторов, ВВП, входящему в КМГ, Россия в те годы находилась на 11-м месте, уступая остальным названным государствам. Не говоря уже о координационной системе (К), которая была просто развалена. Авторов подсчета это, правда, не смущало.

Еще больше вопросов вызывает приведенная ниже таблица из «Желтой книги» по международной политике Китайской академии социальных исследований.

---

1. *Ху Аньган, Мен Хонгуа* [Мэнь Хунхуа]. Подъем современного Китая. Всеобъемлющая национальная мощь и великая стратегия.

Ранг	Страна	Очки
1	США	90.62
2	Великобритания	65.04
3	Россия	63.03
4	Франция	62.00
5	ФРГ	61.93
6	Китай	59.10
7	Япония	57.84
8	Канада	57.09
9	Корейская Республика	53.20
10	Индия	50.43

Источник: Reports on International Politics and Security (January 2006) // Yellow Book of International Politics. — http://en.wikipedia.org/wiki/Comprehensive_National_Power

Из этой таблицы вырисовывается, что Комплексная мощь государства, например таких стран, как Канада, Южная Корея превосходит аналогичную мощь Индии, а Великобритании — всех стран, кроме США. Это явно расходится с действительностью, и не только потому, что в КМГ невозможно подсчитать нематериальные факторы. Но даже подсчет самих материальных ресурсов (население, территория и экономика) еще ни о чем не говорит. По крайней мере к силе государства они имеют слишком опосредованное отношение, приблизительно такое же, как вес и рост человека к его способностям размышлять. Эти индикаторы всего лишь констатируют количественные параметры тех или иных явлений, в лучшем случае намекая на их потенциал. Скажем, в Канаде население составляет около 35 млн чел., а в Индии более 1,2 млрд чел. Несмотря на это, ВНП Канады превосходит ВНП Индии, что означает: на душу населения Канады приходится значительно больше выпускаемой продукции, чем в Индии. Вопрос: на каких весах взвешиваются всего лишь три переменные: качество и количество населения и ВНП на душу населения?

Другими словами, мощь — просто количественный подсчет материальных ресурсов страны, ее, выражаясь марксистским термином, материальная база, которая должна быть сопряжена с надстройкой государства. Именно государство определяет, каким образом эту мощь и этот потенциал превратить в силу для достижения определенных целей.

Иначе говоря, мощь без превращения ее в силу — пустой звук. В этой связи встает вопрос: а что такое сила? Китайские авторы данной концепции на эту тему не размышляли. Но если бы они решили проблему силы, тогда встал бы не менее важный вопрос: в каких целях она должна быть использована? Для «баланса сил», как писал Моргентау? Или для продвижения «демократии» во всем мире в духе американской внешней политики? Хочу подчеркнуть, что сила, использованная без научно обоснованной цели, ведет к пустой растрате всех компонентов КМГ. Это — непростые вопросы, которые на теоретическом уровне китайские ученые не обсуждали.

Теперь нужно разобраться с «мягкой силой», тоже ставшей модной среди китайских международников.

«Мягкая сила» по-китайски

Концепция «мягкой силы», тесно связанная с концепцией Комплексной мощи государства (КМГ), вошла в лексикон политических деятелей КНР с 1993 г. после появления статьи Ван Хунина в журнале Фуданьского университета под названием «Культура как национальная сила: мягкая сила»[1]. Любопытно, что китайские ученые не углубляются в философский анализ сути данной концепции, удовлетворяясь ее возможностью вынести на первый план

---

1. *Wang Huning*. Culture as National Power: Soft Power. Поначалу английское словосочетание soft power переводилось различными сочетаниями иероглифов (*ruan shili, ruan liliang, ruan guoli and ruan quanli*), из которых наиболее употребительным оказалось *ruan shili*. Любопытно другое, что и quanli (權力), использованное профессором Ваном, и shili (勢力) имеют также значения сила-force, власть, влияние. То есть они отразили трехзначность термина power.

культуру как главную составляющую «мягкой силы», на основе которой должна базироваться внешняя политика КНР. В то же время ученые-международники китайского происхождения, проживающие за пределами КНР, почему-то уделяют данной концепции повышенное внимание с упором именно на теоретическую составляющую данной концепции.

В 2009 г. вышла книга под названием «Мягкая сила: стратегия нового Китая в международной политике»[1], авторами которой, за исключением одного, являются китайцы как из КНР, так и других стран. Суть данной работы — понять, что означает для Китая концепция «мягкой силы».

Почти каждый из них поначалу приводит многочисленные выдержки из речей китайских руководителей, в которых упоминался термин мягкая сила (pp. 1, 22, 24), а также объяснение этой самой силы автором термина Джозефом Наем-мл. И в самом начале редактор данного сборника, сингапурский ученый Ли Миндзян (Li Mingjiang) обозначает два подхода к этой теории. Один выражен Джошуа Курланчиком: китайская мягкая сила «трансформирует весь мир» (p. 2). Другой — известным международником Фаридом Закария:

Китай использовал мягкую силу только в том смысле, чтобы продемонстрировать, будто бы он осуществляет свою силу только в мягкой форме. Он делает это сознательно, показывая, что он не разбойник (хулиган, bully) (ibid.).

А дальше возникает вопрос, что же такое «мягкая сила»? Най в одной из работ указывал на критерии «мягкой силы», каковыми являются привлечение, убеждение, кооперация и подражание (emulation, состязание). С этим как бы все согласны. Но с точки зрения логики непонятно, как культура, идеология и ценности могут быть источниками «мягкой силы»? Ли Миндзян пишет:

Если страна проводит агрессивную культурную политику, то в результате она может привести к страху перед культурной гегемонией или культурным империализмом (p. 4).

---

1. *Soft* power: China's emerging strategy in international politics.

Хочу отметить, что подобные «каверзные» вопросы ученые подчас ставят (безотносительно Китая) не столько из-за использования данного термина, сколько для того, чтобы показать абсурдность самой концепции Ная.

Между прочим, и в самих США немало критиков данной концепции. Например, Джеймс Трауб в этой связи пишет, что продукты наших развлечений и зрелищ значительно более «устрашающи с гегемонистской точки зрения, чем наша военная мощь» (цит. по: ibid., p. 4).

Ли ставит идею «мягкой силы» в социальный контекст. Имеется в виду политическая среда, в которой реализуется эта сила. Одно дело в рамках американской либеральной демократии, другое — внутри китайской модели «политического авторитаризма плюс экономического либерализма». Первый вариант приветствуется в среде многих социально-политических элит на Западе, второй — странами Третьего мира. «Следовательно, категоризация источников силы в дихотомии жесткой и мягкой сил является неуместной» (p. 6). Другими словами, неубедительной становится и концепция КМГ, как раз и состоящая из такой дихотомии.

Ли Миндзян напоминает, что некоторые китайские ученые также усматривают в идее Ная несогласованности. Например, Чжу Фэн (Zhu Feng) утверждает, что дело не столько в «мягкой силе», сколько в том, как воспринимается международным сообществом в целом политика государства и насколько она соответствует национальным интересам. Это касается не только мягкой, но и жесткой силы. Китайский вариант «мягкой силы», утверждают другие китайские ученые, — это «китайская модель», вбирающая в себя многосторонность, экономическую дипломатию, политику добрососедства (ibid.).

Более подробно идею культуры через «мягкую силу» ученый из КНР Чэнь Цзяньфэн (Chen Jianfeng) разъясняет так: посредством «китайской культурологической доктрины "середины"» (mean), которая лежит в основе конфуцианства, построена гармонизация ян и инь. В отличие от предыдущего толкования действия сил ян и инь в рамках философии «тянься», о чем говорилось выше, Чэнь пишет:

> В контексте международных отношений… конфуцианство настаивает на обращении с другими нациями на основе мягкости и морали и верит, что доброта является противоядием грубости (p. 12). В целом же доктрина «середины» (или «срединного пути») — это и есть китайская «мягкая сила» (p. 98).

В упомянутой выше статье Ван Хунина также упор делается на те аспекты конфуцианства, которые и составляют «мягкую силу» китайской культуры. Это и уважение благодаря достоинствам (yi de fu ren), и доброжелательное управление (wang dao), и мир и гармония (he), и гармония без подавления различий (he er bu tong).

Другие китайские ученые исходят из того, что «мягкая сила» скорее коренится в политической силе, чем в культуре, и в современных условиях воплощается в нынешних государственных институтах, нормах и надежности политической системы.

В отличие от Ная некоторые китайские ученые резонно обращают внимание, что «жесткая сила и мягкая сила не могут быть разделены, они дополняют друг друга» (p. 27). (Правильнее было бы сказать, что они неразрывно связаны между собой, одно без другого просто не существует.) Из этого логически вытекает выдвигаемая китайскими учеными очень неприятная для западных теоретиков идея о том, что сама нынешняя китайская модель развития является «источником национальной мягкой силы» (p. 26).

Мен Хонгуа (КНР) выделяет пять элементов «мягкой силы»: культура, ценности, модель развития, международные институты и международный образ страны (p. 28). Задача заключается в том, чтобы прорекламировать, скажем, культурный образ Китая на международной арене. И тут начинается нерадостная статистика. Сами китайские ученые дают такие цифры: в 2004 г. в КНР было импортировано 4068 типов печатной продукции (в основном книги) из США, а экспортировано только 14; из Англии — 2030, в Англию — 16; из Японии — 694, в Японию — 22 (p. 29). В этой связи китайские ученые как раз обеспокоены тем, что не столько Китай привносит в мир свою культуру, сколько Америка — свою. В результате США приобрели черты культурологического гегемона в мире, включая растущее влияние американской «мягкой силы» в самом Китае.

На Западе это тоже хорошо осознается. Как выразился один из западных китайцев Лю Цзяньбо (Luo Jianbo):

> Для такой богатой, свободной в культурном отношении мощной страны, как США, потерять мягкую силу в борьбе с Китаем кажется совершенно невозможным. Это было бы подобно поражению в боксе с одноруким боксером (p. 262).

Американский китаец Чжао Суйшэн (Zhao Suisheng) с удовлетворением констатирует:

> Так же как китайская экономическая и военная сила далека от уровня американской, мягкая сила Китая все еще не равна американской, в частности в области политических ценностей и моральной привлекательности (ibid.).

На первый взгляд кажется, что и Чжао и Лю правы. Возможно, они будут правы и на второй взгляд. На третий же — все будет зависеть от того, что они понимают под термином *сила*. А на этот вопрос пока не ответил ни один из них.

* * *

Резюмируя, следует признать, что западные взгляды, которые столь интенсивно стали осваивать китайские ученые с начала 1990-х годов, мало что дали с точки зрения развития теории международных отношений в Китае. С одной стороны, это вызвано тем, что даже на Западе ТМО находится на стадии, все еще не оформившейся в целостную науку. С другой стороны, играет свою роль фактор несовместимости подобных концепций не то что с китайской культурой политического мышления, но и с общей моделью развития страны — это то, что часто политологами-международниками называется «Пекинским консенсусом» в противоположность «Вашингтонскому консенсусу», что в упрощенной форме означает принципиальное отличие: социалистический и капиталистический варианты развития. Фундаментальные различия в этих «консенсусах» — главная причина отторжения западных теорий в китайском обществе.

Вместе с тем китайцы не избегают использовать некоторые аспекты различных теорий Запада в прикладном значении. Теория КМГ, например, стала стимулом для сопоставления материальной мощи КНР с другими странами, которая, хотя и в приближенной форме, все же позволяет более объективно оценивать динамику роста экономического потенциала страны. В какой-то степени небесполезна также и теория «мягкой силы» Ная. Она подтолкнула китайцев обратить более пристальное внимание на надстроечные элементы во внешней политике, одним из которых является пропаганда национальной культуры. Именно этот фактор стал стимулом создания в различных странах институтов Конфуция, в задачу которых как раз и вменяется распространение знаний о Китае, его культуре, литературе и т.д.[1] Такую же, например, функцию выполняют институты Гёте в распространении немецкой культуры, созданные ФРГ во многих странах.

Правда, если говорить о международном образе КНР, пока произведенная материальная продукция, заполонившая весь мир, усиливает его в значительно большей степени, чем мудрость Конфуция. Но на все надо время. Не исключено, что через какое-то время на столе западных политических и военных лидеров, помимо книги Сунь Цзы «Искусство войны», будет лежать и томик изречений Конфуция. А там, глядишь, дойдет дело и до цитатников Мао Цзэдуна, который на Западе станет таким же популярным, как в некоторых странах Африки и Латинской Америки.

---

1. Первый такой Институт был организован в Сеуле в 2004 г. К концу 2013 г. было создано 440 институтов и 646 «классов» в более чем 100 странах, которые обслуживают 850 тыс. зарегистрированных студентов. В 2013 г. на их функционирование было выделено 278 млн долл. Еще 60 институтов и 350 «классов» планируется открыть к концу 2015 г. См.: Economist. September 13, 2014, p. 51.

3. Япония и теории международных отношений

По образованию я японовед, и мне приходилось много писать о Японии, в основном о внешней политике этой страны. Естественно, мимо моего внимания не могли пройти работы тех ученых, которые так или иначе принимали участие в формулировании внешнеполитических доктрин или как минимум оказывали влияние на их формулирование. Подробно об этих доктринах и об ученых, причастных к ним, я писал в нескольких работах, но прежде всего в монографиях «Внешняя политика Японии» (1986) и «Азиатско-Тихоокеанский регион: мифы, иллюзии и реальность» (1997).

Уже в те времена я обратил внимание на то, что среди множества ученых-международников довольно редко попадались ученые-теоретики МО. Возможно, именно в этом была причина того, что ни в Советском Союзе, ни даже в США или Западной Европе мне не встретилась ни одна монография, написанная японскими теоретиками МО. Это не означает, что их не было. Они были, но писались они в иной форме, отличной от той, к которой относят теоретические работы по западным стандартам. Японская форма изложения отличается настолько, что не случайно задается вопрос: а существуют ли теории МО в Японии?

Убежден, что российские японоведы ответили бы на этот вопрос утвердительно по одной простой причине: они не отличают ученых-международников от ученых-теоретиков МО. Точнее, они об этом просто не задумываются.

Ответ же самих японцев не столь однозначен. И чтобы это понять, я прибегну для начала к статье, пожалуй, самого известного на Западе японского ученого Иногути Такаси[1]. Но для понимания содержания его статьи, равно как и моих последующих рассуждений,

---

1. Вначале указывается фамилия, затем имя.

предварительно мне придется воспроизвести небольшой фрагмент из моей монографии о внешней политике Японии, раскрывающий особый тип мышления японцев.

Тип мышления японцев

Сущность любой нации, ее специфика проявляются в типе мышления, который особенно резко бросается в глаза при сопоставлении друг с другом. Эта тема довольно обширная и обычно анализируется на стыке нескольких обществоведческих наук. Здесь я коротко ограничусь констатацией только некоторых особенностей японского типа мышления, существенно отличающегося не только от западных, но и китайского вариантов.

Для последних характерны строгие религиозно-идеологические принципы на основе христианства или конфуцианства, отвергающие любые побочные примеси других религий и идеологий. Конфликты с внешним врагом объективно требовали объединения и формирования государств, а для китайцев-ханьцев, помимо этого, необходимо было сохранить свою национальную сущность в условиях господства маньчжуров (речь идет о XVII– нач. XX в.). Внешние обстоятельства порождали или сохраняли (для Китая) универсальные идеологии, провозглашавшие моральное превосходство над внешним миром и над врагами. Это, в свою очередь, служило базой для формирования рационального мышления.

Исторический опыт Японии был иной. Своеобразное сочетание географического фактора (расположенность на периферии мировых цивилизаций), специфика исторического развития (самоизоляция на протяжении более 200 лет) и благоприятные внешние условия (отсутствие внешнего врага) — все это не стимулировало создание какой-либо целостной религиозно-философской основы. Как пишет профессор Политехнического института в Токио Нагаи Ёносукэ, Японии не было необходимости «создавать государственную идеологию для противодействия Европе, Индии, Китаю и другим великим империям»[1]. Результатом явился религиозный синкретизм, позволивший безболезненно адаптировать буддизм и конфуцианство при сохранении собственно японских, синтоистских представлений о мире. А с конца XIX в. японцы заодно успешно усвоили и западные духовные ценности как буржуазного, так и пролетарского направления.

Необходимо подчеркнуть также, что внутренняя структура японского общества исключала насильственное навязывание идеологий в виде некой «ортодоксальной теории», как это практиковалось, например, в соседнем Китае. Хотя правительство бакуфу (в период эпохи Токугава) имело свои официальные школы, в Японии существовало множество частных школ, пропагандировавших различные идеи. Причем все эти идеи и идеологические течения не перемалывались в одну господствующую идеологию. В феодальный период она оставалась полифонической. Лейтмотив появился позже, по мере врастания Японии в капитализм. При этом в качестве идеологического лейтмотива на первый план выдвинулся синтоизм — исконно японское вероучение, оказавшееся наиболее удобной формой политико-идеологического обеспечения империалистических устремлений во внешней политике.

Однако над обыденным сознанием японцев вплоть до наших дней продолжает довлеть полифоническая структура мышления, композиционно сформированная таким образом, что каждая ее часть вступает в свои «права» в надлежащее время и в соответствии с определенными обстоятельствами: при рождении ребенка и бракосочетании — синтоистские каноны, во взаимоотношениях между людьми — конфуцианские, обряды погребения и поминовения усопших проводятся в соответствии с буддийскими церемониями. Такой тип мышления крайне своеобразен и с философской точки зрения. Профессор университета Дзёти в Токио К. Цуруми, разбирая формы разрешения социальной напряженности, считает,

---

1. Цит. по: *1980-нэндай* нихонгайко-но синро (Внешняя политика Японии в 1980-е годы), с. 4.

что в отличие от Запада и Китая, где признаются противоречия (в философском смысле), японец «не признает ни противоположности интересов, ни противоположности ценностей и идеологий, ни наличия самого противоречия»[1]. Это означает почти полный отказ от законов даже формальной логики. Такая позиция объединяет в себе невнимание к противоречию и возможность удачного выбора различных функциональных элементов противостоящих сторон. Японское религиозное мышление отрицает «универсальные истины», или, другими словами, оно находит в каждом явлении «универсальные ценности». Подобный подход ограничивает философское исследование явлений.

В свое время известный философ Накаэ Тёмин (1847–1901) выразил следующую мысль, получившую широкое распространение: «В Японии с самых древних времен философии не существует». Основным принципом отношения к природе в Японии выступал «здравый смысл» и «чистый опыт». На основе этих категорий создавал свою философию Нисида Китаро (1870–1945), адаптировавший многие концептуальные положения американца В. Джеймса и австрийца Э. Маха. По мысли Нисида, «чистый опыт», присущий японскому мышлению, представляет собой «абсолютно конкретное целостное бытие, включающее в себя не только нерасчлененность субъекта и объекта, но нерасчлененность сознания, ощущения и воли». А потому, считал Нисида, «отрицаются и идеализм, и материализм, основывающиеся на утверждении первоначальной реальности либо духа, либо материи»[2].

Безусловно, Нисида утрировал специфику «нерасчлененности» японского сознания. В Японии были и есть и материалисты, и идеалисты, и приверженцы других философских или идеологических течений. Дело не столько в «нерасчлененности» последних, сколько в «мирном сосуществовании» всех этих школ и течений.

1. *Цуруми.* Кокисин то нихондзин. Тадзюкодзо то сякай-но рирон (Любопытство и японцы. Теория общества с многослойной структурой), с. 124.

2. Цит. по: *Нихондзин-но* сисо-то кодзо (Мышление и поведение японцев), с. 129.

При этом необходимо все же постоянно учитывать «трехполюсную логику» японцев, накладывающую печать на все существующие там «измы»: отрицание жесткого конфликта, неантагонистичность противоречий и непризнание их разрешения за счет утверждения одной из сторон. Это — как правило, но есть и немало исключений. Тем не менее именно такой тип логики определяет своеобразие Японии и в процессе принятия внешнеполитических решений, и формы и способы проведения непосредственно внешней политики[1], и, конечно же, в сфере теорий и концепций МО.

Течения и традиции в исследованиях по международным отношениям

Теперь об упомянутой выше статье Иногути Такаси «Почему нет незападных теорий международных отношений? Пример Японии»[2], в которой он пытается ответить на поставленный в ее названии вопрос. Надо иметь в виду, что Иногути редкий ученый, который одновременно сочетает в себе качества теоретика и международника. Кроме того, его работы очень часто публикуются за пределами Японии, особенно в США.

Итак, он сразу же утверждает: «Я считаю, что теория международных отношений в Японии существует» (р. 51). А далее идет множество «но». Среди которых есть и такое: мол, строгая традиция описательных работ, отличающаяся от позитивистского

---

1. Такая адаптивная логика применительно к внешней политике Японии у японских международников обозначается многими терминами, такими как *дипломатия приспособления* (тайокэй-но гайко), *дипломатия адаптации к ситуации* (дзёкё-ни цуйхокэй, или цуйдзуйкэй-но гайко), *дипломатия низкого профиля* (тэйсисэй гайко). Подр. см.: *Алиев* [*Бэттлер*]. Внешняя политика Японии в 70-е – начале 80-х годов (Теория и практика), с. 140–8.

2. *Inoguchi*. Why are there no non-Western theories of international relations? The case of Japan.

подхода, препятствовала развитию японской теории МО. Тем не менее он выделяет четыре различных типа «интеллектуальных течений» в данной сфере: 1) учение о государстве (здесь он употребляет немецкое слово — Staatslehre), 2) марксистская традиция, 3) историческая традиция и 4) позитивизм, так сказать, «американского стиля».

Понятно, что сказанное не совсем то, что под ТМО понимают на Западе. Неслучайно Иногути, разделяя «течения», не называет их науками. Они у него и течения, и традиции, и учения. Совершенно непонятен принцип их деления. Первое течение — Staatslehre — просто указывает сферу исследования. В СССР она называлась правоведением (или государствоведением). Под «марксистской традицией» Иногути понимает «политические и интеллектуальные принципы, которые рассматривают и экзаменуют феномены с упором на диалектику производительных сил и отношений и их политическое проявление» (ibid.). Фактически он обозначил методологию марксизма (диалектику) применительно к политэкономии. Но именно под «исторической традицией» Иногути понимает «методологию, где все должно изучаться исторически на основе проверяемых документов и материалов» (ibid.). А термином позитивизм он обозначает «идеологический принцип, где все должно быть эмпирически проэкзаменовано и проверено» (ibid.).

Любопытно: использованы различные критерии для выделения областей знания, которые привязаны к ТМО. Но японцы, как уже говорилось, могут понимать все иначе. Именно поэтому первые три «течения» у Иногути отнесены к ТМО, хотя они, как разновидности общественных наук, непосредственно к реальностям МО могут и не относиться. Кстати, сам термин *социальные науки (сякай кагаку)*, оказывается, возник из недр марксистской науки в 1920-е годы и фактически был синонимом марксизма, пик интереса к которому пришелся на 1930-е годы. Но и после Второй мировой войны вплоть до конца 1960-х годов марксизм доминировал в социологии, оказывая решающее влияние на экономические науки, политологию и международные отношения (p. 53). А после окончания холодной войны приверженцы данного направления получили название «постмарксисты». Некоторые из них трансформировались в постмодернистов, радикальных феминисток и некоммунистических радикалов. В любом случае уже в 1970-е годы стал происходить процесс «демарксизации».

Но самое интересное (и это особенно хотел отметить Иногути) заключается в том, что «эти четыре различных течения весьма четко просматриваются в японских исследованиях международных отношений даже сегодня и весьма мирно сосуществуют без каких-либо стараний взаимно интегрироваться» (p. 54). Замечу, что это очень сильно напоминает ситуацию в сфере религии.

Обратимся, однако, к американским образцам ТМО. Точнее, к тому, как их «переваривают» японцы.

В свое время мое внимание привлек тот факт, что японские международники, довольно часто ссылаясь на американских теоретиков, как-то не совсем следовали их принципам анализа. Нет, они их не игнорировали, но добавляли нечто свое, что превращало американский научный «продукт» в более изящную японскую «вещь». Мне данное явление напомнило превращение американских истребителей F-15, закупленных японцами в США для своих ВВС, в японские F-15J. То есть изначальный вариант истребителя превратился в японизированный, который по каким-то параметрам даже превосходил оригинал. Так же и с теориями МО.

Хотя я и догадывался в чем причина, но Иногути добавил информацию, объясняющую этот феномен. Он пишет, что членами Японской ассоциации международных отношений являются чуть более 2000 человек (на 2005 г.), из них только 6% имеют американскую степень PhD, в то время как среди членов аналогичной организации в Южной Корее — 60% (p. 54). Другими словами, японцы менее подвержены американскому влиянию, чем корейцы или другие нации Восточной Азии. Иногути в этой связи подчеркивает, что Япония не была колонизирована западными державами, как как в свое время Китай, Тайвань, Корея, не говоря уже об Индии, Пакистане, Бангладеш, Сингапуре, Малайзии и Филиппинах. И поэтому она избежала синдрома слепого преклонения перед

Западом. И даже после Второй мировой войны, несмотря на оккупацию страны американцами (1945–1952), Япония сохранила свою сущность, возможно, даже утрировав ее как бы в ответ на оккупационное унижение. Иногути постоянно подчеркивает, что «Япония — часть Азии, но в определенном смысле отделена от Азии». Она как бы создала японо-центричный мировой порядок, в котором внешние акторы имеют с ней отношения по принципу вассалитета (p. 63)[1]. Другими словами, Япония настолько самостоятельная нация, что сама способна производить любые теории, не сгибаясь перед Западом[2]. Это косвенно сказалось и на том, что модные американские течения в ТМО типа бихевиоризма не привились на японской почве.

Если определять теории МО в американском стиле, т.е. через ее позитивистские теории в узком смысле, пишет Иногути, тогда следует признать, что в Японии «нет японских теорий международных отношений» (p. 62). То есть с точки зрения западных представлений в Японии нет ТМО. Но если в теории МО включить конструктивистские, нормативные и юридические теории, тогда «мой ответ… да, они есть» (ibid.).

В Японии издается громадное количество книг по МО вообще и по ее отношениям с конкретными государствами, в особенности, естественно, с США, КНР, странами СВА и ЮВА. Но авторами большинства из них выступают журналисты-международники. Это чисто описательные работы, предназначенные для широкой публики. Академических ученых среди них не так много. Из тех же, кто входит в упомянутую Японскую ассоциацию международных отношений, большинство относятся скорее

---

1. Между прочим, мысль о том, что Япония и Азия, и не Азия одновременно я впервые услышал от проф. Киотоского университета Итимура Синъити в начале 1980-х годов. В то время я не понял глубинную идею этой мысли.

2. Это сказывается и в отношении английского языка. В отличие от многих государств Восточной Азии, которые слепо внедряют американский англояз, японцы крайне осторожно относятся к внедрению английских слов в свой родной язык. В частности, этот процесс тщательно контролируется Министерством просвещения.

к политологам, т.е. к тем, кто занимается политическими партиями, выборами, проблемой бюрократии. Теоретиков МО среди них крайне мало.

При этом надо иметь в виду, что разница между учеными-теоретиками США и Японии заключается также в том, что в США теоретики имеют престижные позиции как в самих университетах, так и при правительственных организациях. Нередко они занимают довольно высокие посты в госдепартаменте или в министерстве обороны. Активное участие они принимают и при составлении внешнеполитических доктрин для партии, стоящей у власти.

В Японии сложилась иная ситуация. Во-первых, как уверяет Иногути, до сих пор (2010 г.) нет самостоятельных факультетов политических наук (не говоря уже о факультетах МО). Во-вторых, в процессе составления доктрин после войны в команды ad hoc в основном набирались журналисты-международники, а не академические ученые. (От себя хочу уточнить: так было где-то до середины 1970-х годов. Но начиная уже с формулирования доктрины комплексной национальной безопасности в эти группы активнее стали включать профессиональных международников.) В-третьих, несмотря на это, их статус все равно не адекватен статусу американцев.

И все же американский стиль анализа МО постепенно внедряется в исследовательское поле японских теоретиков, прежде всего через школу политического реализма. В качестве примера можно привести монографию Курокава Сюдзи, которая, что любопытно, на японском языке называется «Теория современных международных отношений», а на английском — «Международные отношения сегодня»[1]. Как видим, в английском переводе слово «теория» исчезло из названия. С самого начала автор пишет: «Центром теории МО является международная политика... Основными исследовательскими объектами являются дипломатия государств и

---

1. *Курокава.* Гэндай кокусай канкэй рон (Теория современных международных отношений).

проблемы безопасности» (с. 11). Посылка основана на идее школы политического реализма, привязанной к теории баланса сил, о том, что главным актором на международной арене является государство, а в центре МО находятся проблемы безопасности. На самом же деле к теории данная монография не имеет никакого отношения, а является классическим анализом в духе истории международных отношений от Вестфальского мира до событий «9/11».

Но здесь, опять же, может возникнуть чисто японская специфика, которую необходимо учитывать всем, изучающим МО.

Дело в том, что японские теоретики и международники иначе понимают многие термины, в частности идеализм и реализм, когда речь идет о теоретических школах. Например, Иногути в упомянутой работе пишет, что с 1945 г. до вьетнамской войны японские международники изучали МО с позиции идеализма, а с 1975 г. — с позиции реализма. Но означает это следующее:

> Под идеализмом я имею в виду тенденцию, когда во главу угла ставят пацифизм в соответствии с 9-й статьей Конституции и пониженную роль Японии в контексте японо-американского Договора безопасности. Под реализмом я имею в виду тенденцию, когда альянс с США рассматривается как высший приоритет [японской внешней политики], а роль Конституции в том виде, как она была изначально подготовлена, снижается (р. 58).

Иными словами, идеализм — это политика, соответствующая девятой, мирной статье Конституции, т.е. без силового элемента во внешней политике, реализм — наоборот, тесный военно-политический союз с США без оглядки на нынешнюю Конституцию. Как видно, никакого отношения к теоретическим дебатам между школами реализма и идеализма в западном понимании в таком подходе нет.

Подобные необычные интерпретации относятся и к другим терминам, которые в Японии не воспринимаются как понятия. К примеру, такое важное слово, как позитивизм. Для американцев и для русских это прежде всего философское направление, идеи которого используются в различных науках, в первую очередь в социологии и теориях МО. Для японцев же это не направление философии, а что-то вроде самостоятельной науки, или, как минимум, самостоятельной теории. Вот определение, данное в одной из книг по ТМО. Авторы, Ёсикава Наото и Ногути Кадзухико, пишут: «Позитивизм — научная теория, в которой научные знания являются единственными истинами. Это такие научные знания, которые объясняют и описывают длительность и сосуществование объективных явлений (включая явления природы и общества)... В теории международных отношений существуют три разновидности позитивизма: как теория сознания, совпадающая с прагматизмом; как метод научного исследования, базирующийся на серии правил; как бихевиоризм, который применяет количественный анализ. Необходимо иметь в виду, что термины позитивизма, имеющие отношение к теории МО, могут различаться по смыслу в зависимости от контекста»[1].

Из процитированного определения очевидно, что такой позитивизм имеет мало общего с западными представлениями. Авторов не смущает, что у них «термины могут различаться по смыслу» в зависимости от контекста. Такая философия как раз и отражает приведенное выше суждение Накаэ Тёмин, что в Японии «философии не существует». Было бы точнее сказать, что у японцев другая философия, и это постоянно надо иметь в виду.

Японские международники о некоторых явлениях периода холодной войны

Чтобы понять, сколь специфичны представления японцев о МО, есть смысл воспроизвести их толкования некоторых явлений международной жизни периода холодной войны. Эти явления отражены в понятиях *полюс, интересы, безопасность, сила.* (Ко всем этим понятиям я вернусь в специально посвященным им разделам для анализа на современном материале.)

---

1. *Ёсикава, Ногути* (отв. ред.). Кокусай канкэй рирон (Теория международных отношений), с. 342–3.

Известно, что в годы холодной войны была распространена теория «полярности», особенно пропагандировавшаяся теоретиками школы политического реализма. В начале 1970-х годов среди теоретиков шли дискуссии о том, продолжает ли сохраняться биполярность или в результате экономического усиления Общего рынка и Японии она трансформировалась в многополярность. Более того, многие японские международники в то время всерьез обсуждали, какую стратегию и тактику необходимо выработать Японии в условиях нарождающейся многополярности[1]. Правда, многие из них не соглашались с «горизонтальной структурой многополярности». Имелось в виду, что сам термин полюс представляет усредненную сумму неких сил, составляющих его содержание. Некоторых из теоретиков смущал, например, факт подавляющего военного превосходства США и СССР над другими «полюсами». Это заставляло вносить дополнения в «многополюсную» теорию. Профессор Ханаи Хитоси, один из крупнейших теоретиков в области международных отношений в Японии, пытался избежать противоречия путем дробления полюсной структуры по вертикали. Он исходил из того, что многополюсность характерна для экономических и политических отношений, в военной же сфере сохраняется биполярность[2].

Однако более «теоретизированный» и, пожалуй, более интересный вариант толкования международной структуры на начало 70-х годов дает японский ученый-системник, профессор университета Тюо С. Такаянаги. Во-первых, он в отличие от многих своих западных коллег того периода четко различает понятия *международная система* («кокусай систэму») и *мировая система* («сэкай систэму»). Для первого из них, по его мнению, характерно взаимодействие национальных государств в качестве основных субъектов политики, второе понятие более широкое, оно охватывает отношения не только между государствами, но и между

---

1. Для примера см.: *Томита, Сонэ* (отв. ред.). Сэкайсэйдзи-но нака-но нихон сэйдзи. Такёкка дзидай-но сэнсо то сэндзюцу (Политика Японии в мировой политике. Стратегия и тактика в эпоху многополярности).

2. *Ханаи*. Кокусай канкэйрон (Теория международных отношений), с. 29.

международными организациями (профсоюзы, транснациональные компании и т. д.). Во-вторых, японский ученый исходит из того, что термин *международная обстановка* («кокусай канкё») не только обладает пространственно-географическими признаками, отражающими структуру системы, но и вбирает в себя качество структуры, ее социальное содержание. Противостояние Востока и Запада, по его мнению, фактически означает противостояние между «революцией и контрреволюцией»[1]. Другими словами, противостояние между реакционным империалистическим Западом и сопротивляющимся ему революционным Востоком. То есть в отличие от западных международников он наполнил нейтральную системную структуру социальным содержанием почти что в духе маоцзэдуновских теорий международных отношений. На этом Такаянаги не останавливается. Опираясь на принцип взаимосвязи и взаимозависимости «международной и мировой систем», он полагает, что даже более гибкая концепция «военной биполярности», «политической трехполюсности» и «экономической пентаполярности» не может объяснить сложность международных отношений, так как эта теория фиксирует наше внимание на «полюсе», в то время как «в системе международной политики» имеется множество измерений. Их игнорирование, по его мнению, означает «превращение реальных политических явлений в упрощенную абстракцию и привнесение искажений в анализ сложной действительности». Сам же Такаянаги полагает, что «биполярность» сохранялась и в 70-е годы, только она приняла скрытые черты, выступая в виде «молчаливой биполярности». Ход его рассуждений следующий. Установление ядерного паритета между США и СССР сдерживает противоборство этих двух держав, так как разрешение противоречий между ними с использованием ядерного оружия привело бы к самоубийству. «Даже применение обычной военной силы не дает выгоды для сторон», — отмечает ученый. Но поскольку ядерное равновесие не привело к сотрудничеству между сверхдержавами на основе партнерства, то «молчаливая биполярность»

---

1. *Такаянаги.* Гэндай кокусай канкё-но тагэнтэки косэй (Многополярная структура современной международной обстановки), с. 4.

сохраняет свою силу и особенно проявляется в критических ситуациях. Вместе с тем соперничество между США и СССР, которые не могут использовать военную силу, в том числе и ядерную, дает возможность другим государствам более активно участвовать в международной политике. Это обстоятельство дополняет горизонтальную «скрытую биполярность» вертикальным «полицентризмом». «То, что называют *явлением многополярности*, — это не что иное, как теория, указывающая на иерархичность политики полицентрического характера», подтверждающаяся, по мнению Такаянаги, такими факторами, как сильный антиамериканизм Франции, трения в американо-японских отношениях, антагонизм между СССР и КНР и т. д.[1].

Здесь взгляды японского ученого почти ничем не отличаются от подхода американских теоретиков-реалистов. Но он идет дальше их. Такаянаги полагает, что на мировую систему помимо государств влияют и другие факторы, в результате чего океан мировой политики бороздят, по его мнению, три крупных лайнера: на одном из них расположились государства, на другом – международные организации, на третьем – транснациональные компании[2]. Признавая в качестве центрального звена отношения между государствами, он убежден, что картина международной жизни, заключающейся в «перераспределении ценностей», слагается из взаимодействия всех ее участников, включая и негосударственные субъекты политики.

Безусловно, данная версия обладает большими достоинствами, нежели предыдущие варианты, однако и ей присущ один существенный недостаток. Как и всем направлениям теоретических изысканий западной политологии, в ней не хватает понимания истоков этого «перераспределения ценностей», истоков борьбы за эти ценности и социальной природы этой борьбы. Но эти вещи меньше всего волновали японских международников. Их больше интересовало, какую выгоду может извлечь Япония из структуры

---

1. Там же, с. 6.

2. Тема, которая до сих пор обсуждается среди теоретиков МО на Западе.

«многополярности». По словам тогдашнего премьер-министра Японии Т. Фукуда, она позволяла «средним странам» в большей степени «обеспечивать собственные государственные интересы»[1].

Аргументированно эту идею изложил упоминавшийся Ханаи. По его мнению, блоковая система служила целям лидеров каждого лагеря, т.е. США и СССР, в ущерб государственным интересам их союзников. Причем в основание этих целей были заложены главным образом идеологические мотивы, наносившие вред развитию экономических связей средних и малых стран, входивших в противостоящие блоки. Переход к безблоковой системе уменьшает зависимость членов блока от их лидеров и дает возможность им проводить более самостоятельный курс. В результате, пишет Ханаи, «собственные государственные интересы этих стран становятся более важными, нежели интересы блока». Примером подобного поведения он считает действия Китая и стран Западной Европы (но не Японии!), «которые, хотя и придерживались собственной идеологии, в то же время нацеливали свою внешнюю политику на обеспечение государственных интересов». Следовательно, делает вывод автор, «США и Советский Союз были не в состоянии определять действия акторов своего блока, исходя из идеологического противоборства и пользуясь экономическим и военным превосходством»[2].

Хочу обратить внимание читателя на то, что на какие бы темы ни теоретизировали японские международники, любую из них они рассматривают с практической точки зрения, для конкретной ситуации, для конкретной политики. Это их отличает от теоретиков-международников Запада, которые могут настолько уйти в заоблачные высоты, что подчас теряют связь с реальностью.

Вот сюжет, связанный с темами «интересы», «государство» и «безопасность». Известно, что концептуальными основами, определяющими принципы внешней политики государств, обычно служат доктрины «национальных интересов» и «национальной

---

1. *Вага* гайко-но кинкё (Голубая книга МИД Японии), 1972, № 16, с. 418.

2. *Ханаи.* Указ. соч. с. 29.

безопасности». В зависимости от оценки международной и внутриполитической ситуации эти доктрины могут принимать различный вид. Что касается первой из них, то все определения «национальных интересов» обычно формулируются на основе интересов тех групп, или, как сказали бы марксисты, классов, которые находятся у власти. Это понимают и не особенно скрывают теоретики-международники на Западе. Японским же теоретикам кажется, что у них, в Японии, не так. Тот же Ханаи, например, полагает, что национальные интересы Японии после Второй мировой войны формировались под влиянием равнозначного взаимодействия интересов народа, государства, различных партий и групп давления, бюрократических организаций и правительства. Следовательно, делает вывод ученый, «национальные интересы — это общая сумма ценностей, вытекающая из различных требований внутри общества»[1]. Если бы это было так, то общество не раздирали бы противоречия по поводу тех или иных шагов Японии на международной арене, которые выражались не только в жестких дебатах в парламенте, но и в столкновениях на улицах, особенно в 1960–1970-е годы. Но это уже другая тема.

В начале 80-х годов японские ученые сконцентрировали внимание на понятийной стороне термина *национальная безопасность*. Интерес к теме был вызван необходимостью обосновать официальный курс Токио, который стал осуществляться на базе доктрины «национальной безопасности». Впервые в японской политологической литературе было дано определение термина *безопасность*. Его сформулировал в то время еще ассистент-профессор Института восточной литературы при Токийском университете многократно упоминавшийся Иногути Такаси. Взяв за основу рассуждения финского политолога Аймо Пайюнена, Иногути следующим образом расшифровывает это понятие:

Под безопасностью государства понимают наличие возможностей для свободы действий в достижении целей, которые, на мой взгляд, государству категорически необходимо защищать в случае суще-

---

1. Там же, с. 56.

ствования скрытой или реальной угрозы, главным образом внешней и во вторую очередь внутренней[1].

Ключевыми в этом определении выступают термины *цель, государство, угроза*. Разъясняя их суть, Иногути пишет, что если у государства нет «целей» или «государственных интересов», то бессмысленно говорить и о «политической безопасности». Содержание же «государственных интересов», подчеркивает японский ученый, сводится, «как и прежде, к достижению доминирующей роли государства в международных отношениях». Но поскольку, по его мнению, чуть ли не все государства преследуют аналогичные цели, они «подвергаются скрытой или реальной угрозе, так как на земном шаре нет такой суверенной силы (например, в виде мировой империи или своего рода мировой федерации), способной упорядочить мир». «Правда, — делает существенную оговорку Иногути, — надо сказать, что признание опасности и оправдание политики на этой основе — весьма субъективная вещь». Говоря о внешней стороне обеспечения безопасности, Иногути различает два вида политики: «активную политику», нацеленную на «покорение» или «гегемонию», и «пассивную политику», которая проявляется в форме «управления» или «лавирования»[2]. Насколько субъективна категория «безопасности» в подобной интерпретации, свидетельствует уже тот факт, что политика на ее основе непременно предполагает «угрозу». А если ее нет, тогда такую «угрозу» необходимо придумать, чем и занимается пропаганда. Обращает на себя внимание и то, что понятие «безопасность» в толковании Иногути никак не связано с обеспечением суверенитета и территориальной целостности. Это и естественно, поскольку с этой точки зрения Японии никто не угрожает. Если это так, тогда, спрашивается, зачем нужна политика «безопасности»? А она необходима, чтобы защитить «государственные интересы», нацеленные на достижение доминирующей роли в мире.

---

1. *Иногути.* Кокусай сэйдзи кэйдзай-но кодзу. Сэнсо-то цусё-ни миру хакэн сэйсуй-но кисэки (Структура международной политики и экономики. Превратности гегемонии в торговле и политике), с. 61.

2. Там же, с. 61, 64.

Хочу заметить, что все вышеприведенные суждения японских теоретиков-международников строятся на поле теоретизирования именно в американском стиле, хотя и с некоторыми нюансами, причем на поле школы политического реализма — основного направления ТМО в США. Наиболее выпукло это обнаруживается в их рассуждениях о силе, которые чуть ли не скопированы с американских схем. Тема *силы* является одной из наиважнейших в любой работе, и она возникает и будет возникать на многих страницах данной монографии. Здесь же необходимо показать, как этот термин интерпретируют японцы.

Понятие «сила» по-японски

Фундаментальное положение любой разновидности школы политического реализма заключается в том, что причиной, детерминантой развития истории человечества является борьба за силу. Но превозносить силу еще не означает ответить на вопрос: что же это такое? Правда, среди международников, в том числе и японских, есть некоторое единство в определении функциональной роли силы. Так, уже упоминавшийся Курокава Сюдзи считает, что «пау (так буквально передается английское слово *power* на японском. — *А.Б.*) есть способность заставить делать других то, что в противном случае они не стали бы делать»[1]. При этом, как пишет Ханаи, ссылаясь на Г. Моргентау, «государство не достигнет своих целей, если оно не будет пользоваться силой, хочет оно того или нет»[2]. Не важно, верно это суждение или нет. Здесь важно другое: что такое сила? Является ли она синонимом мощи? И что такое «гибкая политическая сила»?

Теоретик Ханаи так рассчитывает «силу государства» (он употребляет слово *кокурёку*): выделяет материальные ресурсы страны,

---

1. *Курокава.* Указ. соч., с. 13.
2. *Ханаи.* Указ. соч., с. 31.

добавляет к ним военный потенциал и, используя коэффициент сопоставимости (который сам по себе сомнителен), распределяет государства по их «силе», которой они обладали в 1967–1968 гг.: США, СССР, Китай, Индия, Япония, Англия, ФРГ, Франция, Канада, Бразилия[1]. Этот метод напоминает схему американца Р. Клайна.

Замечу, что речь идет о второй половине 1960-х годов, когда началось обсуждение концепции полярности, в основу которой как раз и была положена сила того или иного государства. Получается, что Япония, образующая один из силовых полюсов, по силе уступала и Китаю, и даже Индии, т.е. тем странам, которые в то время не обозначались как полюсы. Очевидная нестыковка. Это было бы возможно, если бы один из элементов силы, скажем, площадь страны или ее население, соизмерялся с таким элементом, как, допустим, экономический потенциал. Но эти вещи несопоставимы, поэтому вышеприведенное ранжирование просто неверно.

Самое удивительное то, что эта мешанина с определением силы сохранилась в лексиконе японских реалистов и по прошествии почти 40 лет, вплоть до нынешних дней. В одном из последних изданий книги по теории международных отношений дается такая формулировка этого понятия:

> Пау (*power*) есть способность (*норёку*), или сила (*сорёку*) государства. В основном она состоит из военной силы, экономической силы, территории, населения и др. и указывает на способность оказывать влияние на поведение, принятие решений других государств. В последнее время в качестве основных источников пау стали рассматривать религиозные взгляды, силу культуры и другие невидимые силы. Власть (*кэнрёку*) также обозначается как сила (*тикара*)[2].

Такое определение силы, заимствованное из словаря американских теоретиков-реалистов, загнало в тупик всех теоретиков МО, поскольку оно не дает возможности оценить реальную силу государства. Но среди японских ученых был один исследователь, кто нестандартно подошел к пониманию сущности силы, но которого по-

---

1. Там же, с. 49.

2. *Ёсикава, Ногути* (отв. ред.). Указ. соч., с. 348.

чему-то проигнорировали его соотечественники. Его имя Маруяма Масао, и на его взглядах есть смысл остановиться поподробнее.

Маруяма Масао. Обычно японские теоретики, будь то философы, социологи или политологи, анализируя общие вопросы теоретического характера, рассматривают проблемы через призму собственной страны, ее истории и культуры. Маруяма, хотя и писал много о Японии, ее особенностях и специфике, касался и различных аспектов теории в общественных науках, выступая как теоретик, знакомый со всей мировой научной литературой и демонстрируя владение диалектическим методом (крайне редкая способность для буржуазных ученых). В 1953 г. он написал статью для словаря политической науки — «Некоторые проблемы политической силы», которая помещена также в качестве главы в одну из его книг[1]. Взгляды Маруяма по данному вопросу отличаются даже от взглядов тех западных социологов и международников, которые писали на эту тему через 50 лет после него.

Прежде всего Маруяма четко указывает на то, что политическая сила (power) является одним из типов социальной силы (power), которую надо отличать от слепой физической силы (force) (р. 268). Последнее замечание, думаю, вызвано тем, что в его время еще были популярны идеи Спенсера, фактически сводящие эти силы в одно явление. Хотя Маруяма и не отрицал, что некоторые политические процессы напоминают процессы в области физики. Например, закон инерции, рассуждает Маруяма, действует, когда революционные силы пытаются преодолеть социальную стагнацию или когда репрессивные силы выступают против неожиданных социальных изменений (р. 269). Аналогии могут напрашиваться и в связи с тем, что сила (force) может означать количество массы и ускорения. Хотя, безусловно, следует осознавать, что силы в обществе отличаются от физических.

---

1. *Maruyama.* Thought and Behavior in Modern Japanese Politics.

В концепции Маруяма сила (он употребляет здесь слово power) определяется как *субстанциональное* (независимое) понятие, которое присуще человеку или группе людей. Иначе говоря, он рассматривает силу как субстанцию, силу саму по себе, определенную и неизменную, за которой стоят внешние проявления специфических ее свойств.

А вот другой взгляд на силу, которую Маруяма определяет иначе, а именно: как *взаимодействие*[1] при определенных специфических обстоятельствах, и этот взгляд называется реляционным, принимающим теоретическую форму в виде функциональной концепции.

Маруяма совершенно справедливо указывает, что сами по себе подходы зависят от политической идеологии авторов, которые, в свою очередь, историчны. По его мнению, в странах со стабильными режимами, где классовая и социальная мобильность практически отсутствует, превалирует субстанциональная концепция. А в странах, где отсутствует монополия на власть, хорошо развиты формы взаимодействия, что приводит к спонтанному появлению социальных групп, в которых регулярно осуществляется взаимоконтроль. Здесь превалирует функциональная концепция. Конечно же, все эти вещи прежде всего характерны для Западной Европы, которая тяготеет к демократии и конституционализму, и неслучайно эта концепция была представлена в работе Локка *An Essay Concerning Human Understanding* (Книга 2, глава 21).

Вторая, функциональная концепция, объективно отражающая реалии, возникает еще на стадии разделения труда в первобытном обществе и делает упор на саму организацию как «систему», абстрагированную от индивидуальных межличностных процессов. На этой же стадии зарождается форма самоотчуждения человека. Энгельс дал классический анализ этого процесса, проанализировав процесс перерастания общинной власти в правящий класс

---

1. Интересно, что определение «сила есть "взаимодействие"», в последующем будет детально проанализировано немецким социологом Никласом Луманом с использованием термина *коммуникация* (см. об этом выше).

и появления puissance publique (общественной/народной власти). В конечном счете развитие общества привело к тому, что система, организация, власть и сила стали субстанциями.

Маруяма, в отличие от своих западных коллег, показывает историчность появления такого типа концепции, а самое главное — ее необходимость в те или иные периоды времени или в тех или иных странах в зависимости от конкретной ситуации.

В то же время любая власть (power) — это опора на кого-то против кого-то. Чего ради кто-то должен поддерживать власть и чего ради ее надо направлять против кого-то? Маруяма совершенно справедливо связал power с «ценностями» тех, над которыми осуществляется эта самая power. То есть власть применяется к тем, чьи ценности не совпадают с ценностями тех, у кого власть. И что особенно важно: «она меняется, как только меняются они [ценности]» (р. 272). Например, характер силы, не важно, ложный или верный, могут определять сами силовые отношения как на международной арене, так и во внутренней политике. В этой связи, в частности, потеря престижа как ценностного образа страны на мировой арене часто оказывает колоссальный эффект на силу, даже если не изменились ни экономические параметры, ни военный потенциал.

Здесь есть смысл обратить внимание на любопытное наблюдение Маруяма насчет причин утверждения субстанциональной концепции в марксизме-ленинизме. Он пишет:

> В середине XIX в. Европа, которая породила марксизм, а в начале XX в. Россия, где марксизм развился в ленинизм, находились на стадии «взрыва классов» с последующей дезинтеграцией аристократии; общество в них не было четко структурировано. И это не могло не наложить отпечаток на образ общественно-научной мысли (р. 274).

А «мысли», естественно, были связаны с тем, как перехватить власть у классового врага и как упорядочить эти аморфные общества после захвата власти. Отсюда упор на сильное государство, власть авторитарного вида, что не могло не перекочевать и в законодательную систему. Вместе с тем Маруяма был поражен тем, что марксизм на теоретическом уровне прекрасно объяснил исторические формы власти, а на практике следовал другим, политико-техническим взглядам, не описанным в теории. Вообще-то он был неплохо знаком с теорией марксизма, но, видимо, упустил из виду выражение Ленина: марксизм — не догма, а руководство к действию. То, что создавали большевики на территории России, не имело аналогов ни в существовавшем тогда мире, ни в прошлом. Но это отклонение от темы.

Итак, сила соотносится с ценностями, принятыми обществом. Что же это за «ценности»?

У древних китайцев, полагает Маруяма, ответ был простой: сила — это то, от чего зависят жизнь, смерть и собственность. Физическая безопасность любой жизни на протяжении веков была фундаментальной ценностью, которую человечество оберегало. Отсюда и контроль над действиями людей проявлялся в форме возможности лишать этой фундаментальной ценности (через убийство, заключение в тюрьму или наказание). «Таким образом, скрытой угрозой всех сил-power было применение физических средств принуждения и насилия» (p. 276). Но, как замечает Маруяма, даже насилие отступало перед твердым убеждением: свобода или смерть.

Маруяма перечисляет и другие социальные ценности, например определенный уровень благосостояния. Он же отмечает, что для некоторых людей материальные ценности могут оказаться менее значимыми, чем такие нематериальные, как уважение, любовь, репутация, власть и т.п. Он спорит с Гарольдом Ласвелом относительно ранжирования ценностей (что ценнее?). Но в данном случае важно лишь то, что сама власть становится ценностью, поскольку позволяет реализовывать все остальные ценности. Отсюда обоснованной является и борьба за власть, и здесь остается полшага до вывода, который он, к сожалению, не сделал, что власть и есть сила, а сила есть власть. Неслучайно английское слово *power* вбирает в себя три значения: власть, государство (аппарат контроля и насилия) и сила сама по себе.

Я здесь не буду вдаваться в детальные рассуждения Маруяма о формах власти и почему коммунисты предпочитают один тип власти, демократы другой — это темы политологии. Здесь важно то, что Маруяма связал силу-power с *ценностями*. И показал, что сила управляет этими ценностями и контролирует их. Но он не ответил на вопрос, а почему эти ценности стали ценностями? И почему сила столь тесно с ними взаимосвязана? Думаю, что он не задавал себе этого вопроса, поскольку его анализ строился в рамках социологии. Тем не менее важно то, что Маруяма сумел избежать ловушки перечисления неких параметров, которые к силе имеют косвенное отношение и сами по себе относятся к другой категории, а именно категории *мощь*. Без разъединения и точного понимания этих двух явлений — силы и мощи — невозможно определить ни то ни другое.

Специфика тематик в японских ТМО

В рамках ТМО японцы, так же как и их коллеги на Западе, обсуждают весь спектр проблем международной жизни с упором прежде всего на проблему безопасности, главным образом в Восточной Азии, и экономическую глобализацию. По той и другой теме написаны горы литературы. В последнем случае многие монографии изданы под одним и тем же названием — «Теория политэкономии международных отношений» («Кокусай сэйдзи кэйдзай рирон»). И чуть ли не все они написаны в духе известной работы Роберта Гилпина под аналогичной шапкой. Но есть некоторые темы, которые на Западе не попадают в сферу теории МО. По крайней мере в сферу внимания основных направлений ТМО. Обычно эти темы изучаются в рамках других дисциплин, к примеру социологии или политологии. Я имею в виду в данном случае темы «безопасности человека» и «безопасности народа». Японцы же в своих теориях МО эти проблемы тесно увязывают с международной безопасностью. В западных теориях МО мне ни разу не попадались обсуждения проблем международных отношений под таким названием: «Теория международных отношений. Думая о повседневности». Но именно так озаглавлена одна из книг по МО, написанная профессором Киотоского женского университета Хацусэ Рюхэй[1]. Уже сам заголовок обсуждаемых тем крайне непривычен для специалистов по ТМО на Западе. Вряд ли кому из них пришло бы в голову обсуждать темы «Безопасность людей и безопасность человечества», «Теории международных отношений и безопасность детей», «Международные браки и права человека», «Мир и война в истории индивидуума», «Безопасность государства и безопасность народов».

Уже из названия этих глав видно, что многие японские теоретики довольно четко разделяют интересы государства и интересы народа, которые часто не совпадают. И если в советских учебниках по теории МО такое разделение четко прилагалось к капиталистическим государствам, то западные ученые вообще не понимают этот вопрос, априори исходя из единства государственных и народных (т.е. национальных) интересов. И вообще, своеобразие японских теоретиков ТМО заключается в том, что каких бы принципов, течений или школ они ни придерживались, они стараются не упускать из вида интересы японцев, японского народа, нередко разоблачая официальную политику государства как противоречащую интересам нации.

Чтобы не быть голословным, хочу привести материал о стратегии Японии на XXI в., подготовленный экспертами на рубеже веков. Естественно, он многократно был скорректирован за последние годы, но стратегические основы сохранились и по настоящее время. И самое главное — этот материал дает представление о своеобразии японских подходов к анализу проблем мира и места Японии в этом мире.

---

1. *Хацусэ.* Кокусай канкэйрон. Нитидзёсэй-дэ кангаэру (Теория международных отношений. Думая о повседневности).

Обновленный взгляд на XXI век и место Японии в мире

Обычно в период катаклизмов и кризисов, серьезно затрагивающих Японию, руководители страны создают специальные комитеты или советы из наиболее авторитетных политиков, бизнесменов и ученых, которые разрабатывают неординарные проекты по преодолению этих кризисов. Так было во времена премьер-министра М. Охира, по инициативе которого были созданы группа М. Иноки, сформулировавшая концепцию Комплексной национальной безопасности, и группа С. Окита, выдвинувшая идею Тихоокеанского сообщества. При Д. Судзуки и Я. Накасонэ работала группа Маэкава, подготовившая проект административно-финансовой реформы (японский вариант рейганомики и тэтчеризма).

Аналогичная комиссия была создана по инициативе премьер-министра Обути Кэйдзо 30 мая 1999 г., куда вошли 16 «ведущих граждан» из различных сфер деятельности и 33 эксперта, распределенных по пяти комитетам[1]. К 18 января 2000 г. они представили окончательный доклад, озаглавленный: Japan's Goals in the 21st Century. The Frontier Within: Individual Empowerment and Better Governance in the New Millennium (January 2000. The Prime Minister's Commission on Japan's Goals in the 21st Century). Для данной работы интересна глава «Место Японии в мире» (глава 6)[2].

---

1. Название комитетов: 1) Место Японии в мире; 2) Процветание и динамизм; 3) Достижение обеспеченной и богатой жизни; 4) Красивая страна и безопасное общество; 5) Будущее японцев.

2. Этот документ помещен на сайте премьер-министра Японии. Хотя он дан в формате PDF, но не целиком, а разбит на главы. В результате нумерация страниц не сквозная, а исчисляется поглавно, т.е. каждая глава начинается со страницы 1. В написании главы «Место Японии в мире» участвовали: Ёкибэ Макото (председатель подкомитета), Тино Кэйко, Фунабаси Ёити, Китаока Синъити, Кокубун Рёсэй, Наканиси Хироси, Сэкикава Нацуо, Сойя Ёсида, Такара Кураёси, Танака Акихико.

Сразу же следует оговориться, что авторы, во-первых, не определили ключевые понятия внешней политики и международных отношений (как это обычно делается в аналогичных документах США). Во-вторых, они не прогнозируют ситуацию в XXI в., а исходят из возможных «вызовов», при этом не размышляя над степенью их вероятности и масштабности. В-третьих, в будущее они берут наследство XX в., состоящее из «свободы, демократии и японо-американского союза».

Все это означает, что данный доклад является прикладным материалом и представляет размышления группы людей на основе здравого смысла, далекого от понимания закономерностей развития международных отношений. Тем не менее анализ данного доклада может быть полезным хотя бы для того, чтобы оценить мировидение японских экспертов, отражающее мышление научной элиты современной Японии.

Концепция «Просвещенных национальных интересов»

Свое видение вызовов XXI в. авторы начинают излагать с предложения взять на вооружение концепцию «Просвещенных национальных интересов» (Enlightened national interests). Сами, правда, они называют ее «стратегией», которая означает «долгосрочный и взвешенный подход в деле удовлетворения потребностей собственной страны путем увеличения количества дружественных государств, уважения интересов других стран и улучшения международной среды на базе "взаимности"» (p. 5).

Призыв к «взаимности», видимо, означает, что прежняя внешняя политика Японии реализовывывалась на иной базе, т.е. строилась на *получении выгод только для себя*, или по принципу игры с нулевой суммой.

Указывая на то, что глобализация развивает экономику без границ, а также ускоряет транснациональные потоки людей, денег и товаров, авторы обращают внимание на важную роль в этом процессе негосударственных акторов, т.е. неправительственных организаций (НПО), некоммерческих структур и других гражданских организаций. Из этого они делают вывод, что «национальные интересы — это общественные интересы как целостность» (p. 6) Другими словами, они являются не только государственными интересами.

Любопытно, что японские аналитики впервые подняли проблему соотношения государственных и общественных (национальных) интересов. Самой постановкой вопроса они признавали наличие противоречий между государственными и общественными интересами и потому призывали правительство совместить их на базе концепции «Просвещенных национальных интересов», поскольку именно такая политика «реализует национальные потребности» (p. 6).

Это предполагает, что национальные интересы определяются интересами общества, а общество на основе достоверной информации участвует различными путями в политическом процессе и знает, куда оно движется. Авторы осознают, что такая идеальная конструкция не может быть претворена на практике. Национальные интересы могут конфликтовать с частными интересами, например специальными интересами промышленников, региональными интересами или интересами личности. Даже в Конституции фиксируется, что личные права могут быть ограничены ради общественного блага. Но для того, чтобы сохранялась справедливость, нужно, чтобы политические лидеры были открыты для общественности, а общественные интеллектуалы привлекались для участия во внешнеполитическом процессе (ibid.)[1].

Итак, «Просвещенные национальные интересы» – это интересы, отражающие интересы всего общества, которое одновременно участвует в их формулировании и ставит общественные интересы выше частных или групповых интересов.

Вторым ответом на вызовы XXI в. авторы называют «Соседские отношения» (*ринко*), прежде всего с азиатскими странами. Эту часть я здесь пропускаю из-за отсутствия в ней теоретических размышлений.

Гражданская держава

Официальные лица в Японии постоянно акцентируют внимание на том, что Япония не является милитаристским государством, несмотря на обладание громадным экономическим потенциалом. В 1990-е годы среди японских международников появился термин

---

1. Эта проблема активно обсуждалась в Советском Союзе в первой половине 80-х годов среди теоретиков-международников, например в стенах ИМЭМО. В те времена советские ученые сошлись на том, что в американских внешнеполитических доктринах «национальные интересы» фактически означали «государственные интересы», так как, с одной стороны, сами американцы под словосочетанием national interests понимали states interests (national and state в этом случае являются синонимами), с другой стороны — внешняя политика США, считалось тогда, может отражать интересы именно капиталистического государства, а не всего общества, хотя бы часть которого так или иначе находится в оппозиции правительству-государству. В Советском же Союзе национальные и государственные интересы совпадают, поскольку социалистическое государство отражает интересы всего народа. Но, как впоследствии оказалось, государственные интересы СССР отнюдь не отражали интересы всего общества, а наоборот, по многим позициям, в том числе и по международным, противоречили этим интересам.

гражданская держава (civil power)[1]. Авторы разбираемого доклада решили, наконец, придать этому термину доктринальную форму, что выразилось в появлении концепции «гражданской державы». (В японской печати она чаще упоминается как «Глобальная гражданская держава».)

Процесс превращения страны в «гражданскую державу» осуществлялся постепенно. На первом этапе, в 1950–1960-е годы, Япония, сконцентрировавшись на «экономизме», добилась внушительных успехов. Это позволило ей как «торговому государству» стать членом ГАТТ (в 1955 г.), а в 60-е годы — членом МВФ и ОЭСР — организаций, считающихся «тремя столпами» свободного мира.

В 1970-е и в 1980-е годы Япония созрела для того, чтобы быть не только экономической державой, но и «многосторонним игроком», т.е. играть и на политической арене. Доктрина Фукуда (1977 г.) стимулировала расширение участия Японии в процессах стабилизации в Азии с опорой на экономические инструменты политики. Деятельность премьер-министра М. Охира содействовала продвижению концепции Тихоокеанского сообщества, которая привела к появлению ПЭКК (Pacific Economic Cooperation Council) в начале 1980-х годов, а позже, в 1989 г. — АТЭС[2].

Своего пика как экономическая держава Япония достигла в конце 1980-х годов. Кризис в Персидском заливе 1990 г. резко поставил вопрос об участии Японии в мировых процессах по поддержанию мира и безопасности. Утвержденный парламентом в 1992 г. Закон о международном сотрудничестве по поддержанию мира позволяет теперь стране на законных основаниях направлять войска Сил самообороны (ССО) в «горячие» точки земного шара, что

---

1. Этот термин впервые в 1990 г. использовал в одной из своих статей немец Ганс В. Мауль для характеристики ФРГ, а в 1991 г. — главный редактор газеты «Асахи» Фунабаси Ёити (Funabashi Yoichi) в книге «Japan as Global Civilian Power» для характеристики Японии.

2. О причинах провала концепции Тихоокеанского сообщества и в целом «Азиатско-Тихоокеанского региона как центра мировой политики» см.: *Арин* [Бэттлер]. Азиатско-Тихоокеанский регион: мифы, иллюзии и реальность.

расценивается как повышение роли Японии в сфере политики и безопасности.

Концепция «гражданской державы» вбирает в себя три принципиальных пункта: 1) вовлечение в проблемы безопасности; 2) участие в глобальной системе, в частности в построении международного экономического порядка; 3) сотрудничество с развивающимися странами через механизм Официальной помощи развитию (ОПР) (p. 10).

Первый пункт, относящийся к безопасности, прежде всего означает, что Япония и в XXI в. не намерена использовать военную силу как средство разрешения национальных споров. «Японцы не будут использовать силу, — пишут авторы доклада, — даже для возвращения территорий, которые принадлежат им по праву» (p. 12).

В то же время нет никаких гарантий, что в XXI в. возникнут такие благоприятные условия, которые позволили бы забыть о внешней безопасности. В этой связи как бы в ответ на требования националистов превратить Японию в самостоятельную военную державу авторы указывают: во-первых, это потребует более значительных военных расходов без гарантий усиления безопасности, во-вторых, это может вызвать шок у азиатских соседей Японии. Поэтому оптимальным вариантом является продолжение сотрудничества с США на базе японо-американской системы безопасности, в рамках которой должна осуществляться модернизация японских ССО. То есть они предлагают то, что уже и делается на практике в сфере безопасности.

Участие Японии в укреплении международной безопасности предполагается через ооновские организации, а также через Совет Безопасности ООН, куда Токио рассчитывает попасть, между прочим, надеясь на поддержку и России.

Реализация второго пункта — участие в глобализации и построении международного экономического порядка — прежде всего предполагается через международные финансово-экономические организации, в которых следует по мере возможности усиливать позиции Японии. Их задача, по мнению составителей доклада, сократить брешь между богатыми и бедными странами, которая углубляется в том числе из-за глобализации, по-разному работающей в системе богатых и развивающихся государств (р. 15).

Наконец, третий пункт — помощь развивающимся странам через механизм ОПР. Это особое направление японской внешней политики. Его специфика заключается в том, что через механизм помощи Япония фактически привязывает эти страны к японской экономике. Но и здесь авторы доклада усматривают проблемы. Дело в том, что по масштабам ОПР Япония находится на первом месте в мире среди всех развитых государств. Но по затратам на ОПР относительно ВНП Япония оказывается в тройке последних из 21 страны ОЭСР. Поэтому необходимо увеличить эту помощь, а также оптимизировать ее структуру (р.16–7).

Специфика изложенных идей заключается в том, что они не предшествовали практике японской внешней политики, а отразили эту политику. То есть не теория формирует практику, а практика отражается в теории. Звучит почти по-марксистски. Единственно новым в теории является сам термин — *гражданская держава*, призванный подчеркнуть невоенный характер японского государства. В рамках этого «обновленного взгляда-стратегии», однако, есть еще одно нововведение.

Политика слов

В японской политологии впервые появилось словосочетание «политика слов». Идея заключается в том, что обычно в качестве инструментов политического воздействия использовались «политика силы», затем «политика денег». Теперь настала пора обратиться к «политике слов». Иначе говоря, необходимо научиться влиять и воздействовать на международную общественность или на государства путем убеждения, т.е. превращать язык в орудие достижения тех или иных целей.

Это — необычная постановка вопроса даже для мировой политологии. Одно дело рассуждать о «силе слов» применительно к межличностным отношениям для достижения личного успеха, как этому учит Дейл Карнеги, другое — вывести искусство языка на уровень межгосударственных, или политических отношений. Хотя в мировой истории известно немало случаев, когда «слово» меняло ее ход. Авторы в этой связи напоминают пламенную речь Антония перед сенатом, которая кардинально изменила внутреннюю и внешнюю политику Римской империи после убийства Брутом Цезаря (в последнем случае, правда, сработала «сила кинжала»). Из советской истории в этой связи можно напомнить блестящую речь (на трех языках) Г.В. Чичерина на Генуэзской конференции (1922 г.), которая повлияла на настроение делегатов в пользу благожелательности в отношении тогдашней молодой Советской республики. Кстати, все тогдашние большевистские лидеры (за исключением Сталина) обладали ораторским красноречием, что являлось одним из важнейших инструментов в процессе захвата власти. «Языку» в немалой степени обязаны своей популярностью Н. Хрущев и М. Горбачев, особенно последний, способный к удивлению всех говорить «без бумажки». Чудо после брежневского мычания! Американские президенты почти все, за редким исключением, обладали красноречием и юмором. Между прочим, даже официальные документы США отмечены художественным своеобразием (шутки, цитаты из классиков, не канцелярский стиль и т.д.), что повышает их читабельность. И наоборот, официальные японские документы, на что обращают внимание авторы, из-за канцеляризмов, сухости и бесцветности их языка практически невозможно читать, с чем я согласен на сто процентов. Это, между прочим, относится и к кацеляризму российских официальных документов, способных отбить к ним интерес уже с первых строк. Это касается и выступлений на международных форумах. Самые бесцветные выступления — это выступления японцев и русских. Самые живые выступления — американцев[1].

Таким образом, тема «политика слов», как может показаться, не столь уж экзотична.

В концепции «гражданской державы» эта проблема, точнее ее решение, увязывается со всей внутренней инфраструктурой, работающей на внешнюю политику. Ее недостатки, по мнению авторов, заключаются в следующем.

Спецификой японской модели внешнеполитического процесса является ограниченность доступа к информации, касающейся внешней политики Японии. Чтобы наглядно представить эту проблему, достаточно сравнить материалы канцелярии премьер-министра, МИДа, Управления национальной обороны, Министерства экономики, торговли и промышленности, Министерства финансов с аналогичными материалами американских ведомств, размещенных на сайтах Интернета. Разница огромная. Ограниченность доступа к информации, естественно, ограничивает участие широкой общественности во внешнеполитическом процессе.

В Японии отсутствует и механизм публичного обсуждения внешнеполитических проблем между высшими бюрократами, лидерами финансово-промышленных кругов и академической элитой, а всех вместе — с общественностью.

Другая проблема — это сбор знаний о мире, одним из каналов которого являются представительства за рубежом. Проблема в том, что по количеству персонала посольств Япония значительно уступает другим развитым государствам. В некоторых странах вообще отсутствуют японские посольства.

Авторы обращают внимание еще на одну проблему — нехватка научно-исследовательских институтов, покрывающих своими исследованиями «каждый регион». Особенно не хватает специалистов по изучению проблем экологии, народонаселения,

---

1. Правда, и в этом случае нужно учитывать культурные особенности японцев. Шутящий человек — несерьезный человек. Чтобы дело имело оттенок серьезности, японский докладчик не должен шутить. Но это — отдельная культурологическая тема.

продовольствия, миграции беженцев, терроризма.

Актуально стоит вопрос и об улучшении качества обучения студентов международного профиля, которое, по мнению экспертов, «не адекватно по сравнению с тем, что существует на Западе» (p. 19). Количество японских студентов, обучающихся за рубежом, и, наоборот, иностранцев, обучающихся в Японии, необходимо расширять, а в качестве инициативы они предлагают создать в Японии Университет АТЭС.

Необходимо также решать проблему низкого уровня интереса японцев к международным делам. В США международными проблемами и внешней политикой интересуется 5% населения, т.е. около 12 млн человек. Это немного, но в Японии, если бы интерес проявляли к названным темам те же 5%, эта цифра составила бы всего лишь 6 млн человек, хотя на самом деле, полагают авторы, их количество значительно меньше. (Здесь авторы почему-то не учитывают, что и население Японии чуть ли не в три раза меньше, чем в США.)

По примеру США Япония нуждается в создании форумов по обсуждению проблем внешней политики на уровне всей нации. Существующих организаций типа японо-американских обществ явно недостаточно. Авторы приводят в пример США, где функционируют Советы по международным делам Америки (the World Affairs Councils of America — WACA), которые имеют 100 региональных подразделений с количеством членов в 370 тыс. человек, контактирующих с 24 млн граждан в год (p. 20).

Наконец, еще один важный аспект инфраструктуры — знание английского языка, ставшего интернациональным, помимо всего прочего, благодаря Интернету и глобализации. В Японии, кстати, всерьез обсуждается тема приданая английскому языку статуса второго официального в стране. Авторы рекомендуют все официальные документы парламента и правительства переводить на английский язык для рассылки их через Интернет.

Общий вывод. Если страна хочет всерьез реализовать идеи, принципы и цели «гражданской державы», необходимо сформировать новую инфраструктуру внутри страны.

Осознавая, что реализация подобной концепции может оказаться непростым делом, и отвергая как «легковерный оптимизм», так и «фанатичный пессимизм», авторы тем не менее выражают «жизнерадостный оптимизм» (resilient optimism).

Следует признать, что данный доклад и идеи, заложенные в концепции «Просвещенных национальных интересов» и «гражданского общества», несмотря на многие банальные и утопичные положения, действительно резко контрастируют с представлениями других политологических школ. Они ближе к реальности и, самое главное, укладываются в финансовые возможности Японии. Некоторые же положения, например о «политике слов», вообще можно признать революционными хотя бы потому, что эта тема в таком контексте нигде не обсуждается. Правда, сходную идею несколько позже выдвинул Дж. Най-мл., предложив термин *мягкая сила*, означающий своего рода политику убеждений, на основе которой необходимо проводить политику[1].

* * *

Анализ теории международных отношений в контексте японских реалий еще раз подтверждает представления о Японии как стране, отличающейся не только от Запада, но и от других стран Восточной Азии. Хотя японские ученые хорошо знакомы с западными теориями МО и нередко используют понятийно-терминологический аппарат различных школ и направлений, однако применяют их в своем, переработанном, японизированном варианте, точно так же, как и все достижения науки и техники Запада. Отсюда японизированное понимание и ключевых слов, терминов и понятий ТМО, не совпадающее с трактовками этих же слов, терминов и понятий на Западе, включая и марксистскую ветвь западной мысли. Это вызвано не только своеобразием японского мышления, которому не присуще копание в понятийных глубинах на западный манер, но и тем,

---

1. Критика этого термина и вытекающего из него представления о силе дана во второй книге данного тома.

что до сих пор все теории, течения и школы в рамках ТМО не образовали целостную науку, которая обладала бы своим лексиконом и рядом фундаментальных закономерностей, на основе которых она и развивалась. Даже несмотря на специфику японского мышления, оно не в состоянии японизировать законы Ньютона или Эйнштейна, точно так же как и экономические законы Маркса, поскольку они объективны и не зависят от сознания. В ТМО таких законов нет, а есть теории, которые трактуются по-разному в зависимости не только от идеологий, но и национального характера.

Следует подчеркнуть, что Япония не создала собственных парадигмальных теорий МО, хотя и внесла некоторые нюансы в основные течения ТМО Запада. Это говорит о том, что японские теоретики не являются таковыми по западным стандартам. По этим стандартам — они, за редким исключением, остаются международниками, когда речь идет о так называемых, по выражению Иногути, позитивистах. Остальные течения представляют собой традиционные методы анализа, достаточно удобные для изучения истории внешней политики и международных отношений. И с этой точки зрения стоит признать правоту Иногути, который на вопрос, есть ли теоретики «западного образца» в Японии, ответил — нет.

Самое удивительное, что самих японских ученых эта проблема не волнует, о чем можно судить по отсутствию дискуссий на эту тему. Они комфортно себя чувствуют в своем японском мировидении, адаптируя представления под реальности того же мира, к которому они с немалым искусством приспосабливают и внешнюю политику Японии. Открытия или создание наук — дело Запада.

4. Изучение ТМО в СССР и современной России

Советские исследования в области ТМО

В Советском Союзе непосредственно исследованиями в области ТМО начали заниматься в 1970-е годы с позиции и критики западных школ. Особенно в этом плане преуспели ученые ИМЭМО, работавшие в Отделе международных отношений под руководством В.И. Гантмана. Постепенно стали складываться группы ученых в других институтах, специализирующихся на определенных темах в зависимости от специфики организаций. Так, Институт государства и права упор делал на теории международного права, а также на проблемы прогностического характера, в которых лидером был Г.Х. Шахназаров[1]. В Институте социологии по каким-то причинам получила развитие тема прогнозирования, возможно, из-за специалиста в этой области И.В. Бестужева-Лады. В Институте экономики мировой социалистической системы критикой буржуазной науки активно занимался А.А. Мурадян[2]. В МГИМО была своего рода секция, куда входила группа теоретиков, среди которых выделялись М.А. Хрусталев и И.Г. Тюлин. Своеобразием данной секции были исследования в области методов изучения МО, а также довольно детальное изложение работ авторов французских школ (благодаря Тюлину) в рамках ТМО. В Институте США и Канады главным образом концентрировались на критике американских исследований в данной области. Весьма активно на этом поприще проявил себя А.А. Кокошин[3]. В МИДе, в Отделе прогнозирования и

---

1. *Шахназаров*. Грядущий миропорядок; его же: Куда идет человечество. Также см.: Международный порядок: политико-правовые аспекты.

2. *Мурадян*. Буржуазные теории международной политики.

3. *Кокошин*. Прогнозирование и политика; *его же*: О буржуазных прогнозах развития международных отношений.

планирования, занимались в основном теориями международных экономических отношений вследствие интереса к этой проблематике со стороны руководителя Отдела — А.В. Сергиева. Однако наибольшее развитие исследования в данной области получили именно в стенах ИМЭМО, где не только изучались достижения западной мысли, но и выдвигались собственные идеи, в том числе выходившие за рамки некоторых устоявшихся штампов ортодоксального марксизма.

На Западе, а также у нынешних буржуазных российских исследователей утвердилось и продолжает сохраняться убеждение, что все советские ученые международного профиля писали работы строго в соответствии с «линией партии и государства» в рамках догматического марксизма-ленинизма, «линией», обычно утверждаемой на партийных съездах. Таким образом, как писала и Марго Лайт, партия и государство своими идеологическими установками ограничивали ученых[1]. Подобные утверждения неверны, по крайней мере для периода с конца 1960-х годов. Дело в том, что «линия партии и государства» создавалась не цековскими бюрократами, а самими учеными. Эта «линия» вырабатывалась в названных стратегических институтах (помимо упомянутых, также в Институте Дальнего Востока, Институте востоковедения, Институте международного рабочего движения, Институте Латинской Америки) через механизм «справок», обобщающих документов, выработанных в ходе ситуационных анализов, а также учеными, привлеченными к написанию соответствующих разделов аппаратом ЦК КПСС. Знаю это из личного опыта, хотя я и не занимал никаких административных постов. Начиная где-то с 1975 г. я участвовал практически во всех ситуационных анализах, касающихся проблем Дальнего Востока, и очень часто входил в группу для обобщения этих прогностических анализов[2].

---

1. См.: *Light*. The Study of International Relations in the Soviet Union, p. 292.

2. Например, в международной части нескольких речей М. Горбачева были воспроизведены большинство положений и идей, сформулированных в ходе ситуационных анализов в ИМЭМО, в которых мне пришлось участвовать и еще с двумя сотрудниками этого института обобщать.

Как ни странно, именно в советское время ученые оказывали значительно большее влияние на принятие внешнеполитических решений, чем в настоящее время, когда это влияние свелось практически к нулю.

Несмотря на общий марксистско-ленинский базис, теоретики-международники находились в оппозиции друг к другу в результате не идеологических разногласий, а именно научных, т.е. специфики понимания сути международных отношений. К примеру, мидовцы, прежде всего А.В. Сергиев, исходили из базового положения о том, что в основе внешней политики и самих МО лежит экономика, в то время как теоретики ИМЭМО отстаивали идею «политичности» и внешней политики, и международных отношений, поскольку основным их актором является государство. На этой основе строились теории, вызывавшие довольно острые дискуссии на страницах журналов, прежде всего журнала «Мировая экономика и международные отношения» («МЭиМО»). Я не могу утверждать, что эта борьба велась между школами, поскольку для их образования не хватало более четких размежеваний по идеологическим или политическим мотивам. Главным был пункт, что лежит в основе МО: политика или экономика, из чего выводились все остальные составляющие.

Другим моментом, провоцировавшим дискуссии, являлся вопрос методов и способов изучения международных отношений. Официальные ученые (обычно служившие в системе высших партийных органов международного профиля) отстаивали идею о том, что марксизм-ленинизм как общая теория и методология вполне достаточен для анализа МО. Другие, работавшие в рамках академических институтов, настаивали на использовании и «буржуазных» способов и методов в исследованиях, дав толчок внедрению в общественные науки математических и прогностических методов анализа.

С точки зрения теорий МО в плане внедрения новых методов отличились ученые ИМЭМО. Они по каким-то причинам стали ярыми поборниками системного подхода, который был в деталях расписан в популярной тогда книге Э.А. Позднякова[1]. Более того, ученые данного института, несмотря на заимствование идей этого подхода из буржуазных ТМО, подвязали его под марксизм. В одной из своих важных работ они писали:

> Понятие системы международных отношений является важной категорией марксистско-ленинской теории международных отношений, неразрывно связанной с научным анализом двух социально-экономических систем[2].

В другой коллективной монографии они подчеркивают «марксизм» этого подхода:

> Системный подход, нашедший свое применение в работах К. Маркса, Ф. Энгельса и В.И. Ленина, в том числе и в исследовании международных отношений, представляет собой, по выражению советского исследователя И.Д. Андреева, «не что иное, как реализацию важнейшего диалектико-материалистического принципа — рассматривать объекты и в их всеобщей связи и взаимозависимости»[3].

Представляю, как удивился бы Мортон Каплан, узнав, что его исследования строятся на базе марксистско-ленинской диалектики! Подозреваю, что в свою очередь и Маркс с Энгельсом были бы не менее удивлены, что они работают на поле системного подхода[4]. Любопытно, что в поддержку подобных умозаключений советские теоретики приводили известные слова В. Ленина о том, что «люди живут в государстве, а каждое государство живет в системе государств, которые относительно друг друга находятся в системе известного политического равновесия»[5].

Эта ссылка на Ленина явно притянута за уши, поскольку под словом система Ленин не имел в виду «системный подход», о

---

1. *Поздняков.* Системный подход и международные отношения.

2. *Современные* буржуазные теории международных отношений, с. 209.

3. *Система*, структура и процесс развития современных международных отношений, с. 17.

4. Интересную книгу на эту тему написал *В.П. Кузьмин*: Принцип системности в теории и методологии К. Маркса.

5. *Ленин.* ПСС, т.42, с. 59.

котором он не знал вследствие отсутствия такового в его время. Приписывание классикам марксизма того, что они не говорили и не писали, являлось дурной привычкой и заштампованных марксистов в СССР.

Как бы то ни было, очарованные системным подходом, авторы Предисловия к известной книге польского теоретика Юзефа Кукулки пишут:

Для международной реальности *системный подход* — наиболее конструктивный путьк созданию марксистско-ленинской теории международных отношений[1].

Хочу обратить внимание читателей на то, что, хотя именно ученые ИМЭМО большое значение придавали понятийному аппарату, сами они допускали вопиющие промахи, проявлявшиеся в том, что у них понятие являлось синонимом *категории*. Поэтому неудивительно, что «системный подход», т.е. один из способов, инструментов познания, как оказалось, может создавать «теорию».

В данном случае я не собираюсь критиковать сам системный подход, о котором уже писал в первом томе. Просто я хотел обратить внимание на то, что советские ученые теоретики и международники были хорошо осведомлены о всех достижениях в области ТМО на Западе, некоторые из которых брали на вооружение для собственных исследований[2].

У меня здесь нет задачи делать аналитический обзор исследований ТМО в советское время. Могу только сказать, что, несмотря на тогдашнюю социалистическую лексику, идеологическую

---

1. *Кукулка*. Проблемы теории международных отношений, с. 8.

2. Хотя в 1970-е годы я главным образом был связан с исследованиями проблем Дальнего Востока, однако по совету своего руководителя, известного китаеведа А.Г. Яковлева изучал работы всех тогдашних теоретиков, а у двух из них прошел индивидуальный курс обучения: у М.А. Хрусталева изучал метод контент-анализа, у А.В. Сергиева — теории международной политэкономии. Парадоксально, но попав в ИМЭМО, в Отдел международных отношений, где работали теоретики этого института, я оказался в «противоположном лагере»: они в лагере «политизации МО», я — в лагере «экономизации МО».

дисциплину некоторых начальников-теоретиков, обусловленную главным образом их карьерными соображениями, и ряд других присущих советскому социализму правил поведения, многие работы того времени, на мой взгляд, с научной точки зрения далеко превосходят работы современных буржуазных теоретиков России. Особенно я хотел бы выделить двоих — А.В. Сергиева и Э.А. Позднякова. К первому из них я вернусь в разделе об аппарате внешней политики и внешнеполитическом потенциале страны, здесь же я хочу остановиться на втором (более подробно во 2-ой книге данного тома). Хотя я не разделяю общего подхода Позднякова к анализу как ТМО, так и самих международных отношений, тем не менее считаю его одним из самых сильных, если не самым сильным теоретиком и СССР, и современной России. Опираясь прежде всего на работы Позднякова, хочу высветить некоторые ключевые понятия мировых отношений, по которым продолжаются дискуссии среди теоретиков-международников всех стран. В качестве основного оппонента я выбрал именно Позднякова, поскольку он намного квалифицированнее, чем западные теоретики, отстаивает позиции, которые я не разделяю, считаю ложными и контрпродуктивными.

Современная Россия и ТМО

У России, как известно, «особая стать», которая проявляется и в области ТМО. Если на Западе многие крупные теоретики сетуют, что исследования МО никак не превращаются в науку, то у русских она, оказывается, уже существует, о чем свидетельствует даже название одной из книг — «Российская наука международных отношений: новые направления». И только углубившись в содержание этой книги, выясняется, что наукой тут названо описание всяческих школ и проблем, которые стоят на пути становления российской науки в области МО. В этой связи сразу же обращают на себя внимание два момента.

Первый. Авторы этого сборника, равно как и других аналогичных книг, не отделяют ученых-международников от теоретиков МО. Поэтому у них в одной компании могут оказаться действительно теоретики и те, кто пишет о международных отношениях без опоры на какие-либо теоретические основания. Так, определяя одну из школ, состоящую из национал-коммунистов, они многократно ссылаются на работы Г. Зюганова (лидер КПРФ). На самом деле в упомянутых работах Зюганова нет никаких теоретических изысканий относительно МО, а есть политическая позиция по тем или иным вопросам международной жизни.

Второй. Спецификой российских ученых, пишущих как о теории МО, так и о самих МО, является невнимание к понятийному аппарату. Они в массе своей не мучают себя такими «пустяками», как различение науки от теории, доктрины от концепции и т.д. Мне известны только несколько человек, которые строят или строили анализ на понятийном уровне (в частности, А. В. Сергиев, Э. А. Поздняков, М. А. Хрусталев, Н. Косолапов, В. Барановский).

Если исходить из упомянутой работы, ответственными редакторами которой являются отец и сын Цыганковы, то разобраться в школах и течениях в сфере ТМО в нынешней России крайне сложно. Поскольку сомнительными являются сами критерии разделения на школы. Например, автор одной из глав пишет: «В российском контексте основными школами могут считаться Либералы, Социал-Демократы, Государственники и Национал-Коммунисты»[1]. То есть в данном случае в качестве критерия выбирается политико-идеологическая позиция того или иного исследователя, которая и определяет его принадлежность к той или иной школе. Иначе говоря, *школа* и *идеология* совпадают. Либералы — школа либералов, государственники — школа реалистов, национал-коммунисты — марксисты. Если это так, то ни одну из школ нельзя назвать научной, поскольку наука от идеологии не зависит, а выбранный автором критерий — антинаучный.

---

1. *Российская* наука международных отношений: новые направления, с. 64. В этой книге почему-то не указаны авторы глав.

Но, оказывается, в рамках этих «школ» существуют еще и всевозможные подшколы, например к школе реалистов-государственников отнесена «системно-историческая школа», к которой отнесены М. А. Хрусталев, Э. А. Поздняков, С. М. Рогов, А.Г. Арбатов, А.А. Кокошин, В.А. Кременюк (там же, с. 117). На каком основании системный подход соединен с историческим или названные исследователи объединены в одну группу, совершенно непонятно. Но у авторов свое понимание критериев, и они детально их осветили в своей книге, указав заодно различные «точки опоры» в виде фондов и «стратегических центров», в которых работают представители тех или иных школ и течений. Как и в советские времена, свое доминирующее положение сохранили ИМЭМО РАН и МГИМО МИД РФ. Представляют ли эти «точки опоры» самостоятельные школы, мне судить трудно, да и не в этом состоит задача данного раздела. Задача заключается в том, чтобы выявить, что нового внесли российские ученые в «науку» о международных отношениях. С этой точки зрения меня интересуют именно теоретики МО, а не международники или специалисты-страноведы типа С. Рогова или А. Уткина. В поле моего зрения попали в основном работы преподавателей МГИМО — видимо, потому, что они много издаются и широко представлены в Интернете.

Составляют ли они какую-то единую школу в рамках ТМО, я не знаю. Но если исходить из идеологического принципа, предложенного в вышеупомянутой работе, то, как мне кажется, все они — либералы, прозападники и, естественно, антисоветчики. Причем надо отметить, и это касается всех российских антисоветчиков-исследователей, они исповедуют не просто антисоветизм, а воинственный антисоветизм, по своему накалу превосходящий антисоветизм любой школы на Западе. Объясняется это просто: все они работают в государственных научных учреждениях, подчиненных современному капиталистическому государству. А такая подчиненность обязывает стоять на страже государственных устоев в любой сфере, тем более в идеологической и политической. В России эта привязка к государственной идеологии значительно сильнее, чем на Западе[1]. Не хочу стопроцентно утверждать, что антисоветизм нынешних теоретиков вызван только подчиненностью науки государству. Возможно, он у них был заложен глубоко в душе и прорвался наружу в капиталистические времена, поскольку в социалистические эти авторы писали на те же темы совершенно иначе, т.е. по-марксистски. Как бы то ни было, антисоветизм — это стержень, вокруг которого нанизываются теоретические постулаты современных российских теоретиков МО. Как ни странно, об этом же пишет один из редакторов упоминавшейся книги:

> В результате российская наука МО сталкивается с потенциальной опасностью возникновения новой версии догматизма, на сей раз антимарксистской и антикоммунистической ориентации[2].

Эти слова, судя по всему, принадлежат П. А. Цыганкову, успешно сочетающему работу в МГУ и в МГИМО. На мой взгляд, ныне он самый плодовитый исследователь ТМО в России: опубликовал несколько книг по теории МО и способствовал изданию ряда книг западных теоретиков на русском языке, предпослав им обширные предисловия и комментарии. Работы крайне полезные и нужные, тем более что Цыганков умудрился передать практически весь спектр американо-английской и французской политико-теоретической мысли в сфере ТМО. Правда, прочитав его основные работы, я не смог определить его собственную нишу, поскольку он в соответствии с буржуазной политкорректностью уважает все точки зрения (за исключением, естественно, марксистско-ленинской) и не отдает предпочтения никому. «Мягкая» критика хотя и присутствует, но опять же выдержана в политкорректных тонах, свойственных либеральной буржуазной интеллигенции в западном мире. В результате он разделяет не

---

1. Даже в советские времена я позволял себе критический анализ советской внешней политики не только в материалах ДСП (для служебного пользования), но и в открытой печати. В капиталистической же России за публикацию книги «Двадцать первый век: мир без России» я тут же был уволен с работы из МГИМО без объяснения причин.

2. Там же, с. 27.

только успехи западной мысли в области теории МО, но и все ее несуразности, ошибки и провалы. На некоторые из них я и хочу обратить внимание читателей.

Антисоветизм

Для начала есть смысл коснуться идеологической ангажированности П. Цыганкова. В Предисловии к одной из книг, изданных Цыганковым, проф. М. Лебедева из МГИМО сетует на то, что в Советском Союзе не издавались оригинальные тексты западных теоретиков МО, а их идеи передавались только в пересказах[1]. А это, дескать, нанесло большой ущерб развитию теории международных отношений в СССР. Цыганков полностью разделяет подобную позицию, утверждая заодно, что только в специальных библиотеках Москвы, да и то не для широкой публики, имелся доступ к литературе, содержащей критику официального марксизма-ленинизма[2]. По-видимому, профессора имеют в виду, что надо было книги западных теоретиков перевести на русский язык и издать в Советском Союзе.

Прежде чем продолжить, хочу изложить взгляд на эту же тему специалиста по России англичанки Марго Лайт, которая, изучив тему исследований международных отношений в СССР, пишет:

> Возможно, наиболее удивительным фактом для западных ученых было количество литературы, с которым советские международники были знакомы, даже когда эта литература не была переведена и не появлялась в каталогах основных библиотек. И дело не только в том, что они все читали на одном или нескольких иностранных языках, но также и в том, что они каким-то образом умудрялись доставать недоступную литературу (для тех, у кого это не получалось, советские институты предоставляли развитую реферативную службу)[3].

---

1. См.: *Теория* международных отношений: Хрестоматия, с. 7.

2. *Российская* наука международных отношений: новые направления, с. 21.

3. *Light.* The Study of International Relations in the Soviet Union, p. 291

Любопытно, не правда ли? Несмотря на «недоступность», советские ученые знали западную литературу, а на Западе, несмотря на «открытость», советскую литературу западные ученые не знали. Антисоветизм не позволяет Лебедевой и Цыганкову дать объективную оценку.

Несмотря на их приверженность принципам «свободы слова», они забывают о другом немаловажном принципе – «взаимности». Во-первых, в СССР в спецхранах библиотек (доступ в которые, вопреки утверждениям П. Цыганкова, можно было легко получить даже аспирантам) или в ИМЭМО оригинальные работы зарубежных теоретиков были всегда. Во-вторых, издавались критические книги на тему их теорий, в то время как на Западе, в том числе и в США, даже критические работы о советских теоретиках-международниках если и появлялись, то крайне редко. Да и то не столько в США, сколько в Англии[1]. (Подчеркиваю: я говорю о теоретиках.) В-третьих, и это самое главное, неосознанный антисоветизм в данном случае заключается в том, что упомянутые профессора почему-то то же самое обвинение не предъявляют США, которые тоже не переводили и не издавали работы советских теоретиков у себя. Причем эта ситуация сохраняется по настоящее время: на Западе работы российских теоретиков, за исключением ангажированных на антисоветизме, как не переводили, так и не переводят.

Что же касается доступа к работам с критикой марксизма-ленинизма, то «широкая публика» вряд ли ими интересовалась, точно так же как и «широкая публика» в США — марксистско-ленинской литературой. И между прочим, работы западных ученых, разоблачающих, к примеру, мифы о «сталинском терроре», тоже обозначали грифом «ограниченное пользование» (аналог — ДСП) и прятали в «спецхраны», скажем, библиотеки Гуверовского института при Стэнфордском университете.

---

1. Единственной полновесной работой о советских международниках можно считать монографию упомянутой Марго Лайт. См.: *Light*. The Soviet Theory of International Relations.

Есть смысл обратить внимание еще на такую вещь, на которую стыдятся указать российские антисоветчики. В отличие от советских ученых, которые практически все владеют английским языком (на что обратила внимание Марго Лайт), американские ученые-теоретики МО не владели и не владеют русским языком. Следовательно, они никогда и не интересовались достижениями советских или российских ученых.

Этот пример является всего лишь подтверждением одного из правил антисоветизма — двойного стандарта: видеть изъяны только на лице противника.

У антисоветизма как идеологии есть еще одно правило: приписывать противникам то, что они не говорили, не писали и не делали. Подтверждением этого правила является такое утверждение: «В отличие от некоторых из предыдущих критиков "двух Европ"[1], большевики приняли не просто неевропейскую, но антиевропейскую идентичность. Их социалистическое видение идентичности подразумевало превосходство России над либеральной и деспотичной Европой»[2].

Большевики никогда не рассуждали и не обсуждали свои планы на языке геополитики. Они оперировали классовыми терминами, в которых отсутствовали понятия превосходства одной страны над другой, тем более они никогда не использовали такой уродливый англояз — «идентичность». Для них не существовало ни либеральной, ни деспотичной Европы. Европа — это капиталистические государства, угрожающие социалистической России. Защита последней включала и такие меры, как поддержка и сотрудничество с коммунистическими партиями Европы, возглавлявшими некоторые сегменты рабочего класса. И где здесь «антиевропейская идентичность»? Подмена понятий привела к подмене сущностных отношений между Европой и СССР. Такие подмены часто делаются

---

1. «Две Европы» — прогрессивная и антиреволюционная (консервативная). В интерпретации автора в России среди политиков якобы шла борьба, по пути какой Европы идти стране. Большевики, понятно, выбрали не ту Европу.

2. *Российская* наука международных отношений: новые направления, с. 18.

не из злого умысла, а вследствие идеологической зашоренности авторов. И они встречаются на каждом шагу.

Антисоветизм проявляется даже в такой мелочи. Та же Лебедева в Предисловии замечает: «Немецкий психолог Курт Левин как-то заметил, что нет ничего практичнее хорошей теории»[1]. Она, я уверен, знает знаменитое высказывание Ленина о практичности теории, но предпочла сослаться на психолога, а не на политического теоретика и практика Ленина.

Антимарксизм

Понятно, что антисоветизм не существует без антимарксизма. На теоретическое наследие К. Маркса ведется столь же яростная атака, несмотря на то что либеральные авторы сами подчас осознают ее непродуктивность. Но П. Цыганков в той же работе пишет:

> Недостаток признания со стороны внешнего мира в дальнейшем способствовал трансформации «оборонительного» характера советского марксизма в менталитет осады. Последствия этого для социальных наук оказались разрушительными: неотъемлемыми и обязательными чертами советской социальной науки стали догматизм и изоляционизм[2].

Так утверждать можно только в угоду антимарксистскому догматизму. Неужели Цыганков никогда не читал работ советских марксистов? Любая работа не только лишена «оборонительного» характера, все они сосредоточены именно на атаке, пронизаны, если повторить еще один уродливый авторский англояз, «менталитетом» нападения на всю буржуазную социологию[3]. Как раз «догматизм» и особенно «изоляционизм» был характерен для западной социологии, которая ограничивалась узким кругом своих чисто западных представлений об окружающем мире, причем представлений

---

1. *Теория* международных отношений: Хрестоматия, с. 9.

2. *Российская* наука международных отношений: новые направления, с. 20.

3. Например, см.: *Социология* и идеология; *Ермоленко.* Социология и проблемы международных отношений.

крайне идеологизированных, что лишает их научной ценности. Антиисторичность вышеприведенных утверждений вытекает из того, что ни Цыганков, ни ему подобные авторы не указывают периоды советской власти, когда общественная наука действительно была в тисках догматизма (первые десятилетия советской власти) и когда она начала освобождаться от этих тисков (где-то с начала 1960-х годов).

Такая безапелляционность, некая антимарксистская лихость проявляется каждый раз, когда даже мельком затрагиваются темы, связанные с марксизмом, коммунизмом или социализмом. Вот пример.

О понимании Цыганковым теории коммунизма свидетельствует такой «пустяк». Говоря о судьбе государств бывшего социалистического содружества, этот ученый вопрошает: «...как включить бывшие коммунистические государства в новые структуры безопасности?»[1]. Так же как его антикоммунистические коллеги на Западе, философ даже не задумывался, что при *коммунизме* государств не существует и поэтому нечего было бы включать в новые структуры безопасности. На Западе ни один антимарксист и даже так называемые неомарксисты тоже не задумываются о том, что коммунизм и государство — взаимоисключающие вещи.

А вот пример поверхностного прочтения Маркса в угоду некоторым антимарксистским штампам, придуманным самими антимарксистами. Беру один из самых распространенных из них. В одной из своих работ Цыганков утверждает:

Согласно ортодоксальному марксизму, внешняя политика является отражением классовой сущности внутриполитического режима и зависит в конечном счете от определяющих эту сущность экономических отношений общества. Отсюда и международные отношения в целом носят «вторичный» и «третичный», «перенесенный» характер[2].

---

1. *Цыганков*. Теория международных отношений, с. 133.

2. Там же, с. 30–31. При этом он ссылается на источник: МЭ, т. 12, с. 735.

Через 82 страницы он возвращается к этой теме, продолжая говорить о «вторичности» и «третичности» международных отношений. И, видимо, из-за этой «глупости», по его мнению, «канонический» марксизм в современных международных отношениях есть «явление маргинального порядка» (там же, с. 113).

О «вторичности и третичности» писали все кому не лень. К сожалению, на эту же удочку попались и авторы-теоретики советского времени из ИМЭМО. Они пишут, что надо помнить слова К. Маркса о том, что международные отношения — это *вторичные и третичные, вообще производные, перенесенные*, непервичные производственные отношения»[1]. А.А. Мурадян эту «вторичность» подал в качестве основы определения МО, данного Марксом: «Широко известно определение К. Марксом международных отношений как непервичных производственных отношений»[2]. И, видимо, ни один из авторов не посмотрел в источник, хотя том и страница указаны верно.

На самом деле и Цыганков, и все другие авторы извратили Маркса, приписав ему то, что он не писал. Сама идея была взята из набросков Маркса к экономическим рукописям, опубликованных под названием «Введение». В нем в виде «заметки» указано:

> ...3) *Вторичные и третичные*, вообще *производные, перенесенные,* непервичные производственные отношения. Роль, которую играют здесь международные отношения[3].

В этой фразе нет утверждения о том, что МО «вторичны» и «третичны». Суть-то как раз заключается в том, чтобы выяснить, какую роль играют МО в производственных отношениях, когда последние выступают в форме «вторичных» и «третичных», например в сфере финансов.

В этой фразе нет и намека на то, чтобы строить теорию МО на базе их «вторичности». И вообще все «Введение» — это всего лишь

---

1. См.:*Современные* буржуазные теории международных отношений, с. 5.

2. *Мурадян.* Буржуазные теории мировой политики, с. 29.

3. *Маркс.* Введение (Из экономических рукописей 1857–1857 годов), с. 735.

первоначальные наброски большого труда, который вылился в работы «К критике политической экономии» и «Капитал». В набросках еще ничего не утверждается, а фиксируются темы и проблемы для последующего анализа.

Вот на таких придуманных самими буржуазными авторами посылках и строятся антимарксизм и антисоветизм во всем мире.

С учетом сказанного нелепым выглядит следующее утверждение:

> Изменившаяся обстановка в полной мере показала *ограниченность* подобного подхода и выявила настоятельную потребность интеграции отечественных исследований в области МО в мировую науку… (курсив мой. — *А.Б.*) [1].

Приписывать Марксу то, что он не говорил, обвинять его в «ограниченности» и предлагать упразднить эту «ограниченность» путем интеграции в мировую науку? И при этом написать множество книг, в которых показывается, порой весьма убедительно, что эта «мировая наука» так и не создала науку о международных отношениях. Именно так рассуждают буржуазные российские авторы, не замечая элементарных противоречий в своих же собственных умозаключениях.

Ну, «интегрировались в мировую науку» Т. Алексеева, А. Богатуров, М. Лебедева, сами Цыганковы (отец и сын) и ряд других теоретиков-международников, и что? Что же такого нового произвели они на свет, такого, чего не было до них? Какие идеи, какие новые теории, какие законы международных отношений сформулировали эти ученые, очистившись от «советского прошлого» в виде догматичного марксизма, не говоря уже об идеологичном ленинизме? Ведь не придумали ни одного «изма». Хотя могли бы претендовать на такой «изм», как **утопический еслибизм**, который широко представлен во многих работах российских теоретиков. И вся суть этой интеграции свелась к элементарному пересказыванию западных идей и теорий, изложению взглядов различных западных школ с бросающимся в глаза подобострастием перед учителями. Это

---

1. *Цыганков.* Теория международных отношений, с. 20.

подобострастие и переписывание идей сказываются даже на так называемом научном языке российских теоретиков, классическом англоязе, призванном уничтожить русский язык. Вот слова и словосочетания, которые использует теоретик Цыганков[1]: когнитивное катрирование (с. 55), ламентация, депривация, клиентизация (с. 91), ирредентистские движения (с. 248), социальные девиации (с. 393). У каждого из этих слов есть адекватный русский аналог. Но авторы употребляют эти «ученые» слова, потому что они подчинились англоязычной структуре мышления, в которой отражены именно англосаксонские представления о жизни, включая международные отношения. Скорее всего, никто их этих русских ученых даже не понимает, что, если он начал использовать термин *когнитивный* (вместо русского *познавательный*), он поневоле попадает в капкан всех разновидностей «cognitive science» западнобуржуазного толка[2]. Уже вследствие этого нынешние российские теоретики находятся в плену западных теорий МО.

Несмотря на это, неблагодарные западные учителя в своих многочисленных трудах даже не вспоминают, хотя бы в виде параграфа, о новаторах из «российской школы ТМО». И приходится довольствоваться, как и в советские времена, единственной «благодарностью» — приглашениями на конференции, а если повезет, приглашениями поработать в каком-нибудь институте или университете «за счет принимающей стороны». От «халявы» отказаться невозможно. И на том, как говорится, спасибо.

Однако «интеграция» действительно произошла. Только не в мировую науку, а в мировой поток антисоветизма и антимарксизма.

Хочу привести еще несколько примеров «благотворного» вхождения российских ученых в мировую науку. Известно, что в прогнозах мировых светил ТМО не предусматривались распад

---

1. Там же.

2. Язык и наука — большая тема. Здесь хотелось бы подчеркнуть только один из ее аспектов: объективную способность терминологии подчинять автора идеологии той или иной науки.

СССР и в целом слом биполярной системы. Просчитались они и по многим другим вещам, которые отмечены у меня в предыдущих параграфах. Их ученики в России, следуя утопическим представлениям своих учителей на Западе, повторяли аналогичную ерунду в своих работах. Вновь обращаюсь к Цыганкову, хотя аналогичные высказывания мне попадались в трудах и других теоретиков, например Н. Косолапова. Так вот, П. Цыганков в 2002 г. пишет:

> Сегодня никому не приходит в голову считать военно-силовое противоборство государства главным, а тем более единственным фактором, формирующим облик международных отношений, равно как трудно найти и тех, кто согласится, что в современных условиях государства исчезают из состава действующих лиц мировой политики[1].

Во-первых, ни «сегодня», ни «вчера» и ни «позавчера» никто, даже «силовики»-реалисты, не считали «военно-силовое противоборство» «единственным фактором» международных отношений. Так же, как никто, включая либералов, не считал, что «государства исчезают». Во-вторых, и это главное, очень большое количество теоретиков в начале 2000-х годов предполагали, что после «коллапса коммунизма» военно-силовые средства будут задвинуты на задний план, а на передний выдвинутся дипломатические и экономические средства. И вот в этом вопросе все просчитались, включая россиян. Получилось наоборот. Именно военно-силовые средства получили новый импульс (как бы в борьбе с мировым терроризмом), постоянно демонстрируемый в действиях США и НАТО на Ближнем Востоке и в Афганистане. А насколько эти средства «главные или не главные», легко подсчитать по доле военных расходов, например США, в совокупном внешнеполитическом потенциале страны.

А вот как Цыганков воспроизводит глупости традиционалистов со ссылкой на Буртона и Лоарда. В изложении россиянина это звучит так:

> Для новых акторов, число которых практически бесконечно, не существует национальных границ. На наших глазах возникает гло-

---

1. *Теория* международных отношений: Хрестоматия, с. 45.

бальный мир, в котором разделение политики на внутреннюю и внешнюю теряет всяческое значение[1].

Эту идею, отмечает Цыганков, отстаивает даже «сам» Розенау. И вот какие выводы делает Цыганков:

> Во-первых, детерминистские объяснения соотношения внутренней и внешней политики малоплодотворны (с. 35). Во-вторых, в современных условиях связь между «внутренней» и «внешней» политикой становится настолько тесной, что иногда теряет смысл само употребление этих терминов, оставляющее возможность для представлений о двух отдельных областях, между которыми существуют непреодолимые границы, в то время как в действительности речь идет об их постоянном взаимном переплетении и «перетекании» друг в друга (с. 36).

Во-первых, разделение внутренней и внешней политики совершенно простая и необходимая вещь, о чем будет сказано в последующем. Во-вторых, если «внутреннее» и «внешнее» теряет смысл, почему бы России в качестве отклика на подобную мудрость философа, не слить МИД, МВТ, ФСБ и Министерство обороны с МВД, МЧС, Министерством экономического развития, Министерством финансов и т.д.? В-третьих, насчет бреда об исчезновении национальных границ. Эван Луард об этом писал довольно часто[2]. Но попробовал бы англичанин Луард без виз приехать в Россию или Китай, а «безграничный» Цыганков в ту же Англию или любую другую страну «свободного мира». И что же это за «новые акторы», пересекающие любые границы без оформительных нервотрепок? Эти сказки про безграничный, глобальный мир почему-то с большим доверием проглатываются российскими учеными (о глобализации будет отдельный разговор).

Наконец, уместно привести пример отрыва теории от практики, точнее, незнания реальностей международных отношений. П. Цыганков все в той же книге пишет:

---

1. *Цыганков*. Теория международных отношений, с. 33. Автор ошибся: не Loard, а Luard (Evan).

2. Например, см.: *Luard*. The Globalization of Politics.

> Наконец, в 1970-е годы появляются и понятия — «всеобъемлющей безопасности» (comprehensive security) или «всеобщей безопасности» (overall security), которые рассматриваются как альтернатива национальной безопасности и как средство придания новой и более широкой основы сотрудничества в условиях стабилизации международных отношений (с. 323).

Реальность же была другой. Беру пример с Японией, поскольку именно политике Всеобъемлющего, или, что одно и то же, Комплексного обеспечения национальной безопасности (Сого андзэн хосё сэйкаку) я посвятил обширную главу в книге о внешней политике Японии. Эта политика готовилась в виде доктрины во второй половине 1970-х годов и была принята на вооружение Токио в конце 1980 года. Она составлялась под влиянием США, ужесточивших свой внешнеполитический курс в отношении СССР и всего социалистического содружества. Понятно, что это было связано с вторжением Советского Союза в Афганистан в декабре 1979 г. В любом случае не было не только «стабилизации международных отношений», но произошло их резкое обострение. И это нашло отражение в японской доктрине Комплексной национальной безопасности, которая хотя и состояла из трех частей (политика, экономика и безопасность), но четко указала врага — СССР и национально-освободительное движение. Эта доктрина не только не смягчила военный аспект внешней политики Японии, а подключила к нему в качестве средств воздействия против Советского Союза политику и экономику. То есть эта доктрина была не альтернативой доктрине безопасности, а расширением средств воздействия на четко обозначенного противника[1].

Напоследок хочу обратить внимание на подход философа П. Цыганкова к терминам. Под его началом переводился ряд книг на русский язык, в частности книга под редакцией Кена Буса (в моей транскрипции — Кэна Бута) и Стива Смита[2]. В самом

---

1. Подр. см. : *Алиев* [Бэттлер]. Внешняя политика Японии, с. 148–164.

2. В передачи фамилий на русский язык также нет логики. Почему-то фамилия Booth передается как Бус, а фамилия Smith как Смит, а не Смис. Уж если Smith — Смит, тогда Booth должен быть Бут.

начале Предисловия переводчик трактует слова *categorization* и to *categorize* как термин *понятие*. Это очень серьезная ошибка. Потому что автор, Смит, под словом *категория* имел в виду не его понятийно-философское значение, а рубрикативное, классификационное. То есть вкладывал в него совершенно иное содержание. К примеру, в переводе слова Смита звучат так:

> С этой точки зрения данная глава посвящена общему обзору того, как и в каких *понятиях* описывается международная теория (курсив мой. — *А.Б.*)[1].

В оригинале же написано:

> В этом смысле данная глава имеет целью представить обзор того, как описана и классифицирована международная теория[2].

Первый вариант претендует на научное описание международной теории на базе понятийно-категориального аппарата. Второй — простое описание и классификация всяческих школ и направлений (что и подтверждает последующий текст). Такая путаница — не просто ошибка, это проявление непонимания сути «понятийного анализа» в науке. И если переводчик не обязан был знать такие тонкости, то философ Цыганков — обязан. И эта ошибка повторяется в тексте и дальше (см. с. 15).

Совершеннейшая путаница и в переводах слов *сила и мощь*. В тексте Фрэда Халидэя (на с. 67) слово power переводится и как сила, и как мощь (р. 54). А ведь это один из ключевых терминов в теории МО. Путаница в обозначении означает путаницу в мозгах, т.е. ни переводчик, ни главный редактор книги, П. Цыганков, не понимают этого термина, имеющего понятийное содержание.

Сам П. Цыганков понятие *сила* не определяет, но вот что у него получилось, когда он изложил взгляды Р. Арона на понятия *сила и мощь*:

> С точки зрения Р. Арона, мощь международного актора — это его способность навязать свою волю другим, т.е. мощь — это социаль-

---

1. *Теория* международных отношений на рубеже столетий, с. 13.
2. *Booth, Smith* (eds). International Relations, p. 1.

ное отношение. Сила же — это лишь один из элементов мощи. Поэтому различие между мощью и силой — это различие между потенциалом государства, его вещными и людскими ресурсами, с одной стороны, и человеческим отношением — с другой. Составными элементами силы являются материальные, человеческие и моральные ресурсы государства (потенциальная сила), а также вооружения и армия (актуальная сила). Мощь — это вооружение и армия (актуальная сила), а также мощь это использование силы, способность повлиять не только на поведение, но и на чувства другого. Важный фактор мощи — мобилизация сил для эффективной внешней политики[1].

Если Цыганков верно излагает Арона, тогда следует считать, что француз абсолютно не разобрался в предмете. «Навязать волю» = мощь = социальные отношения. На международной арене отношения между акторами у него являются социальными, а не международными. Почему тогда не политическими или психологическими? Мощь — потенциал государства, сила — человеческие отношения. А почему не межгосударственные отношения, а только человеческие? И тут же у него именно сила – материальные ресурсы, а также вооружение и армия, и рядом мощь — вооружение и армия, которые актуальная сила. Зачем же тогда загонять эту силу в мощь? Надо было ее оставить в силе, обозвав актуальной. Мощь — «мобилизация сил для эффективной внешней политики»? А как проводится неэффективная внешняя политика? Без мощи и силы? И что означает эффективная? Наверное, когда она влияет «на чувства других»? Я не могу поверить, чтобы Арон написал такой бред. Уверен, что Цыганков явно или не понял француза, или неверно перевел французский текст.

Не понимают терминов, имеющих понятийное содержание, не только П. Цыганков, но все без исключения российские теоретики-международники. Например, в упомянутой выше книге автором одной из глав написано:

Российские ученые понимают под полюсом, как правило, центр силы, обладающий определенным потенциалом (военным, экономическим, политическим и т.д.) и желанием (волей) регулировать

---

1. *Цыганков*. Теория международных отношений, с. 280.

мировые процессы. «Полярность» или «полюсность» в российской трактовке скорее соответствует «центричности», поэтому отдельные ученые предпочитают говорить о «полицентричности» или «моноцентричности» мира[1].

То есть *полюс* и *центр силы* синонимы? А сила — это потенциал и желание (воля)? С таким пониманием россияне вошли в мировую науку. В оправдание можно только сказать, что «силовые» термины (*power, might, force, strength, authority*) не различают и западные теоретики, о чем не раз говорилось на предыдущих страницах.

✳ ✳ ✳

Выше я упоминал имена Хрусталева, Косолапова и Богатурова. Они действительно заметные фигуры среди исследователей-теоретиков МО в России. Мне не раз и не два приходилось читать их работы, но здесь я хочу остановиться на одной из них, авторами которой оказались все трое[2]. Хотя эта работа была опубликована в 2002 г., свои принципиальные научные положения, по крайней мере двое из них, Косолапов и Богатуров, сохранили и в последующем.

М.А. Хрусталев. Марк Арсеньевич Хрусталев — один из крупнейших теоретиков международных отношений, всю жизнь проработавший в МГИМО[3]. Так случилось, что я не читал его трудов, опубликованных после 2000 г. И вот в ходе написания данной работы мне попалась упомянутая книга, одним из авторов которой был Хрусталев. И я был крайне удивлен метаморфозой, которая произошла с этим ученым. Хотя удивляться, может быть, и не стоило,

---

1. *Российская* наука международных отношений: новые направления, с. 114.

2. *Богатуров* и др. Очерки теории и методологии политического анализа международных отношений.

3. В 1970-е годы на индивидуальной основе я прошел у него курс изучения контент-анализа, а в конце 1990-х некоторое время работал в возглавляемого им Центре международных отношений МГИМО. Он был одним из авторов, на чьих книгах я осваивал первоначальные знания по ТМО.

учитывая общий идеологический настрой преподавателей МГИ-МО, в одночасье превратившихся из марксистов в либералов, ставших проводниками буржуазных взглядов.

В главе («Политология и политический анализ»), описывая субъектов политики, Хрусталев называет три типа социальных общностей: этническую, конфессиональную и классовую. Он пишет:

> Если под этим углом зрения посмотреть историю цивилизации, то нетрудно заметить последовательную смену социально-политической ориентации: от этнической к конфессиональной (после становления мировых религий) и затем классовой[1].

И вот после этого ученый пишет такое:

> В этой связи нельзя не коснуться социалистического эксперимента, в рамках которого на доктринальном уровне ставилась, а в СССР и решалась задача ликвидации всех трех социальных общностей. Религия подлежала полной ликвидации, этносы преобразованию в единый советский народ, а классы уничтожению путем пролетаризации (?) (бесклассовое общество). Утопичность этой задачи во всех трех ее аспектах была более чем наглядно доказана практикой (с. 15).

М.А. Хрусталев не указывает источник, в котором излагалась бы эта доктрина «по ликвидации трех социальных общностей». Религия в СССР хотя и не поощрялась, но вполне нормально существовала, по крайней мере после Второй мировой войны[2]. Более того, религиозные институты имели самые тесные контакты с государственными органами власти. Неужели политику Советского Союза, проводившуюся в отношении «этносов» на основе принципов «национальное по форме, социалистическое по содержанию», можно интерпретировать как уничтожение этносов? Советский народ — это единство различных самостоятельных наций и культур, объединенных идеей социализма и коммунизма. Советский народ —

---

1. *Хрусталев.* Политология и политический анализ, с. 14–5.

2. Я, живя в период «ликвидации религии» в СССР, во время религиозных праздников посещал и мечети, и церкви без всяких негативных последствий для себя.

это великое достижение СССР в национальном вопросе. И это не было утопией, это была реальность. А разве формирование бесклассового общества предполагало «пролетаризацию»? Я не верю, что Хрусталев не был знаком с учебниками по «научному коммунизму», в которых разъяснялось, что бесклассовое общество состоит не из «пролетаризированных» особей, а из разносторонне развитых, образованных и культурных личностей. Общество личностей, а не пролетариев. В этом состояла суть «ликвидации классов», а точнее, их отмирание, которое, между прочим, предполагалось на стадии коммунизма, а не социализма.

Практикой же было доказано только одно: задачи как раз ставились весьма правильные и многие из них были решены. Трагедия заключалась как раз в том, что задуманное не было доведено до конца. И совсем не по тем причинам, на которые указывают буржуазные исследователи.

Если вышеприведенный пассаж проистекает из антисоветизма, то другое положение — из непонимания некоторых реальностей международных отношений. Так, разбирая роль милитаризма в обществе, Хрусталев пишет:

> Есть все основания полагать, что именно милитаризм сыграл решающую роль в провале всех попыток реформировать советское общество. Не случайно руководство КНР, учтя *советский опыт*, самым решительным образом *блокировало* его развитие, что обычно остается за кадром при анализе особенностей китайских реформ (с. 20; курсив мой. — *А.Б.*).

Что касается СССР, то ученый прав только в том смысле, что его руководители допустили сверхмилитаризацию страны без достаточных оснований для этого в период после достижения стратегического паритета с США в рамках концепции взаимно гарантированного уничтожения, или «оборонной достаточности». Но в Китае «блокировка» милитаризации страны не была связана с «советским опытом». Советский Союз на протяжении почти всего своего существования находился в постоянной конфронтации с Западом. Китай же с момента начала реформ (с конца 1979 г.) имел с Западом, включая США, тесные торгово-экономические отношения при отсутствии геостратегического противостояния. Военный аспект вообще до поры до времени не был вписан в контекст отношений КНР с Западом. И только по мере наращивания своей экономической мощи, которая стала вызывать волнения и раздражение прежде всего в США, Китай разблокировал развитие своего военного потенциала, начав стремительное наращивание расходов на оборону и усиление своего «милитаризма». Это всего лишь означает, что дело не в «учете советского опыта», а в трезвом учете международных реальностей, который отсутствовал у советских руководителей.

Глава, написанная Хрусталевым носит методический характер, поскольку предназначена для студентов. И он излагает свое понимание очень важных терминов, таких как *методология, метод, подход, способ анализа* и т.д. Их интерпретация отличается от, скажем, западных вариантов, на которые мне приходилось ссылаться в первом томе. Свое представление я изложил там же. Поэтому не могу не отреагировать на весьма важное утверждение Хрусталева относительно метода и методологии, которое мне кажется как минимум спорным. Он пишет:

> Под *методом* принято понимать некий *образ действия…* Совокупность исследовательских методов и подходов образует методологию соответствующей научной дисциплины. Наличие в ее составе многих разнородных и, в частности, изоморфных исследовательских подходов является несомненным симптомом того, что ее становление еще не завершено. Об этом же свидетельствует и отсутствие доминирующего исследовательского метода, что, как уже отмечалось выше, характерно для современного состояния политологии. *Зоной действия методологии является в принципе только стадия осмысления,* но иногда под влиянием субъективных предпочтений исследователя она распространяется даже на стадию отбора и, в частности, на фазу фильтрации (с. 26, 34; курсив мой. — *А.Б.*).

Метод есть образ действия — это не определение, поскольку предикат не объясняет конкретный субъект, он применим абсолютно ко всему. Следовательно, на основе неопределенного метода нельзя формулировать определение методологии. Иначе получилось бы, если следовать определению Хрусталева, что методология — это совокупность образа действия и подходов. Это не так, поскольку методология в трихотомии, как выразился Хрусталев, *всеобщее – особенное – единичное* занимает место именно всеобщего, т.е. должна быть применима не «к соответствующей дисциплине», а ко всем дисциплинам. Например, методология марксизма, базирующаяся на диалектике, материализме и историзме, применяется ко всем наукам, так же как, скажем, и науковедческие методологии Поппера или Куна. Поэтому утверждение Хрусталева о зоне действия методологии, которая вступает в свои права «только на стадии осмысления», представляется научно неверным, поскольку методология пронзает весь процесс познания от начала до конца, на всех его стадиях. И неверно понятый смысл методологии, равно как и метода, порождает дальнейшие несуразности, которые, в частности, проявляются и в таком выражении: «В рамках этого осмысления можно в первом приближении выделить три фазы: индуктивную, дедуктивную и креативную» (с. 34). Индукция и дедукция — это не фазы, а логические способы познания, «первичность» которых зависит от конкретной темы исследования. Англояз же «креативный», что на русском языке означает «творческий», применим к любой фазе научного исследования. Он здесь использован не в том, выражаясь языком Хрусталева, «таксономическом ряду», он шире по своему содержанию названных первых двух терминов, поскольку творчески или нетворчески можно мыслить и индуктивно, и дедуктивно.

Несмотря на некоторые мои критические замечания, глава Хрусталева весьма полезна, так как приучает читателя размышлять на понятийном уровне, что является редкостью для российских ученых. Кроме того, у Хрусталева в данной главе высказаны некоторые суждения, с которыми я не могу не согласиться, и главное из них — его неприятие концепции анархии в международных отношениях. Напомню, что представители политического реализма, неореализма и некоторых других школ утверждают: на мировой арене царит анархия (иногда говорят — хаос) из-за отсутствия мирового правительства, т.е. высшей государственной власти. Отсюда нестабильность и прочие неприятности. Хрусталев возражает:

> Однако этот тезис не следует возводить в абсолют. Дело в том, что в мировом сообществе с самого начала возникла и сохраняется до сих пор четкая и, как правило, относительно стабильная статусная ранжировка на государственном уровне: великие державы, крупные, средние и малые страны. Каждая великая держава обладает так называемой «зоной влияния», в которую входит некоторое число малых и средних государств. Их зависимость от нее, то есть в какой-то степени подвластность, хоть и различна, но в принципе достаточно значима. Она может быть оформлена де-юре (соответствующие договора или соглашения) или существовать де-факто. «Зона влияния» есть не что иное, как форма существования специфических патронажно-клиентельных отношений (с. 25).

Хрусталев верно зафиксировал иерархию в «мировом сообществе», хотя и не объяснил причины этой ранжировки и субординации на мировой арене. Возможно, это и не входило в его задачу.

Не могу не отметить и его рассуждения о математизации ТМО, которая фактически провалилась. Он справедливо усматривает в этом провале отсутствие понятийного аппарата, обладающего «операциональностью» в рамках исследований международных отношений (с. 12).

С некоторыми оговорками я мог бы согласиться с его определением политики, к которому вернусь в соответствующем разделе.

А теперь я хотел бы обратиться к некоторым главам, которые были написаны тоже профессиональным теоретиком и международником — Н.А. Косолаповым, одним из ведущих исследователей ИМЭМО РАН.

Н.А. Косолапов. В одной из глав рассматриваемой книги (эта глава называется «Сила, насилие, безопасность: современная диалектика взаимосвязей») он анализирует три ключевых слова ТМО: сила, насилие и безопасность. Как и многие другие до него, он сразу же выделяет понятие сила, «от политического истолкования которой уклоняются практически все ведущие энциклопедии, ограничиваясь лишь физическими аспектами этого явления и понятия»[1].

---

1. *Косолапов.* Сила, насилие, безопасность: современная диалектика взаимосвязей, с. 190.

Автор прав: в энциклопедиях действительно нет определения понятия сила. Тем не менее многие теоретики и международники дают его в соответствии со своими представлениями. Да и Косолапов рискнул сформулировать это понятие в обобщенном виде:

> По отношению к живому организму сила — это его способность физически обеспечить себе желаемое или необходимое: пропитание, потребную вещь, размножение, жилище, что-то еще. И, разумеется, не в последнюю очередь защиту самого себя в случае нападения и возможность нападать самому (с. 190).

Обращаю внимание на начало фразы: «по отношению к живому организму». Надо иметь в виду, что под «живым организмом» обычно русские, и особенно космисты, рассматривают всю Вселенную. Хотя, насколько мне известно, Косолапов не космист, но поскольку он для определения силы выбрал широкий термин — *живые организмы*, то, подозреваю, что помимо человека в эти организмы у него попадает весь органический мир, начиная, видимо, с бактерий. Но в любом случае — животный мир.

Некоторые читатели могут подумать, что я придираюсь к словам, ко всяким мелочам, которые не имеют отношения к теме. Уверяю, что от таких «мелочей» зависит вся научная конструкция анализа. Если вы назвали живым организмом даже любимую собаку или кошку, тогда живым организмом будет вся Вселенная, все ее элементы, все мезоны, протоны и т.д. В этом случае вы не сможете отделить жизнь от нежизни, в результате чего научные исследования превращаются в антинауку[1]. Вышеприведенное определение силы неверно, и это ведет автора к последующим несуразностям. В частности, он пишет:

> … Идея ненасилия вобрала в себя два качественно разных комплекса исходных объективных реалий. Один — естественное и закономерное стремление всего живого жить, не подвергаться мукам, пребывать в максимально возможной безопасности. Это стремление неизбывно, пока существует жизнь (с.195).

---

1. Подр. об этом см.: Введение в мирологию (т. I, кн. 2). Более подробно см.: *Бэттлер*. Диалектика силы.

Поскольку в «живое» у Косолапова попадает как минимум и животный мир, то получается, что этот самый мир «стремится» не подвергаться мукам и «думает» о своей безопасности. Условные и безусловные инстинкты животного мира подаются как результаты «размышлений» о формах выживания. Я уверен, что Косолапов так не думает, но непродуманность определения силы ведет его в лоно мистического космизма, от науки столь же далекого, как туманность Андромеды от Земли. Эта непродуманность с ним играет и такую шутку. Он пишет:

> Всякая жизнь — и общественная в том числе — основывается на том или ином сочетании трех элементарных способов существования: подбирания того, что дает природа; производства из подобранного чего-то качественно нового; и отбирания у других того, что они подобрали либо произвели (с. 198).

Поскольку, по мысли Косолапова, общественная жизнь является частью «всякой жизни», следовательно, за ее пределами существуют жизни, которые производят из подобранного что-то качественно новое. Это величайшее открытие почему-то осталось незамеченным. По Косолапову, животный мир что-то производит, а его злобная часть отбирает это что-то у доброй части. Вот до какого абсурда можно договориться, если исходить из концепции «всякой жизни». Он мог бы избежать всех этих несуразностей, четко обозначив, что его определение силы имеет отношение только к обществу, только к человеческим взаимоотношениям. Поскольку жизнью обладает только человек; за его пределами есть только органический и неорганический миры, которые ни о чем не «думают», подчиняясь законам природы. Но, судя по всему, Косолапов всерьез придерживается мистического взгляда на жизнь, что вытекает из такого пассажа:

> И поскольку жизнь общества и человечества, сколь бы сложна она ни была, все же *не более чем одна из разновидностей жизни вообще*, она тоже не может быть исключением из этого общего правила (с. 199; курсив мой. — А.Б.).

Как говорится, бог в помощь. Только к науке все это не имеет отношения.

А теперь вернемся к главной идее главы — идее ненасильственного мира. Дело в том, что Косолапов из тех ученых, которые верят в добро, в светлое будущее всего человечества, которое, конечно же, возможно на базе свободы и демократии, исходящих от западного мира и особенно от США. В 1990-е годы он написал серию статей о «демократизации» системы международных отношений и вхождении в нее России «без державного статуса», который как бы уже морально устаревал и не соответствовал действительности. Правда, в одном из его сценариев предполагалось «формирование однополярной системы международных отношений, которая по существу означала бы обретение этой системой авторитарной структуры и выдвижение единственной сверхдержавы объективно в положение мирового лидера»[1]. Естественно, такой сверхдержавой являлись США. Следует при этом отметить, что в советские времена Косолапов относился к США не столь благосклонно. Но времена изменились.

Говоря о силе, насилии и ненасилии, Косолапов отмечает объективный характер названных явлений и неизбежность насилия в будущем. Проблема, по его мнению, заключается только в том, чтобы избавиться от «крайних форм насилия». Он пишет:

> Как ни парадоксально, но интересы развития вообще, безопасного и цивилизованного в особенности требуют не отказа от насилия, но разработки более цивилизованных его форм, расширения арсенала его средств и методов, повышения их эффективности путем качественно большей избирательности, прицельности действия, вытеснения примитивных и жестоких форм насилия формами цивилизованными[2].

Косолапов полагает, что это возможно, если понять и осознать «природу и функции насилия в живых системах» (с. 201).

Косолапов при этом, видимо, не задумывался, а кто будет разрабатывать эти цивилизованные средства и методы ненасилия?

---

1. *Косолапов*. Внешняя политика России: проблемы становления и политико-формирующие факторы, с. 10.

2. *Косолапов*. Сила, насилие, безопасность: современная диалектика взаимосвязей, с. 204.

Неужели не понятно, что разные разработчики предложат разные методы, поскольку они по-разному будут понимать цивилизацию. И дело не только в национальных различиях, но и внутриобщественных. Подозреваю, рабочий сформулирует свои методы и средства, а представитель буржуазии — свои. Уже от вышеприведенных пожеланий отдает утопизмом. И это впечатление усиливает такой пассаж небогрёза:

> В повестке дня, таким образом, формирование нового, четвертого подхода к обеспечению безопасности. Отталкиваясь от права каждого на самозащиту и категорического отрицания права на произвол и агрессию, от идей оборонительной достаточности и непровоцирующей обороны (или обороны без враждебности), от поддержки и поощрения разумных самоограничений, этот подход должен делать упор на необходимости построения, уже *в достаточно близкой перспективе*, единой общечеловеческой системы международного правопорядка (с. 204–5; курсив мой. — *А.Б.*).

Американские стратеги, к сожалению, не изучали труды Косолапова и в «близкой перспективе» вместо цивилизованного ненасильственного мира очень нецивилизованно вторглись в Ирак, принеся ему зато «свободу и демократию».

Подозреваю, что приверженец либеральных ценностей Косолапов вряд ли осудил США за эту миссию, хотя за год до войны в Ираке писал:

> На рубеже XXI в. нет и не может быть «справедливых» войн. Любая война сегодня — преступление против человечества, и инициаторов должен неизбежно ждать международный трибунал, будь то война межгосударственная или гражданская (с. 205–6).

Как известно, США всяческие международные трибуналы не признают, так же как и «справедливых» войн, если их ведут противники «свободы и демократии».

Не знаю, изменились ли взгляды теоретика и международника Косолапова на мир, на США и ТМО со времен написания разбираемой книги, но в то время его позицию можно было определить, как позицию фантазера и еслибиста. Вот к чему приводит всего лишь одно словосочетание — «все живое».

Вместе с тем не могу не отметить его точный прогноз в отношении России. В начале 1994 г. он писал:

> …Россия рискует превратиться в начале будущего столетья в новый крупный центр социальной и политической *реакции*, что могло бы снова противопоставить ее и Западу, и другим регионам и культурам (курсив мой. — *А.Б.*)[1].

И хотя Косолапов сделал такой прогноз «в виде умозрительной возможности», он оказался пророческим, так как действительно Россия превратилась в одно из самых отсталых и реакционных государств в Европе. Только если для Косолапова слово «снова» означает советский период истории России, то для меня — середину XIX в., когда Россию справедливо называли «жандармом Европы».

При все при этом, так же как и в случае с М.А. Хрусталевым, могу сказать, что работы Н.А. Косолапова представляют интерес для теоретиков и международников любого профиля, поскольку автор (один из немногих) работает на понятийном уровне. Не важно, согласен кто-то с его определениями или не согласен, главное, его работы приучают мыслить понятийно.

А теперь есть смысл обратить внимание на А.Д. Богатурова, который также занял заметное место среди российских теоретиков и международников.

А.Д. Богатуров. В отличие от многих советско-российских теоретиков-международников, черпавших свои знания из недр устаревшего марксизма-ленинизма, Богатуров свой научный багаж наполнял прогрессивной американской наукой, которую он грыз в стенах научных фондов и университетов США. По возвращении в Россию он обрел в научном сообществе статус теоретика-структуралиста и системника, что подтверждал многочисленными своими работами, по количеству превосходящими работы всех его коллег. Естественно, после США он не мог не стать либералом, высоко ценящим свободу и демократию, презирающим марксизм и предостерегающим от тесных отношений с потенциальным врагом России — Китаем.

---

1. *Косолапов.* Новая Россия и стратегия Запада, с. 50.

Богатуров является ведущим автором рассматриваемой книги, поскольку удостоился чести написать Предисловие и Послесловие. Меня же интересует его глава под названием «Системный подход и эволюция международных отношений в XX веке». Он справедливо начинает свою главу с разъяснения, что такое системный подход. И с самого начала нас ожидает сюрприз. Теоретик пишет:

> Системным наш подход называется потому, что в его основе не просто хронологически выверенное и достоверное изложение фактов дипломатической истории, а показ логики, движущих сил важнейших событий мировой политики в их не всегда очевидной и часто не прямой взаимосвязи между собой[1].

До этой формулировки я и не предполагал, что системный подход — это изложение фактов дипломатической истории и показ логики и движущих сил истории. Мне казалось, что этим занимаются историки дипломатии и международных отношений на основе, как теперь модно говорить, «нарративного» (описательного) метода. На чем, кстати, стоит Английская школа теоретиков. Как раз задача этих историков и заключалась в том, чтобы разъяснить все эти неочевидности и реальные, а не мнимые взаимосвязи. Очень странно, что американские учителя не подсказали суть этого подхода российскому либералу. Между прочим, эта суть была и есть той же самой даже и для советских ученых. А она заключается вот в чем:

> Системный подход исходит из того, что специфика сложного объекта коренится прежде всего *в характере связей и отношений между его элементами*[2].

То есть для системного подхода важны не факты и история, а связи и отношения между элементами системы. Отмечу, главным распространителем идей системного подхода в СССР был уже упоминавшийся крупнейший теоретик-международник Э.А. Поздняков, который определял его следующим образом:

---

1. *Богатуров*. Системный подход и эволюция международных отношений в XX веке, с. 112.

2. *Системный* анализ и научное знание, с.159.

> Под системным подходом понимаются принципы теоретического исследования объектов, представляющих собой сложные развивающиеся системы. Принципы эти служат выявлению механизма жизнедеятельности объекта, его структуры, законов его функционирования и развития[1].

И здесь речь идет не о фактах и истории, а о механизмах, законах функционирования объектов и их структурах. В первом томе «Мирологии» мне приходилось подчеркивать, что для системного подхода качественная сторона объектов не имеет значения, его «волнуют» количественные стороны объектов, их связи, весовые категории и т.д. в связке система–элемент. Богатуров явно не понимает методологического значения этого подхода. И его не спасает такое банальное продолжение:

> Иными словами, международные отношения для нас — это не просто сумма, совокупность каких-то отдельных компонентов (мировых политических процессов, внешних политик отдельных государств и т.п.), а сложный, но единый организм, свойства которого в целом не исчерпываются суммой свойств, присущих каждой из его составляющих в отдельности (там же).

Эта «неисчерпаемость» уже набила оскомину в силу своей очевидности, которая была известна еще во времена Гегеля, кстати, первым проанализировавшего блок система–элемент. И вот на основе такого понимания Богатуров от лица «мы» объясняет международные отношения, но эти объяснения, естественно, никакого системного подхода не напоминают, а воспроизводят нормальный рассказ о некоторых международных событиях XX в. Рассказ этот, правда, тоже не без сюрпризов.

Поскольку Богатуров вооружился словом *система*, он начал системить мировую арену, разделяя ее на различные подсистемы. У него получилась такая картина:

> Так, например, после Первой мировой войны центральное положение европейской подсистемы (Версальский порядок) осталось

---

1. *Поздняков*. Системный подход и международные отношения, с. 8. Кстати, в этой же книге он разъяснил отличие системного подхода от метода системного анализа.

бесспорным. *По сравнению с ней азиатско-тихоокеанская (Вашингтонская) была периферийной.* Однако она была несоизмеримо более организованной и зрелой, чем, например, Латиноамериканская или Ближневосточная. Занимая главенствующее положение среди периферийных азиатско-тихоокеанская подсистема была как бы «самой центральной среди окраинных» и второй по своему мирополитическому значению после европейской (с. 114; курсив мой. — *А.Б.*).

Богатуров выделил в качестве периферийной «азиатско-тихоокеанскую (Вашингтонскую)» подсистему. Это в начале XX в.? По каким причинам США вошли в азиатско-тихоокеанскую подсистему? Неужели в США в эти годы население состояло из азиатов, которые вели интенсивную торговлю с островами Тихого океана? Разве исходя из этой же логики не было бы справедливее назвать США «азиатско-атлантической» периферией, учитывая, что с Европой все-таки в те годы отношения у них были значительно теснее, чем с Восточной Азией?

Кроме того, в системе или в подсистеме должно быть как минимум два элемента. Здесь же назван только один — США (Вашингтон). На «подсистему» явно не тянет. Но дело в том, что и названные две другие подсистемы — Латиноамериканская и Ближневосточная не были никакими подсистемами, поскольку входящие в них государства не были системно, внутренне связаны между собой. На этих территориях находились государства или другие акторы в режиме свободного действия без тех коммуникационных связей, которые совокупность элементов превращают в систему. В результате описание структуры международных отношений после Первой мировой войны, данное Богатуровым, представляет собой не более чем схоластическое теоретизирование на пустом месте.

Далее он обратился к теме многополярности. Для того чтобы осознать ложность его последующих рассуждений на эту тему, предлагаю его определение «многополярности», которое он дал в Послесловии. Вот оно:

В нашем рассуждении под многополярной структурой международных отношений понимается организация мира, для которой характерно наличие нескольких (четырех или более) наиболее влиятельных государств, сопоставимых между собой по совокупному потенциалу своего комплексного (экономического, политического, военно-силового и культурно-идеологического) влияния на международные отношения (с. 374).

Из этого определения получается, что полярность — это совокупный потенциал комплексного влияния. А само «влияние» он выводит из суммы экономики, политики, военной силы и культуры вместе с идеологией. Попробуйте определить «наиболее влиятельное государство», подсчитав эту сумму, к примеру, сумму экономики и культуры. И почему «многополярность» начинается с четырех государств, а не с трех? Это общая ошибка всех теоретиков, которые не догадались отделить понятие *полюс* от понятия *сила*, поскольку никто из них не был в состоянии распознать прежде всего понятие сила. Это касается не только Богатурова, но и всех без исключения теоретиков. Рассуждения о связке «баланса сил» и «равновесия сил» лишаются смысла из-за непонимания понятия сила. Точно так же как и его утверждение о многополярности в период между 1918 и 1945 гг. Причем в этом контексте Богатуров говорит о втором смысле «баланса сил» как о «соотношении возможностей», которые состоят из тех же политики, экономики и военной силы.

А вот очевидное свидетельство американского влияния на умострой Богатурова-теоретика:

Поискам взаимоприемлемой цены по сути дела и были посвящены пять-шесть лет до лишения М.С. Горбачева президентской власти в конце 1991 г. Цена эта, насколько можно судить по небывало возросшему политическому авторитету Советского Союза — на фоне всем очевидного ослабления его возможностей, — в принципе была найдена. Он фактически добился права на недискриминационное сотрудничество с Западом при сохранении своего привилегированного глобального статуса. Несмотря на то что основания для этого были не бесспорными, например, на фоне искусственного отстранения от решающей мирополитической роли новых экономических гигантов, прежде всего Японии. Свой раунд борьбы за место в мире дипломатия перестройки выиграла, пусть платой за выигрыш были объединение Германии и отказ в 1989 г. от поддержки коммунистических режимов в странах бывшей Восточной Европы (с. 127–8).

Оказывается, разрушение Советского Союза можно оценить как «небывало возросший авторитет» страны в мире. При этом полумертвый Союз умудрился сохранить «глобальный статус». Каким-то образом то ли США, то ли помирающий СССР отстранил от «решающей мирополитической роли» даже такого гиганта, как Япония. Видимо, до этого она такой ролью обладала. Выигрышем «дипломатии перестройки» названо предательство своих союзников в Восточной Европе и разрушение страны, впоследствии превратившейся в маргинальное государство практически с неутихающей вялотекущей гражданской войной на территории бывшей сверхдержавы. Такой «анализ» был бы естественным, скажем, для небезызвестного антисоветчика Роберта Конквеста. Это его почетная профессия. Но не для Богатурова, который считается, и во многих случаях не без оснований, серьезным исследователем. К сожалению, как показывают его последующие публикации, идеология в них постоянно берет верх над анализом, что выводит Богатурова за рамки науки. Правда, не его одного.

Комплексная мощь, или сапоги всмятку

Весьма любопытно, что после публикации в мире сотен работ, посвященных силе в международных отношениях, российские ученые заявляют о своем новаторском вкладе в разработку данной тематики. Именно так ее представляет российский академик М. Титаренко в одной из своих монографий[1], критический анализ которой я изложил в книге о российской науке. Тем не менее, чтобы оценить этот вклад, я решил представить небольшой отрывок из своей рецензии на книгу Титаренко, касающийся непосредственно темы о силе.

---

1. *Титаренко*. Геополитическое значение Дальнего Востока.

Но для начала такая ремарка. В 2003 г. П. Цыганков писал:

И все же приходится признать, что сегодня, как и прежде, ни у теоретиков, ни у практиков международных отношений нет полной ясности относительно содержания понятия силы[1].

Цыганков явно недооценил «креативные» (творческие) способности своих соотечественников. Уже через пять лет академик М.Л. Титаренко в сотрудничестве с Б.Н. Кузыком не только познали тайну силы, которую они, правда, обозвали мощью, но и дали образец ее измерения, что как будто бы никому не удавалось до них. И вот как у них это получилось.

Итак, Титаренко сообщает, что под руководством чл.-корр. РАН, профессора Б.Н. Кузыка разработана методология прогнозирования, которая дает возможность на основе понятия комплексной мощи подсчитать мощь не только Китая, но и любого другого государства[2]. Что они и сделали усилиями двух институтов (ИДВ и Института экономических стратегий РАН, директором которого как раз и является Б.Н. Кузык).

Для начала следует упомянуть, что термином комплексная мощь (с прибавлением слова «государственная») китайские руководители пользуются с конца 1990-х годов, т.е. до разработки упомянутой методологии. На самом деле то, что эти два ученых обозначили в качестве «комплексной мощи», никакого отношения к «мощи» не имеет. Поскольку они просто представили набор явлений, которые не поддаются «подсчету». Они в «комплексную мощь» ввели девять параметров: управление, территория, природные ресурсы, население, экономика, культура и религия, наука и образование, вооруженные силы, внешняя политика. Спрашивается: как можно подсчитать мощь «религии» и «культуры»? Являются ли обширная территория или громадное население элементами мощи? На основе каких единиц можно подсчитать мощь «управления»? Чем определяется мощь «внешней политики»? И т.д. Можно ли через какие-либо количественные параметры соединить «управление» и

---

1. *Цыганков.* Теория международных отношений, с. 278.

2. *Титаренко.* Указ. соч., с. 44.

«религию» или «политику» и «экономику»? Это все равно что подсчитать «мощь» петуха через количество яиц, снесенных курицей, с «политикой» петуха в отношении курицы.

В качестве иллюстрации подсчета мощи Титаренко приводит расчеты китайского экономиста Ху Аньгана, в соответствии с которыми:

> Китайский показатель комплексной государственной мощи (КГМ) вырос до 7,8%, что ставит КНР на 2-е место в мире. По оценкам китайских экспертов, разница в комплексной государственной мощи Китая и США неуклонно сокращается: если в 1980 г. КГМ КНР составляла только 1/5 от американской, в 1995 г. — 1/4, то в 1998 г. этот показатель вырос до 1/3, а сейчас и того более. Согласно этим же оценкам, ныне Японии принадлежит 3-е место, хотя показатели ее совокупного потенциала лишь немного уступают китайским. На 4-м месте находится Индия — 4,36% мировой мощи. Россия оказывается по соответствующим показателям на 5-м месте. К началу XXI века соотношение российского и китайского потенциалов составило примерно 1:3 (с. 239).

Такое ощущение, что китайские эксперты «украли» методику подсчета у Титаренко и Кузыка либо в Китае тоже есть «титаренковщина». Совершенно очевидно, что вся эта «комплексность» подсчитывалась на основе экономического потенциала, скорее всего ВВП, скорректированного на население и территорию. Иначе, каким образом эти ученые могут доказать, что Индия находится на 4-м месте, а Германия, судя по методике их подсчета, на каком-нибудь 10–15-м? Не исключаю, возможно, за счет того, что религиозный фактор — индуизм в Индии и православие в России — по своей «мощи» побивает протестантство и католичество в Германии.

Эти два мудреца, видимо, не знают, что такого типа «оригинальные» подсчеты несколько десятков лет назад в США предлагали американские теоретики супруги Гарольд и Маргарет Спрут, Рэй Клайн и многие другие. Никто ничего подсчитать не мог. Похожие на приведенные выше подходы не могли быть плодотворными в принципе, поскольку не были выработаны критерии подсчета. Для того же чтобы их выработать, поначалу надо разграничить на понятийном уровне термины мощь и сила, определить единицы измерения каждого из этих понятий, а затем критерии эффективности их действий. То же, что предложено Титаренко и Кузыком (в изложении первого), — это устаревший хлам, давно уже отвергнутый серьезными учеными. Их болтовня на эту тему годится только для журналистов или политиков, далеких от науки. Или для такого вывода, который вытекает из комплексного исследования мощи Китая и России, проделанного двумя институтами. Этот вывод таков:

> Стратегия решения задач мирного развития и подъема как Китая, так и России при адекватном понимании важнейших внутренних факторов такого развития в глобализирующемся мире *требует координации и долговременного сотрудничества на основе стратегии соразвития* (с. 386; курсив *Титаренко*).

Сколько же надо было затратить денег, чтобы родить такую «мышь»?

* * *

Высказанная критика в адрес российских буржуазных ученых не означает, что у них нет интересных комментариев или рассуждений на тему ТМО. Их специфика заключается в том, что обычно их мало интересует онтология, бытийная сущность явлений. Но они выявляют особенности и частности явлений, т.е. их инобытие, проявленное в реальности. Иначе говоря, российские буржуазные ученые работают на уровне эпистемологии, или гносеологии. Довольно часто в науке даже на этом уровне высвечиваются законы тех или иных сущностей. И хотя пока российские теоретики таких законов еще не открыли, но только потому, что они «в становлении», в процессе, так сказать, созревания. Возможно, не все из них освободились от «тяжких пут марксизма» и вообще тяжелого «тоталитарного наследства». Но есть надежда, что все это они преодолеют и по-настоящему вольются в «основное течение», то бишь в «мейнстрим» мировой науки — ТМО.

Библиография

Примечание. Статьи, опубликованные в газетах, не указаны в Библиографии. Их выходные данные приведены в сносках.

Справочно-информационные материалы

Материалы XXII съезда КПСС. М.: Политиздат, 1962.

Политическая экономия. Словарь. М., 1983.

Политический словарь. М. Политиздат, 1958.

Политэкономический словарь. М.: Политиздат, 1972.

Словарь международного права. М.: Межд. отношения, 1982.

Философский энциклопедический словарь. М.: Советская энциклопедия, 1983

Encyclopedia of the age of imperialism, 1800–1914 / edited by Carl Cavanagh Hodge. Westport, Connecticut • London: Greenwood Press, 2008. Vol. 1.

Evans, Graham. The Penguin Dictionary of International Relations. London: Penguin Books, 1998.

Federal Reserve Bulletin. June 2012, vol. 98, #2.

Friedman, Jack P. Dictionary of business terms. New York: Baron's, 1987.

Human Development Report 2014. UNDP. New York, 2014.

Inequality in America. Facts, trends, and international perspective. Uri Dadush, Kemal Dervis, Sarah Puritz Milsom, and Benett Stancil. Washington D.C.: The Brookings Institution, 2012.

International Encyclopedia of the Social Sciences. David L. Sills editor. Vol. 12. USA: Macmillan Company & The Free Press, 1968.

International Federation of Health Plans. 2012 Comparative Price Report. Variation in Medical and Hospital Prices by Country.

OECD Economic Outlook, 2014, issue 1, Annex Table 25.

OECD 2013. Main Science and technology Indicators: volume 2013/1.

Oxford Companion to Philosophy. Ed. by T. Honderich. Oxford–New York: Oxford University Press, 1995.

Scruton, Roger. The Palgrave Macmillan Dictionary of Political Thought. 3rd edition. New York: Palgrave Macmillan, 2007.

Webster's Seventh New Collegiate Dictionary. Toronto: Thomas Allen & Son Limited, 1971.

World Bank. Indicators. 2014.

World Factbook. 2014. CIA, 2014.

World Investment Report 2008. Transnational Corporations, and the Infrastructure Challenge. United Nations: New York and Geneva, 2008.

World Investment Report 2013. Global Value Chains: Investment and Trade for Development. United Nations: New York and Geneva, 2013.

Авторские книги и статьи

Алиев Р. Ш. [*Алекс Бэттлер*]. Внешняя политика Японии в 70-х – начале 80-х годов (Теория и практика). М.: Наука, 1986.

Алиев Р. Ш. [*Алекс Бэттлер*]. Мощь государства и глобальное соотношение сил // *Государство и общество.* М.: Наука, 1985.

Алиев Р.Ш. [*Алекс Бэттлер*]. Роль финансово-монополистического капитала в процессе формирования и осуществления внешней политики Японии // *Политика США и Японии в Азиатско-Тихоокеанском регионе.*

Американская стратегия передовых рубежей: пер. с англ. Р. Страус-Хюппе, У.Р. Кинтнер, С.Т. Поссони. М.: Изд-во иностр. лит., 1962.

Арендт, Ханна. Истоки тоталитаризма / Пер. с англ. И. В. Борисовой, Ю. А. Кимелева, А. Д Ковалева, Ю. Б. Мишкенене, Л. А. Седова Послесл. Ю. Н. Давыдова. Под ред. М. С. Ковалевой, Д. М. Носова. М.: ЦентрКом, 1996.

Арин, Олег [Алекс Бэттлер]. Россия в стратегическом капкане. М.: Алгоритм, 2003.

Арин О. [Алекс Бэттлер]. Азиатско-Тихоокеанский регион: мифы, иллюзии и реальность. Восточная Азия: экономика, политика, безопасность. М.: Флинта, Наука, 1997.

Белоус Т.Я. Международные промышленные монополии. М.: Мысль, 1972.

Богатуров А.Д. и др. Очерки теории и методологического анализа международных отношений. М.: Научно-образовательный форум по международным отношениям, 2002.

Богатуров А.Д. Системный подход и эволюция международных отношений в XX веке //*Богатуров А.Д. и др.* Очерки теории и методологии политического анализа международных отношений.

Богомолов А.С. Буржуазная философия США XX века. М.: Мысль, 1974.

Бродель Ф. Динамика капитализма. Смоленск: Полиграмма, 1993.

Бухарин Н.И. Проблемы теории и практики социализма. М.: Политиздат, 1989.

Бэттлер А. Мирология. Прогресс и сила в мировых отношениях. Т.1. Введение в мирологию. М.: Изд-во ИТРК, 2014.

Бэттлер А. Общество: прогресс и сила (критерии и основные начала). М.: Изд-во ЛКИ, 2008.

Бэттлер А. Диалектика силы: онто́бия. М.: Едиториал УРСС, 2005.

Валлерстайн И. После либерализма: Пер. с англ. / Под ред. Б. Ю. Кагарлицкого. М.: Едиториал УРСС, 2003.

Валлерстайн И. Орел пошел на аварийную посадку // Логос. 2 (37), 2003.

Валлерстайн И. Анализ мировых систем и ситуация в современном мире. Пер. с англ. П. М. Кудюкина. Под общей ред. Б. Ю. Кагарлицкого. СПб.: Изд-во «Университетская книга», 2001.

Валлерстайн И. Миросистемный анализ: введение. Пер. с англ. Н. Тюкиной. М.: Изд-во Дом «Территория будущего», 2006.

Варга Е.В. Основные вопросы экономики и политики империализма (после второй мировой войны). М.: Политиздат, 1957.

Взаимосвязь и взаимовлияние внутренней и внешней политики. М.: Наука, 1982.

Внешнеэкономическая политика и дипломатия современного капитализма. М.: МО, 1984.

Гегель Г.В.Ф. Наука логики. СПб.: Наука, 1997.

Гегель Г.В.Ф. Феноменология духа. Пер. Г. Шпета. СПб.: Наука, 1999.

Давыдов Ю.Н. Критика социально-философских воззрений Франкфуртской школы. М.: Наука, 1977.

Дёмин А.А. Государственно-монополистический капитализм: проблемы, тенденции, противоречия (Очерки). Л., 1983.

Ермоленко Д.В. Социология и проблемы международных отношений. М.: Межд. отношения, 1977.

Зак Л.А. Западная дипломатия и внешнеполитические стереотипы. М.: Межд. отношения, 1976.

Зуева К.П. Вопреки духу времени (Некоторые проблемы теории и практики международных отношений в работах Р. Арона). М.: Наука, 1979.

Иванов И.Д. Международные монополии во внешней политике империализма. М.: Межд. отношения, 1981.

*Идеалистическая диалектика в XX столетии: (Критика мировоззренческих основ немарксистской диалектики) / А.С. Богомолов, П.П. Гайденко, Ю.Н. Давыдов и др. М.: Политиздат, 1987.

*Империи финансовых магнатов (транснациональные корпорации в экономике и политике империализма) / Отв. ред. И.Д. Иванов. М.: Мысль, 1988.

Капелюшников Р.И. Сколько стоит человеческий капитал России? Препринт WP3/2012/06 [Текст] / Р.И. Капелюшников; Нац. исслед. ун-т «Высшая школа экономики». – М. : Изд-во Дом Высшей школы экономики, 2012.

Капченко Н.И. Политическая биография Сталина. Тома I, II, III. Тверь: Северная корона, 2004, 2006, 2009.

Караганов С.А. США: транснациональные корпорации и внешняя политика. М.: Наука, 1984.

Киселев А.П. Геометрия / Под ред. Н.А. Глаголева. М.: Физматлит, 2004.

Кокошин А.А. О буржуазных прогнозах развития международных отношений. М.: Межд. отношения, 1978.

Кокошин А.А. Прогнозирование и политика. М.: ИМО, 1975.

Конышев В.Н. Американский неореализм о природе войны: эволюция политической теории. СПб.: Наука, 2004.

Королев А., Чжан Жуйчжуан. Теория международных отношений с китайской спецификой: современное состояние и тенденции развития // Проблемы Дальнего Востока. 2010, №3.

Косолапов Н. Идеология и международные отношения на рубеже тысячелетий // *Богатуров А.Д. и др.* Очерки теории и методологии политического анализа международных отношений.

Косолапов Н. Сила, насилие, безопасность: современная диалектика взаимосвязей // *Богатуров А.Д. и др.* Очерки теории и методологии политического анализа международных отношений.

Косолапов Н. Новая Россия и стратегия Запада // МЭиМО. 1994, № 3.

Косолапов Н. Внешняя политика России: проблемы становления и политико-формирующие факторы // МЭиМО. 1993, № 2.

Критика буржуазных теорий ГМК: проблемы «смешанной экономики». М.: Наука, 1984.

Кузьмин В.П. Принцип системности в теории и методологии К. Маркса. М.: Политиздат, 1986.

Кузьмин Э. Мировое государство: иллюзия или реальность. М.: ИМО,1969.

Кукулка Ю. Проблемы теории международных отношений. Пер. с польского. М.: Прогресс, 1980.

Курс международного права. М.: Межд. отношения, 1972.

Лебедева М.М. Мировая политика: Учебник для вузов. 2-е изд., испр. и доп. М.: Аспект Пресс, 2007.

Левин Г.Д. К проблеме объективности отношений в истории философии // Системный анализ и научное знание.

Левин И. Д. Суверенитет. М., 1948.

Лейбо Ю.И. Внешнеполитический механизм буржуазных стран Центральной Европы: Австрия, ФРГ, Швейцария. М.: Межд. отношения,1984.

Ленин В.И. Полн. собр. Соч. (ПСС). М.: Политиздат, 1958–1965.

Ленин В.И. Развитие капитализма в России // ПСС, т. 3.

Ленин В.И. Критические заметки по национальному вопросу // ПСС, т. 24.

Ленин В.И. О праве наций на самоопределение // ПСС, т. 25.

Ленин В.И. Империализм, как высшая стадия капитализма // ПСС, т. 27.

Ленин В.И. О карикатуре на марксизм и об «экономическом империализме» // ПСС, т. 30.

Ленин В.И. «Речь в защиту резолюции о текущем моменте 29 апреля (12 мая)» // ПСС, т. 31.

Ленин В.И. Государство и революция // ПСС, т. 33.

Ленин В.И. Доклад о мире 26 октября (8 ноября) // ПСС, т. 35.

Локк Дж.. Опыт о человеческом разумении // Локк Дж. Соч. в 3-х томах. М.: Мысль, 1985.

Макиавелли Н. Государь // *Макиавелли Н.* Избранные произведения. Пер. В. Муравьевой. М.: Худ. лит., 1982.

Марков А.А. Система финансирования правящей Либерально-демократической партии Японии // Актуальные проблемы современной Японии. Информационный бюллетень ИДВ АН СССР, 1984, № 38.

Маркс К. и Энгельс Ф. (МЭ). Сочинения. Изд. второе. М.: Политиздат, 1955–1981.

Маркс К. К критике гегелевской философии права. Введение // МЭ, т. 1.

Маркс К. Святое семейство, или Критика критической критики // МЭ, т. 2.

Маркс К. Тезисы о Фейербахе // МЭ, т. 3.

Маркс К. Британское владычество в Индии. Будущие результаты британского владычества в Индии // МЭ, т. 9.

Маркс К. Введение (Из экономических рукописей 1857–1858 годов) // МЭ, т. 12.

Маркс К. Критика Готской программы // МЭ, т. 19.

Маркс К. Теории прибавочной стоимости (IV том Капитала) // МЭ, т. 26, ч. 3.

Маркс К. Письмо к Павлу Васильевичу Анненкову // МЭ, т. 27.

Маркс К. Критика политической экономии // МЭ, т. 46, ч. 1.

Маркс К. Критика политической экономики // МЭ, т. 46, ч. 2.

Мартенс, Людо. Запрещённый Сталин. (Самиздат), 2010.

Марченко М.И. Очерк теории политических систем современного буржуазного государства. М., 1985.

Мау В. Человеческий капитал: вызовы для России // Вопр. экономики. 2012, № 7.

Международный порядок: политико-правовые аспекты. Под общ. ред. Г.Х. Шахназарова. М.: Наука, 1986.

Механизм государственно-монополистического капитализма и его противоречия. Киев: Вища школа, 1986.

Мировая экономика и международные отношения: учебник. Изд. с обновлениями/ под ред. проф. А.С. Булатова, проф. Н.Н. Ливенцова. М.: Магистр, 2010.

Мурадян А.А. Буржуазные теории международной политики. М.: Наука, 1988.

Никифоров В.Н. Восток и всемирная история. М.: Наука, 1977.

Осипов Ю.М. Опыт философии хозяйства. М.: Изд-во МГУ, 1990.

Певзнер Я.А. Кризис государственно-монополистического регулирования в Японии и административно-финансовая реформа // Ежегодник «Япония. 1983». М.: Наука, ГРВЛ, 1984.

Певзнер Я.А. Государственно-монополистический капитализм и теория трудовой стоимости. М.: Мысль, 1978.

Певзнер Я.А. Государство в экономике Японии. М.: Наука,1976.

Поздняков Э.А. Философия политики в 2-х частях. М.: Палея, 1994.

Поздняков Э. Мировой социальный прогресс: мифы и реальность // МЭиМО. 1989, № 11.

Поздняков Э. Взаимосвязь экономики и политики в межгосударственных отношениях // МЭиМО. 1987, № 10.

Поздняков Э.А. Системный подход и международные отношения. М.: Наука, 1976.

Политика США и Японии в Азиатско-Тихоокеанском регионе. М.: ИМЭМО, 1985.

Политическая экономия современного монополистического капитализма в 2-х томах. М.: Мысль, 1975.

Политические системы современности (Очерки). М.: Наука, 1978.

Процесс формирования и осуществления внешней политики капиталистических государств. Под ред. В.И. Гантмана. М.: Наука, 1981.

Развитие азиатских обществ XVII – начала XX в.: современные западные теории. Мир-системный подход. Научно-анал. обзор ИНИОН АН СССР. М., 1991.

Российская наука международных отношений: новые направления. Под ред. П.А. Цыганкова и А.П. Цыганкова. Москва: ПЕР СЭ, 2005.

Самуэльсон, Пол Э., Вильям Д. Нордхаус. Экономика.18-е издание. М.: ООО "И.Д. Вильямс", 2010.

Симония Н.А. Страны Востока: пути развития. М.: Наука, 1975.

Система, структура и процесс развития современных международ-

ных отношений. М.: Наука, 1984.

Системный анализ и научное знание. М.: Наука, 1978.

Современные буржуазные теории международных отношений (критический анализ). М.: Наука. 1976.

Современные международные отношения и мировая политика. Учебник. Отв. ред. А.В. Торкунов. М.: Просвещение, 2004.

Современные международные экономические отношения: тенденции и перспективы. Под ред. И.О. Фаризова. М.: Изд-во Моск. университета, 1985.

Современные транснациональные корпорации. Экономико-статистический справочник /Г.П.Солюс. М.: Мысль, 1983.

Сойма В. Запрещенный Сталин. М.: Олма-Пресс, 2005.

Социология и идеология. М.: Наука, 1969.

Спиноза Б. Избранные произведения в двух томах. М.: Госполитиздат, 1957.

Теория государства и права. Л.: Изд-во Ленингр. университета, 1982.

Теория международных отношений: Хрестоматия / Сост., науч. ред. и коммент. П.А. Цыганкова. М.: Гардарики, 2002.

Теория международных отношений на рубеже столетий. Под ред. Кэна Буса и Стива Смита. Пер. с англ. М.: Гардарики, 2002.

Титаренко М. Геополитическое значение Дальнего Востока. Россия, Китай и другие страны Азии. М.: Памятники исторической мысли, 2008.

Тункин Г.М. Право и сила в международной системе. М.: Межд. отношения, 1983.

Уайтхед А.Н. Процесс и реальность // *Уайтхед А.Н.* Избранные работы по философии. Сост. И.Т. Касавин. М.: Прогресс, 1990.

Фуко, Мишель. Интеллектуалы и власть. Избр. политические статьи, выступления и интервью / Пер. с франц. С. Ч. Офертаса под общей ред. В. П. Визгина и Б. М. Скуратова. М.: Праксис, 2002.

Хальгартен, Георг. Империализм до 1914 г. Пер. с нем А. Галкин и др. М.: Изд-во иностр. литературы, 1961.

Хвойник П. Империализм: термин и содержание // МЭиМО. 1990, №1.

Хрусталев М. Политология и политический анализ // *Богатуров А. Д. и др.* Очерки теории и методологии политического анализа международных отношений.

Ху Аньган, Мен Хонгуа. Подъем современного Китая. Всеобъемлющая национальная мощь и великая стратегия // Альманах «Восток». Сентябрь 2007, №2 (43). Доступно по адресу: http://www.situation.ru/app/j_art_1195.htm

Цыганков П.А. Теория международных отношений. М.: Гардарики, 2003.

Чуньков Ю.И. Экономическая теория: учебное пособие в 3 ч. М.: Изд-во ИТРК, 2013.

Шахназаров Г.Х. Куда идет человечество. М.: Мысль, 1985.

Шахназаров Г.Х. Грядущий миропорядок. М.: Политиздат, 1981.

Шибаева Е.А. Право международных организаций. М., 1986.

Элементарный учебник по физике. Учебное пособие в 3-х т. Под ред. Г.С. Ландсберга. М.: АОЗТ «Шрайк», 1995.

Энгельс Ф. Наброски к критике политической экономии // *МЭ*, т.1.

Энгельс Ф. Добавление к предисловию 1870 г. к «Крестьянской войне в Германии» // *МЭ*, т. 18.

Энгельс Ф. Бруно Бауэр и первоначальное христианство // *МЭ*, т.19.

Энгельс Ф. Диалектика природы // *МЭ*, т. 20.

Энгельс Ф. Анти-Дюринг // *МЭ*, т. 20.

Энгельс Ф. Людвиг Фейербах и конец классической немецкой философии // *МЭ*, т. 21.

Энгельс Ф. Введение к брошюре Боркхейма «На память ура-патриотам 1806-1807 годов» // *МЭ*, т. 21.

Энгельс Ф. Письмо к Конраду Шмидту // *МЭ*, т. 37.

Adler, Emanuel. Communitarian International Relations. The epistemic foundations of International Relations. London and New York:

Routledge, 2005.

Albrecht, Ulrich. The Study of International Relations in the Federal Republic of Germany // Millennium: Journal of International Studies. Vol. 16, No. 2. Summer 1987.

American exceptionalism and human rights / edited by Michael Ignatieff. New Jersey: Princeton University Press, 2003.

Anti-Capitalism. A Guide to the Movement. Ed.by Rimma Bircham and John Charlton. London, Sydney, 2001.

Applebaum, Anne. GULAG. A History of the Soviet Camps. BCA, 2003.

Arendt, Hannah. On Violence. San Diego, NY, London: A Harvest Book, Harcourt Brace & Company, 1970.

Aron, Leon. Everything You Think You Know About the Collapse of the Soviet Union Is Wrong // Foreign Policy. July/August 2011.

Aron R. La notion de rapport de forces a-t-elle encore un sens, à l'ere nucleaire? // Defence nationale. P., 1976, № 1.

Baran, Paul A. and Paul M. Sweezy. Monopoly Capital. An Essay on the American Economic and Social Order. New York and London: Modern Reader Paperbacks, 1968.

Barkin, J. Samuel. Realist constructivism // *Morgenthau, Hans J.* Politics among nations.

Barkun, Michael. Chasing phantoms: reality, imagination, and homeland security since 9/11. Chapel Hill: University of North Carolina Press, 2011.

Barkun, Michael. A Culture of Conspiracy Apocalyptic Visions in Contemporary America. Berkeley: University of California Press, 2003.

Barrow, Clyde W. Critical theories of the state: Marxist, Neo-Marxist, Post-Marxist. Madison: The University of Wisconsin Press, 1993.

Bierstedt, Robert. Power and Progress. Essays on Sociological Theory. New York: McGrow-Hill, 1975.

Birnbaum P. La Logique de l'État. Paris: Fayard, 1982.

Booth K., Smith S. (eds). International Relations Theory Today. UK: Polity Press, 1997.

Borrego, John. Models of Integration, Models of Development in the Pacific // Journal of World-Systems Research. Volume 1, Number 11, 1995.

Brown, Archie. The Rise and Fall of Communism. New York: HarperCollins Publishers, 2009.

Brown, Chris. Understanding International Relations. Second Edition. New York: Palgrave, 2001.

Brucan S. Power without use of force? // Pacific Community. 1974, July, N 4.

Bull, Hedley. The Anarchical Society: A Study of Order in World Politics. New York: Palgrave, 2002.

Burchill S. et al. Theories of International Relations. 3rd ed. New York: Palgrave MacMillan, 2005.

Carr, Edward Hallett. The Twenty Years' Crisis 1919-1939. An Introduction to the Study of International Relations. London: Macmillan, 1946.

Chertman M., M. Allen. An introduction to multinationals. L., 1984.

Chinese foreign policy: theory and practice / edited by Thomas W. Robinson, David Shambaugh. New York: Oxford University Press, 1994.

Civilizing world politics: society and community beyond the state. Ed. by Mathias Albert, Lothar Brock, and Klaus Dieter Wolf. New York, Oxford: Roman & Littlefield Publishers, 2000.

Cline, Ray S. World Power Assessment, 1977. Boulder, Colo.: Westview Press, 1977.

Connerton, Paul. The tragedy of enlightenment: An essay on the Frankfurt School. Cambridge: Cambridge University Press, 1980.

Cox R. Interview with Robert W. Cox // Globalisation, Societies and Education. 2003, vol. 1, № 1.

Cox R. Production, Power and World Order: Social Forces in the Making of History. New York: Columbia University Press, 1987.

Cox, R.W. Social Forces, States and World Orders: Beyond International Relations Theory // Millennium: Journal of International Studies. 1981, 10 (2). Reprinted in: *Cox, R.W. with T.J. Sinclair.* Approaches to World

Order. Cambridge: Cambridge University Press, 1996.

Cox, Robert W. Beyond Empire and Terror: Critical Reflections on the Political Economy of World Order // New Political Economy. September 2004, vol. 9, No. 3.

Cuzzort P. Ray, King W. (eds). 20th Century Social Thought. USA: Holt, Rinehart & Winston, 1980.

Dahl, Robert. Power // International Encyclopedia of the Social Sciences.

Dahl, Robert A. The Concept of Power // Behavioral Sciences. 2:3 (1957: July).

Davies, Robert William. Edward Hallett Carr, 1892–1982 // Proceedings of the British Academy. Volume 69, 1983.

Debating empire / edited by Gopal Balakrishnan; with contributions by Stanley Aronowitz ...[et al.]. London, New York: Verso, 2003.

Dellios, Rosita. International relations theory and Chinese philosophy // Humanities & Social Sciences papers. 2011. Paper 570. Available at: http://epublications.bond.edu.au/hss_pubs/570

Desch, Michael C. Culture Clash. Assessing the Importance of Ideas in Security Studies // International Security. Summer 1998, vol. 23, № 1.

De Soto, Hernando. The Mystery of Capital. London: A Black Swan Book, 2001.

Devetak, R. Critical Theory // *Burchill S. et al.* Theories of International Relations.

Dieter, Kerwer. Governance in a World Society. The Perspective of Systems Theory // *Observing International Relations.*

Domhoff G. William. Power in America // WhoRulesAmerica.net (http://www2.ucsc.edu/whorulesamerica/power/wealth.html)

Domhoff, G. William. The power elite and the state: how policy is made in America. New York: Aldine de Gruyter, 1990.

Eighty Years' Crisis: International Relations 1919-1999. The. Ed. by Tim Бunne, Michael Cox and Ken Booth. Cambridge: Cambridge University Press, 1998.

Foreign policy of modern Japan, The. London, 1977.

Foucault, Michel. Power/Knowledge. Trans.by Colin Gordon et al. New York: Vintage books,1980.

Foucault, Michel. Power. Ed. by James D. Faubion. Transl. by Robert Hurley and others. (The Essential Works of Foucault, 1954-1984, Vol. 3) (Без указания места и года издания). Available at: http://rojaanus.blog.com/2012/07/22/downloads-power-the-essential-works-of-foucault-1954-1984-vol-3/

Frei, Daniel. Die Entstehung eines globalen Systems unabhängiger Staaten // Weltpolitik. Strukturen–Akteure–Perspektiven.

Fry, Earl H. The Politics of International Investment. New York, 1983.

Funabashi, Yoichi. Japan as Global Civilian Power. Tokyo: Kodansha, 1991.

Ghemawat, Pankaj. World 3.0: global prosperity and how to achieve it. Boston: Harvard Business Review Press, 2011.

Gilpin, Robert. Global political economy: understanding the international economic order / Robert Gilpin with the assistance of Jean M. Gilpin. New Jersey: Princeton University Press, 2001.

Gilpin, Robert. The Political Economy of International Relations. New Jersey: Princeton University Press, 1987.

Goettlich, Andreas. Power and powerlessness. Alfred Schutz's theory of relevance and its possible impact on a sociological analysis of power // Civitas (Porto Alegre), v. 11 n. 3, p. 491-508, set.-dez. 2011.

Goldfrank, Walter L. Paradigm Regained? The Rules of Wallerstein's World-System Method // Journal of World-System Research. Summer/Fall 2000.

Griffiths, Martin, ed. International Relations Theory for the Twenty-First Century. An Introduction. London: Routledge, 2007.

Griffiths, Martin & Terry O'Callaghan. International relations: the key concepts. London and New York: Routledge, 2002.

Grove W.R. The correlation of physical forces. Fourth edition. London, 1862.

Hall, Peter A. and Daniel W. Gingerich. Varieties of Capitalism and Institutional Complementarities in the Macroeconomy: An Empirical Analysis. MPIfG Discussion Paper 04/5 (2004). Available at: http://www.mpifg.de (Go to Publications / Discussion Papers).

Hall, Peter A. and David Soskice (eds). Varieties of Capitalism: The Institutional Foundations of Comparative Advantage. Oxford: Oxford University Press, 2001.

Ham, Christopher and Hill, Michael. The Policy Process in the Modern Capitalist State. London: Harvester Wheatsheaf, 1993.

Hanauer, Nick. To my Fellow Zillionaires // Politico Magazine. 7.14-8.14, vol. 1, № 4. Available at: http://www.politico.com/

Hannah Arendt and international relations: readings across the lines / edited by Anthony F. Lang, Jr., John Williams. New York: Palgrave Macmillan, 2005.

Hardt, Michael, Negri, Antonio. Empire. Cambrige, Massachusets: Harvard University Press, 2001.

Hart, Jeffrey. Three Approaches to the Measurement of Power in International Relations // International Organizations. Spring 1976, vol. 30, # 2.

Harvey, David. Afterthoughts on Picketty's Capital. May 17, 2014 // http://socialistworker.org/print/blog/critical-reading/2014/05/18/david-harvey-reviews-thomas-pi

Harvey, David. The New Imperialism. Oxford, New York: Oxford University Press, 2003.

Hawksley, Charles. Conceptualising Imperialism in the 21st century. Available at: http://www.adelaide.edu.au/apsa/docs_papers/Others/Hawksley.pdf

Hay, Colin & Watson, Matthew. Globalization: 'Skeptical Notes on the 1999 Reith Lectures' // Political Quarterly. Oct-Dec. 1999, v.70. Available at: http://cgirs.ucsc.edu/publications/kiosk/article9.html

Hegel. G.W.F. Wissenschaft der Logik // Hauptwerke in sechs Bänden. Hamburg: Felix Meiner Verlag. Band 3, 1999.

Hirst, Paul. The eighty years' crisis, 1919-1999 – power // Eighty Years' Crisis: International Relations 1919–1999.

Hirst, Paul and Thomson, Grahame. Globalization in Question. The International Economy and the Possibilities of Governance. Cambridge: Polity Press, 1999.

Hobsbawm, E.J. The Age of Empire, 1875-1914. New York: Vintage Books, 1989.

Holden, Gerard. The state of the art in German IR // Review of International Studies. 2004, vol. 30, № 3.

Hudson, Michael. Super Imperialism: the origin and fundamentals of U.S. world dominance. London: Pluto Press, 2003.

Hume, David. Of the balance of power // *Hume David.* Political Essays. New York: Cambridge University Press, 2006.

Hutcheon, Pat Duffy. Hannah Arendt on the Concept of Power (1996). Available at: http://patduffyhutcheon.com/PapersandPresentations/arendt.htm

Identities, borders, orders: rethinking international relations theory / Mathias Albert, David Jacobson, Yosef Lapid. London, Minneapolis: University of Minnesota Press, 2001.

Inoguchi, Takashi. Why are there no non-Western theories of international relations? The case of Japan // Non-Western International Relations Theory.

Jacques, Martin. When China Rules the World. New York: The Penguin Press, 2009.

Jaeger, Hans-Martin. Hegel's Reluctunt Realism and the Transnationalisation of Civil Society// Review of International Studies. 2002, #3, vol. 28.

Japan's Goals in the 21ˢᵗ Century. The Frontier Within: Individual Empowerment and Better Governance in the New Millennium (January 2000. The Prime Minister's Commission on Japan's Goals in the 21ˢᵗ Century). Available at: http://www.kantei.go.jp/jp/21century/report/pdfs/

Jones, Geoffrey. Multinationals and Global Capitalism. From the Nineteenth to the Twenty-first Century. New York: Oxford University Press, 2005.

Jordan, Amos A., William J.Taylor, Jr, and Michael J. Mazarr. American National Security. Baltimore and London: The Johns Hopkins University Press, 1998.

Keister, Lisa. Wealth in America: trends in wealth inequality. New York: Cambridge University Press, 2000.

Kosterlitz, Julie. Sovereignty's Struggle (globalism) // National Journal. November 20, 1999.

Kurz, Robert. Schwarz Buch Kapitalismus. Ein Abgesang auf die Marktwirtschaft. FaM: Eichborn, 1999.

Lash, Cristopher. The Revolt of the Elites and the Betrayal of Democracy. New York: Norton, 1996.

Lee Chae-Jin. Japan faces China. Political and Economic Relations in the Postwar Era. London, 1976.

Leysens, Anthony. The critical theory of Robert W. Cox: Fugitive or guru? New York: Palgrave Macmillan, 2008.

Light, Margot. The Soviet Theory of International Relations // Millennium: Journal of International Studies. Summer 1987, vol. 16, No. 2.

Light, Margot. The Soviet Theory of International Relations. London: St. Martin's Press, 1988.

Linklater, Andrew. Critical international relations theory: citizenship, sovereignty and humanity. London and New York: Routledge, 2007.

Linklater, Andrew and Hidemi Suganami (eds). The English School of International Relations. A Contemporary Reassessment. New York: Cambridge University Press, 2006.

Linklater, Andrew. Marxism // *Burchill S. et al.* Theories of International Relations.

Lipset, Seymour Martin. American Exceptionalism: A Double-Edged Sword. W.W. Norton, 1997.

Little R. International Relations and the Triumph of Capitalism // *Booth, Smith* (eds). International Relations.

Little, Richard. The English school vs. American realism: a meeting of minds or divided by a common language // Review of International Studies. July 2003, vol. 29, № 3.

Little, Richard and John Williams (eds). The anarchical society in a globalized world. New York: Palgrave Macmillan, 2006.

Lorenzi, Maximiliano. Review. Power: A Radical View by Steven Lukes // Crossroads. 2006, vol. 6, № 2.

Lothar, Brock. World society from the bottom up // *Observing International Relations.*

Luard, Evan. The Globalization of Politics. London: Macmillan, 1990.

Luhmann, Niklas. Die Politik der Gesellschaft. Frankfurt/M.: Suhrkamp, 2000.

Lukes S. Power: A Radical View. Basingstoke: Palgrave Macmillan, 2005.

Macht und Herrschaft. Zur Revision zweier soziologischer Grundbegriffe. Peter Gostmann und Peter-Ulrich Merz-Benz (Hrsg.). VS Verlag für Sozialwissenschaften. Wiesbaden, 2007.

Magdoff, Harry. Imperialism. New York, London: Monthly Review Press, 1978.

Magdoff, Harry. The Age of Imperialism. New York: Monthly Review Press, 1969.

Mandel, Ernest. The Nation-state and Imperialism // State & Societies.

Marcel, A.J. & Bisiach, E. Consciousness in Contemporary Science. Oxford: Oxford University Press, 1988.

Marger M. Elites and Masses. An Introduction to Political Sociology. New York: Van Nostrand, 1981.

Martens, Ludo. Another view of Stalin. USA, John Plaice, 1994.

Maruyama, Masao. Thought and Behavior in Modern Japanese Politics. Tokyo, Oxford, New York: Oxford University Press 1963.

Marx, Engels. On Religion. Moscow: Progress Publishers, 1975.

Mazrui, Ali A. Globalization and Cross-cultural Values: The Politics of Identity and Judgement // Arab Studies Quarterly (ASQ). Summer 1999, vol. 21.

Mearsheimer, J. Back to the Future: Instability in Europe after the Cold War // International Security. 1990, #15.

Mearsheimer, John J. The false promise of international institutions // *Morgenthau.* Politics among nations; the struggle for power and peace.

Measuring National Power in the Postindustrial Age. By Ashley J. Tellis, Janice L. Bially, Christopher Layne, Melissa Mcpherson. Santa Monica: RAND Corporation, 2000.

Meike, Siegfried. Gewalt als das Andere der Macht? Überlegungen im Ausgang von

Hannah Arendt und Michel Foucault // Diskurs. 6. Juli, 2012 – jahrgang 8 – ausgabe 1.

Michalet, Charles-Albert. L' intégration de l'économie française dans l'économie mondiale. Paris: Economica, 1984.

Mills, C. Wright. The Power Elite. Oxford: Oxford Press, 1956.

Mills, C. Wright. White Collar: The American Middle Classes. New York: Oxford University Press, 1951.

Morgenthau, Hans J. Politics among nations; the struggle for power and peace. 7th ed./ revised by Kenneth W. Thompson and W. David Clinton. New York: McGraw-Hill, 2006.

Myth of the Global Corporation, The. Paul N. Doremus, William W. Keller, Louis W. Pauly, Simon Reich // Current History, 14 July, 1997.

Nester, William R. International relations: politics and economics in the 21st century. USA: Wadworth, 2001.

Neufeld M. The Restructuring of International Relations Theory. Cambridge: Cambridge University Press, 1995.

Neuen Internationalen Beziehungen, Die. Forschungsstand und Perspektiven in Deutschland. Gunther Hellmann, Klaus Dieter Wolf and Michael Zürn (eds). Baden-Baden: Nomos Verlagsgesellschaft, 2003.

Non-Western International Relations Theory. Perspectives on and beyond Asia. Edited by Amitav Acharya and Barry Buzan. London and New York: Routledge, 2010.

Nye, Jr. Joseph S. The future of power. New York: PublicAffairs, 2011.

Observing international relations: Niklas Luhmann and world politics / edited by Mathias Albert and Lena Hilkermeier. London and New York: Routledge, 2004.

Ori K. Political Parties and Elections in Post War Japan // Orientation Seminars on Japan. Tokyo, 1982, # 8 (Japan Foundation. Office for the Japanese Studies Center).

Pinto, Jaime Nogueira. The Crisis of the Sovereign State and the «Privatization» of Defense and Foreign Affairs // Heritage Lectures (HF). November 19, 1999, № 649.

Politics and Economics in Contemporary Japan. Tokyo: Japan Culture Institute, 1979.

Popitz, Heinrich. Phänomene der Macht: Autorirät – Herrschaft – Gewalt – Technik. Tübingen: Mohr, 1992.

Portable Hannah Arendt, The / edited with an introduction by Peter Baehr. New York: Penguin books, 2000.

Porter, Michael. The Competitive Advantage of Nations. New York: Free Press, 1990.

Qin Yaqing. Development of International Relations Theory in China // International Studies. 2009, 46, 1&2.

Qin, Yaqing. Why is there no Chinese international relations theory? // Non-Western International Theory.

Qiu Mingzhen. On Development of Culture and Comprehensive National Power // SASS Papers. #8. Shanghai Academy of Social Sciences. 2000.

Quinn, Patrick. Knowledge, Power and Control: Some Issues in Epistemology. Paper presented at the Twentieth World Congress of Philosophy, in Boston, Massachusetts from August 10-15, 1998. Available at: http://www.bu.edu/wcp/Papers/Poli/PoliQuin.htm

Rawls, John. A Theory of Justice. Oxford: Oxford University Press, 1973.

Rescher, Nicholas. Process Philosophy. A Survey of Basic Issues. USA: University of Pittsburgh Press, 2000.

Reus-Smit, Christian. Constructivism // *Burchill S. et al.* Theories of International Relations.

[*Rochau L.A.*] Grundsätze der Realpolitik: angewendet auf die staatlichen Zustände Deutschlands. Stuttgart: Verlag von Karl Göpel, 1853. (На обложке автор не указан.)

Rohrmoser G. Das Elend der Kritischen Theorie. Freiburg, 1970.

Roth A. Die Besteuerung des know-how-Exports: Eine ertragsteuerliche Analyse. F.a.M.: Peter Lang, 1983.

Rothkopf, David. Power, Inc.: the epic rivalry between big business and government – and the reckoning that lies ahead. New York: Farrar, Straus and Giroux, 2012.

Rothkopf, David. Superclass: the global power elite and the world they are making. New York: Farrar, Straus and Giroux, 2008.

Russell, Bertrand. Power. A New Social Analysis. London and New York: Routledge, 2004.

Schumpeter Joseph A. Capitalism, Socialism and Democracy. With a new introduction by Tom Bottomore. New York: HarperPerennial, 1976.

Schumpeter, Joseph. Imperialism and Social Classes. New York: Meridian Books, 1966.

Schütz, Alfred, Thomas Luckmann. Strukturen der Lebenswelt. Konstanz: UVK Verlagsgesellschaft mbH, 2003.

Scott, Bruce R. Capitalism. Its Origins and Evolution as a System of Governance. New York: Springer, 2011.

Soft power: China's emerging strategy in international politics / edited by Mingjiang Li. Lexington Books, 2009.

Solz, Arthur. Das Wesen des Imperialismus. Leipzig, 1931.

Soros, George. The Crisis of Global Capitalism: Open Society Endangered. London: Little, Brown and Company, 1998.

State & Societies. Ed. By David Held et. al. Oxford: The Open University, 1983.

Stiglitz, Joseph E. The price of inequality. New York: W.W. Norton and Company, 2012.

Stoessinger, John G. Nations in Darkness: China, Russia, and America. Third ed., NY: Random House, 1981.

Sullivan, Michael P. Theories of international relations: transition vs. persistence. New York: Palgrave, 2001.

Sun Tsu. The Art of War. Trans. by Thomas Cleary. Boston&London: Shambhala, 1988.

Sutch, Peter and Juanita Elias. International relations: the basics. London and New York: Routledge, 2007.

Thurow, Lester. The Future of Capitalism. London: Nicholas Brealey, 1996.

Thurow, Lester. Head to Head. The Coming Economic Battle Among Japan, Europe, and America. USA: Warner Books, 1993.

Treiber Hubert. Macht – ein soziologischer Grundbegriff // *Macht und Herrschaft.*

Understanding Power. The Indispensable Chomsky. Ed. By P.R. Mitchel and J. Schoeffel. New York: The New Press, 2002.

Van der Pijl, Kees. Transnational classes and international relations. London and New York: Routledge, 2005.

Wallerstein, Immanuel. World-Systems Analysis. An Introduction. Durham and London: Duke University Press, 2004.

Wallerstein, Immanuel. After Liberalism. New York: The New Press, 1995.

Wallerstein I. Economic theory and history // International economic congress: Papers. Budapest, 1982.

Waltz, Kenneth N. Theory of International Politics. London: Addison-Wesley Publishing Company, 1979.

Waltz K. The Origin of War in neorealist theory // Journal of Interdisciplinary History. 1988. #18.

Wang Huning. Culture as National Power: Soft Power // Journal of Fudan

University. 1993. №3.

Wang Jisi. International Relations. Theory and the Study of Chinese Foreign Policy: A Chinese Perspective // Chinese foreign policy: theory and practice.

Ward Hugh. Structural Power – Contradiction in Terms? // Political Studies. (XXXV), №4, 1987.

Weber, Max. Wirtschaft und Gesellschaft: Grundriß d. verstehenden Soziologie // *Max Weber.* Besorgt von Johannes Winckelmann. 5., rev. Aufl., Studienausg. Tübingen: Mohr, 1980.

Weber, Max. Economy and Society. An Outline of Interpretive Sociology. Ed. By Guenther Roth and Claus Wittich. Berkeley: University of California Press, 1978.

Weltpolitik. Strukturen–Akteure–Perspektiven. Hrsg. K.Kaizer u. H.-P. Schwarz. Stuttgart: Klett-Gotta, 1985.

Wendt, Alexander. Social Theory of International Politics: Cambridge University Press (Virtual Publishing), 2003.

Wight, Martin. International Theory: The Three Traditions. Ed. by Gabriele Wight & Brian Porter. Leicester & London: Leicester University Press, 1991.

Wight, Martin. Why is there no International Theory? // Diplomatic Investigations: Essays in the Theory of International Politics. London: Allen & Unwin, 1966.

Wood M. Ellen. A Reply to Critics// Historical Materialism 15 (2007) 143–170.

Wood M. Ellen. Empire of Capital. London: Verso Book, 2003.

Wrong, Dennis. Power. Its Forms, Basis and Uses. Oxford: Basil Blackwell, 1979.

Yanaga Ch. Big Business in Japanese Politics. New Haven, Conn., Yale University Press, 1968.

Zhao Quansheng. Chinese Foreign Policy Toward Northeast Asia and Sino-Korean Relations: Domestic and International Dimensions // Prepared for the International Symposium on "East Asia Transformed: New Patterns in the 1990s". November 14-17, 1991, Pusan, Korea.

Вага гайко-но кинкё (Голубая книга МИД Японии), 1972, № 16.

Ёсикава Наото, Ногути Кадзухико (отв. ред.). Кокусай канкэй рирон (Теория международных отношений). Токио: Кэйсосёбо, 2011.

Иногути Такаси. Кокусай сэйдзи кэйдзай-но кодзу. Сэнсо-то цусё-ни миру хакэн сэйсуй-но кисэки (Структура международной политики и экономики. Превратности гегемонии в торговле и политике). Токио, 1982.

1980-нэндай нихонгайко-но синро (Внешняя политика Японии в 1980-е годы). Токио, 1980.

Курокава Сюдзи. Гэндай кокусай канкэй рон (Теория современных международных отношений.) Токио: Кокусай сёин, 2009.

Мисава С. Тайгай сэйсаку-то нихон «дзайкай» (Внешняя политика и японские «финансовые круги») // Тайгай сэйсаку кэттэй катэй-но нитибэй хикаку (Сравнительный анализ процесса принятия внешнеполитических решений в США и Японии).

Нихондзин-но сисо-то кодзо (Мышление и поведение японцев). Токио, 1973.

Огата С. Нихон-но тайгай сэйсаку катэй-то дзайкай (Процесс принятия внешнеполитических решений в Японии и финансовые круги) // Тайгай сэйсаку кэттэй катэй-но нитибэй хикаку (Сравнительный анализ процесса принятия внешнеполитических решений в США и Японии).

Тайгай сэйсаку кэттэй катэй-но нитибэй хикаку (Сравнительный анализ процесса принятия внешнеполитических решений в США и Японии). Под ред. Хосоя Итиро, Ватануки Дзёдзи. Токио: Токёдайгаку сюппанкай, 1977.

Такаянаги С. Гэндай кокусай канкё-но тагэнтэкикосэй (Многополярная структура современной международной обстановки) // Кокусай мондай. 1974, № 4.

Томита Нобуо, Сонэ Ясунори (отв. ред.). Сэкайсэйдзи-но нака-но нихон сэйдзи. Такёкка дзидай-но сэнсо-то сэндзюцу (Политика Японии в мировой политике. Стратегия и тактика в эпоху многополярности). Токио: Юбикаку, 1983.

Ханаи Х. Кокусай канкэйрон (Теория международных отношений). Токио: Тоё кэйдзай симбунся, 1978.

Хацусэ Рюхэй. Кокусай канкэйрон. Нитидзёсэй-дэ кангаэру (Теория международных отношений. Думая о повседневности). Токио: Хорицу бункася, 2011.

Хосоя Т. Тайгай сэйсаку кэттэй катэй-ни окэру нитибэй токусицу (Особенности процесса принятия внешнеполитических решений в Японии и США) // Тайгай сэйсаку кэттэй катэй-но нитибэй хикаку (Сравнительный анализ процесса принятия внешнеполитических решений в США и Японии).

Цуруми К. Кокисин-то нихондзин. Тадзюкодзо-то сякай-но рирон (Любопытство и японцы. Теория общества с многослойной структурой). Токио, 1972.

Ё

Ёкибэ, Макото 340
Ёсида С. 340
Ёсикава, Наото 324, 325, 333

З

Закария, Фарид 310
Земсков В.Н. 190
Зенхас, Дитер 274
Зуева К.П. 25
Зюганов Г. 357

И

Иванов И. Д. 31
Игнатьев Майкл 129
Иногути, Такаси 13, 315, 319—324, 330, 331, 350
Итимура, Синъити 322

К

Кагарлицкий Б.Ю. 240
Казерт, Рэй П. 77, 78
Калкинс, Мэри 120
Кан Г. 224
Кант 79, 81, 132, 137, 154, 297
Каплан, Мортон 22, 23, 86, 354
Карнеги, Дейл 346
Карр Э. 10, 36—55, 70, 135, 169, 346
Картер, Джимми 21
Катлин Дж. 45
Каутский, Карл 270
Кеннан, Джордж 192
Кинг, Эдит У. 77, 78
Киндлебер, Чарльз 157

Кинтнер У. Р. 22
Киохейн, Роберт 12, 157
Кирнан, Виктор 244, 245
Киссинджер Г. 92
Китаока, Синъити 340
Клайн, Рэй 304, 332, 390
Клинтон, Дэвид 75
Когон, Ойген 274
Кокошин А.А. 351, 358
Кокс, Роберт 102, 104, 105, 111—132, 138, 139, 169
Кокубун, Рёсэй 340
Коллонтай А. 178
Кон-Бендит, Даниель 246
Конквест, Роберт 190, 388
Коннертон, Пол 141
Конфуций 297, 298, 311, 314
Конышев В.Н. 25
Коперник 80, 81
Королев А. 303
Косолапов Н.А. 185, 357, 368, 373, 378—383
Косолапов Р.И 191
Краснер, Стефан 157
Кратохвиль, Фридрих 28, 159, 164
Кременюк В.А. 358
Криппендорф Э. 274
Кругман, Пол 70
Кутлер Дж. 29
Кузык Б.Н. 389—391
Кузьмин В.П. 354
Кукулка, Юзеф 355
Кун, Бела 217, 377
Кун Т. 377
Курланчик, Джошуа 310

Основные научные работы Алекса Бэттлера (Олега А. Арина)

- Мирология. Прогресс и сила в мировых отношениях. Том II. Борьба всех против всех. Книга II (2015, 2019, 2021, 2026)

- Мирология. Прогресс и сила в мировых отношениях. Том II. Борьба всех против всех. Книга I (2014, 2019, 2021, 2026)

- Мирология. Прогресс и сила в мировых отношениях. Том I. Введение в мирологию (2014, 2019, 2021, 2026)

- Алекс Бэттлер. Марксология. Цивилизация против формации. (2024)

- За гранью искусства. Критический анализ (2024)

- Современные международные отношения. Политика великих держав: теория и практика. Курс лекций (2022)

- Россия: шествие на казнь (2022)

- Россия vs Запад: реванш (2022)

- Атеизм: религии бой! (2022)

- Наука о Боге. Том VI. Религия: действие и противодействие (2022)

- Наука о Боге. Том V. Религия: наука и общество (2021)

- Наука о Боге. Том IV. Христианство и политика (2021)

- Царская Россия: крах капитализма (конец XIX–начало XX века) (2020)

- Евразия: иллюзии и реальность (2018, 2019)

- Наука о Боге. Том III. Философия христианства (2019)

- Наука о Боге. Том II. Идеология христианства (2019)

- Наука о Боге. Том I. Феноменология Библии (2019)

- Общество: прогресс и сила (критерии и основные начала) (2008, 2009, 2013; 2019)

- Диалектика Силы: Онтóбия (2005, 2008, 2013, 2019)

- О любви, семье и государстве (2006, 2008, 2020)

- Двадцать первый век: мир без России (2001, 2002, 2004, 2005, 2020)

- Россия на обочине мира (1999, 2019)

- Внешняя политика Японии в 70-х – начале 80-х годов (теория и практика) (1986)

Алекс Бэттлер

МИРОЛОГИЯ

Прогресс и сила
в мировых отношениях

Том II
Борьба всех против всех

Книга I

SCHOLARICA®
2026